国家电网公司
电力科技著作出版项目

CHUANBUZHAN GONGCHENG SHEJI SHOUCE

串补站工程设计手册

中国电力工程顾问集团中南电力设计院有限公司 组编
樊 玥 主编

中国电力出版社
CHINA ELECTRIC POWER PRESS

内 容 提 要

串联电容器补偿技术在我国已实现全面国产化应用，对于提高系统稳定极限和输电能力，优化网络潮流分配，降低线路功率损耗，提高电网末端电压质量，减少占地走廊和保护环境具有重要作用。中国电力工程顾问集团中南电力设计院有限公司在总结近年来大量国产化设计实践经验的基础上，编撰了《串补站工程设计手册》。

本手册对串补技术的基本概念和特点，串补技术的发展和应用，串补站工程设计的基本内容和要点、设计原则、设计内容和设计方法等进行系统阐述。手册共分 12 章，包括概论、串补接入系统要求、电气主接线、过电压保护及电磁暂态计算、绝缘配合、串补装置的主设备、串补配电装置及电气总布置、监控系统、保护系统、测量系统、通信设计、串补平台土建设计。

本手册可作为串补站工程设计人员的实用工具书，还可作为从事串补站工程设备制造、建设施工、调试运维等专业技术人员和高等院校相关专业师生的参考书。

图书在版编目（CIP）数据

串补站工程设计手册 / 樊玥主编；中国电力工程顾问集团中南电力设计院有限公司组编. —北京：中国电力出版社，2021.4

ISBN 978-7-5198-4495-0

Ⅰ. ①串… Ⅱ. ①樊…②中… Ⅲ. ①输配电–串补电容补偿–设计–技术手册 Ⅳ. ①TM714.3-62

中国版本图书馆 CIP 数据核字（2020）第 046843 号

出版发行：中国电力出版社
地　　址：北京市东城区北京站西街 19 号（邮政编码 100005）
网　　址：http://www.cepp.sgcc.com.cn
责任编辑：王春娟（010-63412350）
责任校对：黄　蓓　常燕昆
装帧设计：郝晓燕
责任印制：石　雷

印　　刷：三河市百盛印装有限公司
版　　次：2021 年 4 月第一版
印　　次：2021 年 4 月北京第一次印刷
开　　本：710 毫米×1000 毫米　16 开本
印　　张：17.5
字　　数：309 千字
印　　数：0001—1000 册
定　　价：92.00 元

编　写　组

顾　问　梁言桥　王光平

主　编　樊　玥

成　员　马　亮　郭相国　周菲霞　李　志　陈　岳

王娜娜　吴必华　李莎莎　张巧玲

序

在高压交流输电线路上采用串联电容器补偿技术（简称串补技术）提高线路的输电能力及系统稳定水平，早已为世界许多国家所采用；迄今为止，世界上已投运的大型串补工程已多达数百个，串补技术的应用也日益广泛成为提高电网输送容量的常规手段之一。

在输电通道上已有输电线路的情况下，加装串补装置建设串补站，提高线路的输电能力并提升系统稳定水平和裕度，投资省、周期短、见效快，具有良好的经济效益；在线路走廊资源日益珍贵的今天，更有益于环境保护，具有良好的社会效益；在长距离、大容量送电或大区间联网时，与交流线路同步建设甚至可与直流输电方式相媲美。

自 2000 年以来，串补技术在我国电力系统中也得到了越来越广泛的应用，相继有近 30 个 500kV 及以上电压等级的串补站建成投运。2000 年，我国第一个 500kV 串补站——阳城电厂送出工程三堡串补站建成投运；2003 年，西电东送通道 500kV 天生桥—平果双回线路的平果变电站侧，建成了我国第一个可控串补站；2007 年，我国第一个国产化的 500kV 可控串补装置，在东北依敏—冯屯 500kV 双回线路的冯屯变电站侧建成投运，是目前容量最大、额定电压最高的可控串补工程；2012 年，1000kV 晋东南—南阳—荆门交流特高压工程扩建时，在晋东南站和南阳站分别加装了我国自主研发和生产的 1000kV 串补装置。2016 年，我国的串补技术走出国门，500kV 串补站先后在埃塞俄比亚、巴西等国家建成投运。

随着我国串补技术的稳步发展，串补装置在系统研究、工程设计、设备制造、工程建设、调试运维等方面均已实现了国产化。《串补站工程设计手册》的编撰和出版，正是顺应了国内外串补工程建设发展的形势，契合了串补工程设计专业化和规范化的要求，有助于进一步提高我国串补工程的设计水平。

中国电力工程顾问集团中南电力设计院有限公司在近二十年来作为设计单位参与了国内外多个串补工程的设计，取得了丰富的工程实践经验；在此基础上主持编制了多项相关电力行业标准，取得了多项科研专利和专有技术。为了满足设计行业的需要，本着科学实用、创新发展的宗旨，组织了一批串补工程设计的专业技术骨干，历时三年编写完成了本手册。

《串补站工程设计手册》对串补技术的基本概念和特点，串补技术的发展和应用，串补站工程设计的基本内容和要点、各相关专业的设计原则、设计内容和设计方法进行了系统的阐述和讲解，为串补工程设计人员提供了一本实用的工具书，也为从事串补工程的设备制造、建设施工、调试运维等专业人员和大专院校相关专业学习及研究的师生提供有益参考。

本人作为较早从事串补技术引进、推广及工程实践的参与者，亲历并见证了串补技术在我国的高速发展及广泛应用，看到《串补站工程设计手册》的编撰和出版，感到十分欣慰！同时也诚挚期望本手册的出版能进一步提升我国串补工程的设计水平，并相信该手册的出版会为国内外串补技术的发展和电网建设作出其应有的贡献！

权白露

2020年6月

前　言

在交流输电系统中，使用串联电容器补偿技术（简称串补技术），可以提高系统的稳定极限和输电能力，改善并联线路之间的负荷分配，优化网络潮流分配，降低线路的功率损耗，提高电网末端电压的质量，同时还可以减少线路架设和输电走廊的占用，保护环境，提高电网建设的经济性，有利于电网的可持续发展。

我国串补技术的研究和应用开始于20世纪中期，主要用于35kV配电网和220kV电力系统。随着我国电网的建设与发展，自2000年以来，500kV串补技术在我国电力系统中得到了越来越广泛的应用，相继有20多个500kV串补站、3个750kV串补站和3个1000kV串补站建成投运。

串补技术从依靠国外的设备和技术到全面实现国产化，标志着我国的串补技术进入一个全新的发展时期。为顺应这一新形势的要求，中国电力工程顾问集团中南电力设计院有限公司在总结近年来大量国产化设计实践经验的基础上，编撰了《串补站工程设计手册》。

在编撰过程中，编写组依托多年以来在串补站工程设计的经验积累，基于电力行业标准主持编制的经验，将串补技术与工程设计应用紧密结合，并与国家现行技术政策及规程规范保持协调一致。同时均衡把握理论性与实践性的篇幅比重，理论性内容深入浅出，实践性内容简明扼要，辅以设计常用的技术方案、计算公式、数据资料、图表曲线及工程实例和算例，期望对设计人员有较好的指导和参考作用。

本手册作为国内串补站工程设计领域的第一本手册类工具书，系统地介绍了串补站工程各专业的设计内容和方法，适用于220～1000kV电压等级的单独建设以及毗邻变电站建设的串补站工程设计。为突出重点，本手册内容主要针对串补站工程中有关串补部分的设计，与交流变电站设计相同的内容原则上简略之或不涉及。

本手册共12章，其主要内容有概论、串补接入系统要求、电气主接线、过电压保护及电磁暂态计算、绝缘配合、串补装置的主设备、串补配电装置及电气总布置、监控系统、保护系统、测量系统、通信设计、串补平台土建设计等，所述内容不涉及设计单位相关专业的任何分工。

除串补站工程设计内容之外，本手册还涉及串补理论、技术及设备等相关内容，且资料、数据、图表、公式曲线较多，同时由于串补技术发展较快，新型设备的应用亦不断出现，加之编写人员水平有限，难免出现谬误及不妥之处，恳请读者将发现的问题及时反馈给编写组，以便再版时及时修正。

编　者

2020 年 11 月

目　　录

第一章　概　　论

第一节　串补技术的作用及特点

一、串补技术的作用

串联电容器补偿技术（简称串补技术）是将电容器串接在交流输电系统的输电线路中，用串联电容器的容性阻抗来补偿输电线路的部分感性阻抗，缩短交流输电线路的等效电气距离，减小功率输送引起的电压降和功角差，从而提高线路输电能力和系统稳定性。

根据串联电容器容抗值的可调节性，串联电容器补偿可分为固定串联电容器补偿（fixed series compensation，FSC）和晶闸管控制串联电容器补偿（Thyristor controlled series compensation，TCSC），分别简称为固定串补和可控串补。

固定串补的容抗值和串补度是固定不变的。固定串补的作用有：

（1）提高输电线路的稳定极限和输送功率。线路的极限输送功率与线路的电抗成反比，通过串联电容器补偿，降低线路电抗，提高输电线路的稳定极限和输送功率。

（2）改善电网功率分布。电网的功率分布是按照元件的参数自然分布的，在大多数情况下，功率的自然分布不符合有功功率损耗最小的原则。用串联电容补偿部分线路电抗，可以调整电网的潮流分布，降低网损，达到功率经济分配的目的。

（3）提高电压质量。在交流输电线路中，由于线路电阻和电抗的存在，功率通过输电线路时会产生电压降。当输电线路串接入电容器后，其作用相当于抵消一部分线路电抗，减小输电线路上的电压降，减少系统的无功功率损耗，改善电压分布和提高电压质量。

可控串补通过控制晶闸管阀的触发角实现对串联电容器的外部等效容抗的平滑调节和动态响应，使整个输电线路的参数动态可调，实现了对线路补偿度的灵活调节。可控串补的作用有：

（1）控制系统潮流。可根据系统运行条件合理调整串补度，改善潮流分配和输电回路上的电压分布，从而达到降低网损，消除潮流迂回，防止过负荷，提高输送能力的目的。

（2）提高系统稳定水平。通过控制晶闸管阀的触发角，使得串联电容器外部等效容抗在其基本容抗值的 1～3 倍间动态可调，提高系统稳定性。增强系统阻尼，抑制互联电网或地区电网之间的低频振荡，增强系统动态稳定性。

（3）抑制次同步谐振。通过触发控制策略，减少串联电容和线路电感之间的电气振荡与轴系机械振荡的相互作用，抑制系统中的次同步分量，从而在一定程度提高串补度而降低发生次同步谐振的风险。

二、串补技术的特点

当线路在输送自然功率时，送端电压和电流间相位与受端相同，功率因数没有变化，沿无损线路电压和电流幅值不变，线路电抗消耗的无功功率与线路电容产生的无功功率相抵消，即线路既不向系统输出无功功率，也不吸收无功功率。当线路的输送功率大于自然功率时，线路电压由送端向末端降低，电压降允许值受向某一负荷点送电时线路输电能力的限制，同时线路等效长度下降，这意味着建设同样长度的线路时变电站的数量需要增加。而串联电容器对线路的补偿作用相当于不改变线路长度的前提下缩短线路的电气距离，因而提高线路的输电能力。

在交流输电系统中，采用串补技术可提高系统稳定极限和线路输电能力，优化电网潮流分布，改善并联线路之间的负荷分配，降低线路的功率损耗，提高电网末端电压的质量，同时还可以减少线路架设和输电走廊的占用，提高电网的建设经济性，保护环境，有利于电网的可持续发展。

当电力系统还需要降低汽轮发电机组次同步谐振的风险、阻尼功率振荡、控制潮流等时，可以通过可控串补技术来实现。采用可控串补可以快速调节被补偿线路的串补度，提高系统的暂态稳定性；提高被补偿线路串补度，并抑制次同步谐振；控制系统潮流，阻尼功率振荡。

总而言之，串补技术是一种性能优越、投资省、见效快、适应性强的输电技术，随着输电走廊日趋紧张，电网发展所面临的环境保护的要求越来越高，以及大容量、长距离电力输送的日趋普遍，串补技术的应用前景将更加广阔。

第二节 串补技术的发展

一、国外串补技术的发展

串补技术首次应用于1928年美国33kV系统中以均衡电网的潮流分布，随后苏联、瑞典、日本在低电压等级系统中也采用了串补技术。20世纪50年代，串补技术开始在高电压大容量输电系统中推广应用。1950年，首个220kV串补站装设在瑞典长度约480km的220kV输电线上，串补度为20%。1954年，首个400kV串补站安装在瑞典400kV输电系统，串补度为20%。1968～1969年，美国500kV输电系统相继安装8套串补装置。1989年，巴西765kV输电系统上相继安装6套串补度分别为40%和50%的串补装置。1994～1995年，加拿大735kV输电系统先后安装17套串补装置。据不完全统计，截至2017年底，国外大约有500套串补装置先后投入运行，部分国外串补工程汇总见表1－1。

表1－1 部分国外串补工程汇总表

序号	业主	装设地点	投运时间（年）	电压等级（kV）	额定容量（Mvar）	串补形式
1	New York Power & Light	Ballston Spa	1928	33	1.2	FSC
2	Swedish State Power Board	Djurmo Ⅰ	1954	400	538	FSC
3	Bonneville Power Admin.	North John Day	1960	345	108	FSC
4	Swedish State Power Board	Djurmo Ⅱ	1963	400	603	FSC
5	C.A.de Adiministraciony Fomento Electrico，CADAFE	Barbacoa Ⅰ/Ⅱ	1969	230	54×2	FSC
6	Pacific Gas & Electric	Tesla Los Banos Table Mountain Round Mountain Vaca Dixon	1968～1969	500	365 229×2 262+175 175×2 175	FSC
7	Pacific Gas & Electric Co.	Table Mountain Ⅲ	1984	500	600	FSC
8	Hydro Quebec	Kamouraska	1987	315	192	FSC
9	Furnas Centrais Eletricas S.A.	Ivaipora Ⅰ/Ⅱ Ivaipora Ⅲ/Ⅳ	1989	765	1017×2 1056×2	FSC
10	Furnas Centrais Eletricas S.A.	Itaber Ⅰ/Ⅱ	1989	765	1242×2	FSC
11	Swedish State Power Board	Vittersjo EK5	1991	400	1106	FSC

续表

序号	业主	装设地点	投运时间（年）	电压等级（kV）	额定容量（Mvar）	串补形式
12	Western Area Power Administration of USA	Kayenta	1992	230	45	TCSC
13	Hydro Quebec	Nemiskau Albanel Chibougamau La Verendrye	1994～1995	735	232×3 324×3 271×3 690×3	FSC
14	Hydro Quebec	Arnaud Nord Arnaud Sud Bergeronnes Perigny Saguenay	1995	735	363 363 238 238 238	FSC
15	Pacific Intertie	Round Mountain Ⅰ/Ⅱ	1998	500	384×2	FSC
16	Eletronorte，Brazil	Imperatriz Ⅰ Samambaia Ⅰ	1999	550	108 108	TCSC TCSC
17	Idaho Power Co.	Ontario，USA	2001	230	135	FSC
18	Eletronorte，Brazil	Imperatriz Ⅱ Samambaia Ⅱ	2004	500	108 108	TCSC TCSC
19	Electricity of Vietnam	yen bai F05、F06	2007	220	97×2	FSC
20	Ethiopian Electric Power	Dedesa	2016	500	516×4 411×4	FSC
21	Eletronorte，Brazil	Paranatinga	2016	500	475×2 533×2	FSC
22	Eletronorte，Brazil	Rio verde norte	2016	500	475	FSC
23	Eletronorte，Brazil	Rio verde norte	2017	500	378 440	FSC

二、国内串补技术的发展

我国串补技术的研究开始于20世纪50年代，主要用于35kV配电网和220kV电力系统。随着电网的建设与发展，自2000年以来，500kV串补技术在我国电力系统中得到了越来越广泛的应用，相继有20多个500kV串补站、3个750kV串补站和3个1000kV串补站建成投运。2000年，我国第一个500kV串补站——阳城电厂送出工程三堡串补站建成投运。2003年，在西电东送通道上500kV天生桥—平果双回线路的平果变电站侧，建成了我国第一个可控串补站。2007年，我国第一个国产化的 500kV 可控串补装置，在东北依敏—冯屯 500kV 双回线路冯屯变电站侧建成投运，是目前容量最大、额定电压最高的可控串补工程。2008年，在内蒙古托克托电厂群向京津唐地区的输电通道上的浑源开关站加装串补装置，是目前在同一地点加装串补套数最多、累计容量最大的 500kV 串补工程。2010年，在西电东送通道上 500kV 桂林—贤令山双回线路的桂林变电站侧加装串补装置，是目前规模最大的 500kV 分段固定串补工程。2012 年，1000kV 晋东南—南阳—荆门特高压交流工程扩建时，在晋东南开关站和南阳开关站分别加装了我国自主研发和生产的 1000kV 串补装置，也是迄今为止世界上电压等级最高、容量最大的串补装置。国内已投运及在建串补站工程汇总见表 1-2。

表 1-2　　国内已投运及在建串补站工程汇总表

序号	装设线路	装设地点	投运时间	电压等级（kV）	额定容量（Mvar）	补偿度（%）	额定电流（kA）	串补形式
1	东明—三堡Ⅰ，Ⅱ线 东明—三堡Ⅲ线	三堡	2000.12 2006.07	500	500×2 529	40 41	2.36 2.36	FSC
2	大同—房山Ⅰ，Ⅱ线	大房	2001.06	500	372×2	35	2.1	FSC
3	丰镇—万全Ⅰ，Ⅱ线 万全—顺义Ⅰ，Ⅱ，Ⅲ线	万全	2003.06	500	259.2×2 444.1×3	35 45	2.4	FSC
4	河池—青岩Ⅰ，Ⅱ线 河池—独山Ⅰ，Ⅱ线（改造）	河池	2003.11 2011.12	500	760×2 476×2	50 48	2.4	FSC
5	罗平—百色Ⅰ线 马窝—百色 罗平—百色Ⅱ线	百色	2005.11 2005.11 2007.10	500	670 520 670	50	2.7 2.4 2.7	FSC
6	万县—龙泉Ⅰ，Ⅱ线 九盘—龙泉Ⅰ，Ⅱ线（改造）	奉节	2006.07 2013.06	500	610×2	35 55.7	2.4	FSC
7	二滩—普提 普提—橄榄Ⅰ，Ⅱ线	普提	2006.12	500	315×3	40	2.2	FSC
8	神头二厂—保北Ⅰ，Ⅱ线	神堡	2008.01	500	574.74×2	35	2.7	FSC
9	托克托—浑源Ⅰ～Ⅳ线 浑源—安定Ⅰ，Ⅱ线 浑源—霸川Ⅰ，Ⅱ线	浑源	2008.04	500	466.56×4 539.14×2 359.42×2	46 41 35	2.4	FSC
10	上都—承德Ⅰ，Ⅱ线 上都—承德Ⅲ线	承德	2008.10 2013.12	500	478.3×2 514	45	2.7	FSC
11	神木—忻都Ⅰ，Ⅱ线 忻都—石北Ⅰ，Ⅱ，Ⅲ线	忻都	2008.11	500	380.54×2 297.44×3	35	2.7	FSC
12	砚山—崇左Ⅰ，Ⅱ线	砚山	2009.03	500	435×2	40	2.7	FSC
13	墨江—建水Ⅰ，Ⅱ线	建水	2009.05	500	590×2	50	3.0	FSC
14	柳州—贺州Ⅰ，Ⅱ线	贺州	2009.06	500	390×2	40	2.4	FSC

续表

序号	装设线路	装设地点	投运时间	电压等级（kV）	额定容量（Mvar）	补偿度（%）	额定电流（kA）	串补形式
15	通榆—梨树	通榆	2009.12	500	358	40	2.7	FSC
16	桂林—贤令山Ⅰ，Ⅱ线	桂林	2010.01	500	（415＋415）×2	25＋25	3.0	FSC＋FSC
17	玉林—茂名Ⅰ，Ⅱ线	玉林	2010.02	500	286×2	42	2.4	FSC
18	德宏—博尚Ⅰ，Ⅱ线 博尚—墨江Ⅰ，Ⅱ线	博尚	2010.06	500	620×2 425×2	50	2.7 2.9	FSC
19	沽源—平安城Ⅰ，Ⅱ线 汗海—沽源Ⅰ，Ⅱ线	沽源	2010.10	500	663.39×2 416.88×2	45 40	3.0	FSC
20	兴街—通宝Ⅰ线	通宝	2012.08	500	202.5＋202.5	25＋25	3.0	FSC＋FCS
21	长治—南阳Ⅰ线	长治	2012.11	1000	1500	20	5.08	FSC
22	长治—南阳Ⅰ线 南阳—荆门Ⅰ线	南阳	2012.11	1000	1500 1144＋1144	20 20＋20	5.08	FSC FSC＋FCS
23	锡盟—北京Ⅰ，Ⅱ线	承德	2016.06	1000	（1500+1500）×2	20＋20	5.08	FSC＋FSC
24	砚山—富宁Ⅰ，Ⅱ线	富宁	2016.06	500	418、457	50	3.4	FSC
25	天生桥—平果Ⅰ，Ⅱ线	平果	2003.06	500	（350＋55）×2	35＋5	2	FSC+TCSC
26	碧口—成县	成碧	2004.12	220	86.65	50	1.1	TCSC
27	伊敏—冯屯Ⅰ，Ⅱ线	冯屯	2007.10	500	(544.3+326.6)×2	30＋15	2.33	FSC+TCSC
28	柴达木—海西—日月山Ⅰ，Ⅱ线	柴达木 海西 日月山	2018.11	750	597×2 597×2、556×2 556×2	20% 20% 20%	3.0	FSC FSC FSC

第三节　串补站设计的内容和深度

串补站设计按照设计阶段可以分为可行性研究阶段、初步设计阶段、施工图设计阶段，在施工图设计阶段之后还包括施工配合（工代服务）、竣工图编制、设计总结回访等工作。

一、可行性研究阶段设计内容和深度

串补站可行性研究设计阶段的工作包含两部分内容，即系统研究和工程设计。其中，系统研究是开展工程设计的前提和基础。

（一）系统研究内容和深度

在电网规划阶段，系统研究需结合近远期电网的需要，明确串补站建设必要性，初步确定串补站装设的目标线路、串补度和串补形式。如果原有电网规划有

所调整，有必要开展专题研究，进一步明确串补建设必要性、串补站装设的目标线路、串补度和串补形式。当工程建设条件比较复杂时，工程设计上各专业有必要同步开展工作，初步分析其工程技术上的可行性和估算投资，为工程立项决策提供参考。

在可行性研究阶段，系统需要开展潮流、稳定、短路计算及初步的电磁暂态计算，明确对串补站的要求，一般包括下列各项：

（1）串补站在明确线路上的装设地点；

（2）串补度、串补形式及是否分段；

（3）串补额定电流、额定容抗、额定容量等参数；

（4）线路高压并联电抗器与串补站的相对位置；

（5）工频过电压及潜供电流的初步研究；

（6）金属氧化物限压器（metal oxide varistor，MOV）容量的初步研究；

（7）次同步谐振（subsynchronous resonance，SSR）的初步研究。

（二）工程设计内容和深度

1. 可行性研究阶段工程设计内容

串补站可行性研究阶段工程设计的主要内容为站址选择及工程设想。

根据系统研究所确定的串补站装设地点，在可能的区域范围内开展串补站站址选择工作，进行现场初步勘测，落实建站的外部条件和站址条件，对各方案建设条件和经济投资，进行综合技术经济比较，提出串补站的推荐站址。根据推荐站址方案，完成串补站站址选择及工程设想报告和投资估算及经济评价报告的编制工作，其中串补站站址选择及工程设想报告的主要内容包括工程概述、电力系统、站址概况及条件、工程设想、站址方案技术经济比较及结论、有关文件及协议、附图等。

2. 可行性研究设计阶段工程设计深度

串补站可行性研究设计阶段工程设计深度应依据 DL/T 5448《输变电工程可行性研究内容深度规定》的要求。

（1）站址选择工作深度主要体现在以下四方面：

1）站址选择，应充分考虑地方规划、压覆矿产、工程地质及水文地质条件、进出线条件、站用水源、站用电源、交通运输、土地规划、土地用途等多种因素，重点解决站址的可行性问题，避免出现颠覆性因素。

2）对建站的外部条件和站址条件开展细致的现场踏勘、调查和收资工作。

建站的外部条件包括外引站用电源、水源及设备交通运输条件和周边大气污秽状况等。站址条件包括站址地形和地貌、地质和水文条件、进出线条件等。

3）对于毗邻变电站建设的串补站，需要提出用地情况说明，包括站址地理位置、建成投运时间、前期工程已征地面积、围墙内占地面积，本期工程扩建规模、新征用地面积及相应取得规划、国土等主管部门审批意见。

4）在建设单位协助下完成政府有关部门行政许可协议和行业之间配合协议的取得工作；对拆迁赔偿协议负责收集相关标准。政府有关部门行政许可协议包括规划、土地、环保、水利、矿产、文物、地震、交通、林业等。行业之间的配合协议包括站外电源、站外水源、排水等。

（2）站址选择及工程设想报告编制工作深度主要体现在以下四方面：

1）编制报告应以审定的电网规划为基础。

2）编制报告时，设计单位必须完整、准确、充分地掌握设计原始资料和基础数据。

3）站址方案的技术经济比较，应包括地理位置、出线条件、土地性质、工程地质、地基处理、工程量、拆迁赔偿情况等方面内容。

4）报告中的附图应包括各站址方案的地理位置图、站区总体规划图、总平面布置图、电气主接线图。

二、初步设计阶段的设计内容和深度

串补站初步设计阶段的工作包含两部分内容，即系统研究和工程设计。其中，系统研究是开展工程设计的前提和基础。

（一）系统研究内容和深度

结合工程实际，并根据系统等值研究搭建详细的电磁暂态计算模型，对内过电压进行全面的研究；如有必要，需要采用比较精确和定量的方法研究 SSR。一般包括下列各项：

（1）最大摇摆电流；

（2）工频及操作过电压研究及其抑制措施；

（3）结合电容器过电压保护措施及策略、系统常见故障过程及动作策略，研究确定 MOV 容量、串补过电压保护水平以及阻尼回路等相关设备的参数；

（4）潜供电流和恢复电压研究及其抑制措施；

（5）对线路断路器暂态恢复电压（transient recovery voltage，TRV）的影响

及其抑制措施；

（6）SSR 的深入研究及其抑制措施。

（二）工程设计内容和深度

1. 初步设计阶段工程设计内容

串补站初步设计阶段工程设计的主要内容包括串补站围墙内的全部生产及辅助生产设施、附属设施的工艺设计和建（构）筑物土建设计。

串补站初步设计文件包含设计说明书、设计图纸、主要设备材料清册、概算书、专题研究报告、勘测报告等。

2. 初步设计阶段工程设计深度

串补站初步设计阶段工程设计深度应满足 DL/T 5502《串补站初步设计文件内容深度规定》的要求。

（1）初步设计文件的编制应贯彻国家各项技术方针和政策，符合现行有关标准（规范）的规定；对设计中的重要问题，应进行多专业、多方案的技术经济综合比较，提出推荐方案。当进行专题论证时，应对各专业、各方案的技术优缺点、工程量及技术经济指标作详细论述。

（2）串补站设计说明书的主要内容包括总的部分、电力系统、电气一次、电气二次、总图、建筑、结构、水工、暖通及消防、水土保持和环境保护、施工及设备运输条件、概算等。

三、施工图阶段的设计内容和深度

施工图设计阶段主要是根据初步设计审批文件、串补站主要设备技术规范和生产厂商的技术资料、设计分工接口和必要的设计资料等开展工作，其设计内容包括图纸、说明书、计算书、设备材料清册等。

串补站施工图设计阶段深度应满足 DL/T 5517《串补站施工图设计文件内容深度规定》要求。

串补站施工图设计图纸按卷册来划分。表 1–3 给出了单独建设的串补站各专业施工图设计卷册目录示例。该示例仅表示施工图设计阶段的设计内容，不作为设计单位分工和卷册划分的依据，也不作为卷册编排的顺序，具体工程可根据实际情况对卷册进行增减和编排，当串补站毗邻变电站建设时，部分卷册内容可与变电站合并出图。

表 1-3　　串补站各专业施工图设计卷册目录示例

专业	卷册名称	备注
电气一次	总的部分	
	主要设备及材料清册	
	串补配电装置平面、断面布置及设备安装图	
	站用电接线及布置	
	防雷接地	
	全站照明	
	电缆敷设	
电气二次	总的部分	
	主要设备及材料清册	
	计算机监控系统	
	线路保护及通信接口	
	直流电源系统	
	交流不停电电源系统	
	火灾报警系统	
	图像监视系统	
	户外电气设备二次接线图	
通信	施工图设计总说明	
	站内通信综合布线	
	系统调度交换机、行政管理交换机及站内通信	
	综合数据网	
	调度数据网	
	机房动力环境监测系统	
	会议电视系统	
	通信电源系统	
总图	施工图设计总说明	
	征地图	
	场地平整	
	进站道路	
	总平面及竖向布置	
	站内道路图	
	站区电缆沟及管沟	
	站区围墙、大门及边坡、挡土墙	

续表

专业	卷册名称	备注
建筑	施工图设计总说明	
	建筑物建筑图	建筑物名称按实际工程
结构	施工图设计总说明	
	建筑物结构图	建筑物名称按实际工程
	串补平台结构图	
	串补平台基础图	
	构支架结构图	
	构支架基础及设备基础图	
	站区地基处理	
水工、暖通及消防	施工图设计总说明	
	深井泵站及管道安装图	
	室外给水排水管道及安装图	
	室内给水排水管道及安装图	
	建筑物暖通与空调	
	消防设施配置	

第二章　串补接入系统要求

第一节　串补的基本原理

线路的输送能力主要取决于线路的热稳定极限和交流电力系统的稳定极限。一般而言，短线路最大输送容量取决于线路的热稳定极限，即由导线允许发热条件决定输送容量；长线路最大输送容量取决于系统的稳定极限，降低线路的电压损耗和阻抗通常有利于提高线路的输电能力。

对于长距离输电线路，线路的输电能力不仅与线路自身的电气特性有关，还与线路相连的系统条件有关。下面以系统 S1 通过长距离输电线路向系统 S2 输电的两机连接系统说明串补的基本原理，两机连接系统输电示意如图 2－1 所示。

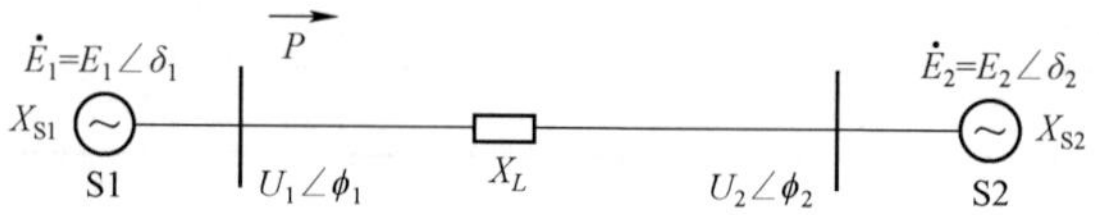

图 2－1　两机连接系统输电示意图

系统 S1 和系统 S2 间输电线的输送功率 P 为：

$$P=\frac{E_1E_2}{X_L+X_{S1}+X_{S2}}\sin\delta_{12} \tag{2-1}$$

式中　E_1、E_2 ——两侧系统等值发电机的电动势相量的幅值；

δ_{12} ——电动势相量的相角差，$\delta_{12}=\delta_1-\delta_2$；

X_L ——线路电抗；

X_{S1} ——系统 S1 的内电抗；

X_{S2} ——系统 S2 的内电抗。

当 $\delta_{12}=90^\circ$ 时，$\sin\delta_{12}=1$，输送功率 P 达到静稳定极限 P_{max}，即：

$$P=P_{max}=\frac{E_1E_2}{X_L+X_{S1}+X_{S2}} \tag{2-2}$$

输电线路的电抗与线路长度成正比，线路越短，电抗越小，极限输送功率越高。串补的基本原理是：利用串联电容器的容性阻抗补偿输电线路的部分感性阻抗，使得系统之间电抗值降低，即系统之间电气距离缩短，改善系统的稳定性，提高系统输送能力。

如果两侧系统可以视为无穷大系统时，自身内阻抗可以忽略，式（2-1）可以简化为：

$$P=\frac{U_1U_2}{X_L}\sin\phi_{12} \tag{2-3}$$

式中　U_1、U_2——两侧系统端电压的幅值；

ϕ_1、ϕ_2——两侧系统端电压的相角；

ϕ_{12}——两侧系统端电压的相角差，$\phi_{12}=\phi_1-\phi_2$。

采用串联电容器补偿后，线路的输送功率 P 随相角差 ϕ_{12} 的变化如图 2-2 所示，图中 X_L、X_C 分别代表线路、串联电容器的电抗值。

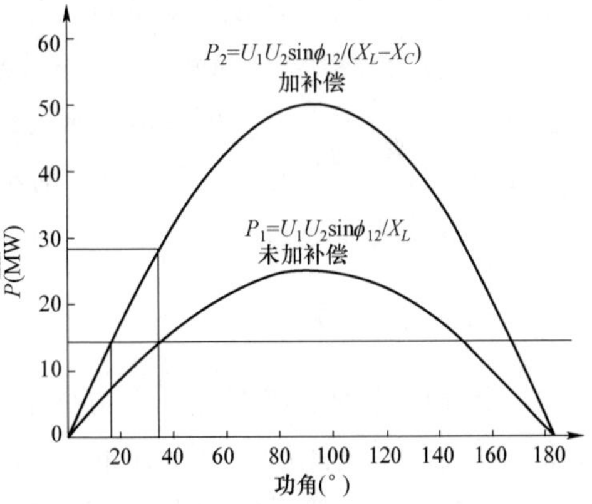

图 2-2　功角曲线图

从图 2-2 中可以看出，系统间的阻抗被串联电容器补偿后，系统间联系阻抗减少，功角曲线被抬高。在传输同样功率的条件下，被补偿过的系统初始功角差更小，系统稳定裕度增加。在相同的功角差下，被补偿过的系统能输送较多的功率，系统输送能力提高。

第二节　串补站系统研究

对于每个要建设的串补站，都必须进行系统分析研究，通过机电及电磁暂态仿真计算，明确串补安装的必要性和有效性，提出对串补站系统参数要求。主要研究内容应包括串补装设的目标线路、串补度、串补形式、串补分段要求、主要额定参数、过负荷能力要求、最大摇摆电流以及 MOV 容量等。

一、明确串补装设的目标线路

在电网规划及专题研究阶段，需要综合考虑输送能力、潮流及电压分布、中长期网架、短路电流、工程实施可行性以及造价等因素，明确串补装设的目标线路，使得串补装设能有效提升输电能力，适应电网远期发展要求，并且短路电流可控，经济合理。

二、装设地点的确定

串补装设在某一条线路的两端、中间还是其他处（如离两端 1/3 长度处），对补偿效果、建设费用和运行维护等都有一定的影响。

单从补偿效果的有效性来看，串补位于线路中间比位于两端效果更好；分散布置，相比于集中安装，效果更好。在中间或距离两端 1/3 处等非两端处装设串补，必须新建串补站，运行维护相对复杂；为了节省建设费用，便于后期的运行维护，目前串补站大多数是两端毗邻变电站建设。同一条线路上的串补，集中装设在一端，相比于分散装设在两端变电站侧，造价更省，运行维护更为简单。

当线路长度小于 500km 时，串补装在线路端部、线路中间或者 1/3 处等，补偿的有效性相差不大，可按串补装在线路端部考虑。当线路长度超过 500km 时，有必要进行专题研究，从有效性、对沿线电压分布影响、造价及建设可行性角度综合分析其装设地点。

三、串补度

串补度的确定需要考虑多方面的影响，主要是要考虑串补度提高带来的效益，以及对系统潮流、电压分布、短路的影响。

以提高线路输送能力为例，适当提高串补度，可以提升线路的输送能力，但是输送能力的提升不是线性关系。如果提高输送能力的单位造价不断增加，就需要结合经济性分析是否有进一步增加串补度的必要性。当串补用于改善电压分布时，也需要考虑经济性因素。

当并行多回线路或者高低压环网中的某回线路装设串补后，该回线路的输送潮流将会增加，此时应该避免串补度过高，导致正常运行或者发生“$N-1$”故障后，该回线路超过安全运行极限的情况出现，需协调好断面热稳定极限和暂态稳定极限的关系。当串补用于改善无功电压时，也应避免过补偿导致的线路沿线电压偏高的情况出现。

另外，串补度的确定应避免产生危及电机和电网安全的 SSR，避免对现有电气设备造成不利影响。

四、串补形式

相对于固定串补，可控串补在优化潮流分布上更加灵活，并可阻尼系统功率振荡、抑制 SSR。电力系统安装串补，如果有以下情况，需要研究采用可控串补的必要性：

（1）运行方式要求必须实现动态调整潮流，或者潮流调整要求通过固定串补无法实现。

（2）系统存在弱阻尼导致的振荡。

（3）串补接入会引发 SSR，必须采取措施予以限制。

与其他手段相比较，可控串补的技术经济综合效益更好时，采用可控串补或者可控串补与固定串补的组合方案。

五、串补分段的确定

如果串补容量过大，可以考虑将串补进行分段，相对而言，分段有以下优势：

（1）可优化潮流分布，运行更灵活：可通过分段的投切，调整同一断面不同线路上的潮流，对潮流的控制精度取决于其最小的分段尺寸。

（2）对电网发展的适应性更好：串补一般装设在较长的线路上，随着负荷的发展，今后有可能出现变电站 Π 接入该线路的情况，若采用单段串补则可能出现串补度过高问题，从而需对串补进行改造或搬迁；而串补分段后可灵活地调整串补度或将部分串补子段搬迁至其他站点利用，对系统远期发展的适应性更强。

（3）增加运行可靠性：容量较大的串补装置，需要使用大量的电容器单元，将串补装置分段，便于在一定数量的电容器单元出现故障时，将其所在串补子段退出进行检修，提高了系统运行的可靠性和灵活性。

（4）降低对部分设备的要求：容量较大的串补装置，串补两端电压较大，对选择旁路开关和 MOV 不利。将串补分段后，可降低对这些设备的要求，有利于降低造价和提高运行可靠性。

（5）改善线路沿线电压分布：采用串补分段，将串补分散布置在线路两端（或者线路的 1/3、2/3 处），将提升串补的有效性，更有利于改善线路沿线电压分布。

当然，分段也存在造价较高、运行维护复杂的缺点。是否分段，需要结合电力系统运行、电网规划、电压分布、设备制造、工程造价和运行维护等因素，通过技术经济比较后确定。

六、串补主要额定参数

串补主要额定参数包括额定电流、额定频率、电容器额定容抗、电容器额定容量。

（1）额定电流：额定电流的选择应该满足正常、检修及故障方式的运行要求，并对电网今后发展具有一定的适应性；同时应协调好过负荷能力和经济性的要求，既满足各种情况下的过负荷要求，又能充分利用过负荷能力降低对额定电流的要求，提高经济性。实际工程中，为了充分利用线路输送能力和串联补偿能力，500kV 及以下电压等级线路上装设的串补额定电流原则上与所在线路热稳定极限电流一致。

（2）额定频率：与所在交流系统一致。

（3）电容器额定容抗，计算式为：

$$X_{\mathrm{N}}=X_{L}k/n \tag{2-4}$$

式中 X_{N}——电容器额定容抗，Ω；

X_{L}——串补所在线路正序感抗的总和，Ω；

k——串补度，%；

n——分段数。

（4）电容器额定容量，计算式为：

$$Q_{\mathrm{N}}=3I_{\mathrm{N}}^{2}X_{\mathrm{N}} \tag{2-5}$$

式中 Q_{N}——电容器额定容量，Mvar；

I_{N}——额定电流，kA。

七、串补装置与高压并联电抗器的配置适应性

安装串补的线路一般较长，同时配置高压并联电抗器的可能性较大，串补装置与高压并联电抗器的相对位置有如图 2-3 所示的两种方案：装设在高压并联电抗器的线路侧和装设在高压并联电抗器的母线侧。

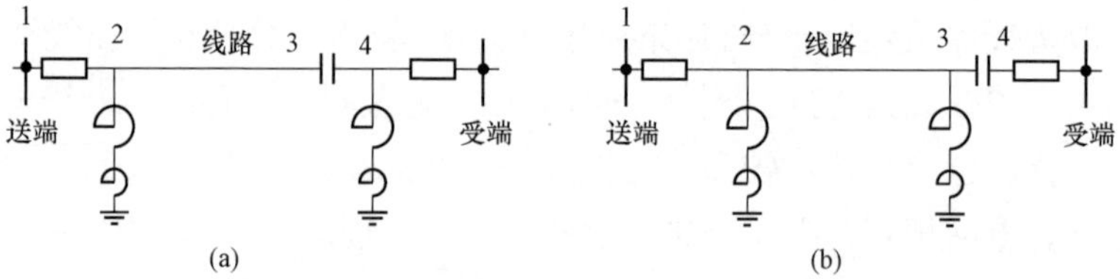

图 2-3 串补与高抗相对位置示意图

（a）方案（一）；（b）方案（二）

采取不同方案对沿线电压分布的影响较大，一般情况下：图 2-3（a）所示方案更有利于改善沿线电压的分布，但对于潜供电弧的熄灭可能有不利影响，一

般也可通过采取“线路保护动作联动旁路串补装置”的措施解决，即当串补所在线路发生故障时，在线路两端断路器动作同时或者提前旁路串补装置；方案图 2－3（b）所示虽有利于潜供电弧的熄灭和重合闸的成功，但对沿线电压分布可能有不利影响，实际工程中应通过计算确定，并充分考虑高压并联电抗器搬迁的工程实施可行性。

八、串补的过负荷能力

串补装置需要具有一定的过负荷能力：① 在严重故障后为受端尽可能提供紧急功率支援；② 对于复杂故障引发的过负荷，为调度部门采取措施提供时间；③ 应对最大摇摆电流的冲击。系统专业应根据上述要求，对近、远期各种正常及极端运行方式进行校核，提出对串补过负荷能力的要求，一般情况下可参照 GB/T 6115《电力系统用串联电容器》的要求。

九、最大摇摆电流

在系统故障的暂态过程中，电容器和 MOV 的选择应能承受故障后动态摇摆电流的冲击。系统研究中，应对不同年份极限运行工况的正常方式及 $N-1$ 方式进行校核计算，选取最严重的情况作为最大摇摆电流。

十、串补 MOV 容量

在常用的串补过电压保护策略中，采用 MOV 是重要的组成部分。MOV 用于限制故障过程中电容器的过电压，当系统发生故障，较大的短路电流流过电容器时，将导致电容器电压升高，此时，依靠与之并联的 MOV 的非线性伏安特性来限制电容器过电压。

通常来说，对于区内、区外两种故障形式，串补过电压保护的要求与控制策略是不同的，具体要求如下：

对于区外故障，要求串补系统过电压保护在故障期间不得将串补旁路，仅依靠电容器的过负荷能力及 MOV 的限压作用来确保设备的安全，因此需要合理设计电容器及 MOV，确保 MOV 的限压能力与电容器过负荷能力的配合。同时，也需要对 MOV 过电流与能量越限保护定值进行合理选取，一方面要确保 MOV 设备的安全，另一方面要确保最严重情况下的区外故障时上述保护不能误动，导致串补被旁路。

对于区内故障，由于短路电流可能很大（如靠近电容器线路侧的故障），仅依靠MOV本身的限压能力来确保设备安全必然导致设备制造成本的大幅增加以及技术上的困难，因此允许通过MOV过电流与能量越限保护来提供必要的技术手段。发生区内故障时，若MOV上流过的短路电流或吸收的能量超过预定的定值，则触发火花间隙，将串补快速旁路，同时发命令闭合旁路开关，以避免火花间隙长时间导通而烧毁。

MOV额定容量与故障形式、故障时序、保护原则、火花间隙性能、MOV伏安曲线等条件有关，并且与计算时模拟精细度及引入的不定因素等都密切相关。实际工程中，需要采用电磁暂态仿真程序对各种故障形式进行详细计算，得到区内、区外故障时需要MOV吸收的最大容量，并考虑一定的裕度。

一般来说装设串补的线路越短，装设串补线路两端短路容量越大，串补MOV需要容量越大。

第三节　串补接入对电力系统的影响

串补装置接入电网以后，应研究其对已有电气设备以及电网运行产生的影响，必要时采取措施避免不利影响的发生，主要包括对潜供电流和恢复电压的影响、对线路断路器TRV的影响、对近区火电机组发生SSR风险的分析。

一、对潜供电流和恢复电压的影响

当线路发生单相接地短路时，接地相两侧断路器跳开后，其他两相仍在运行，由于相间电容和相间互感耦合，接地点仍流过一定的电流，该电流称为潜供电流，故障点电流过零时的电压称为恢复电压。

如图2–4所示，输电线路C相故障，开关K1、K2由于继电保护动作跳开。图中C_0为线路对地电容，A、C两相通过相间电容C_{AC}、C_{BC}和相间互感M_{AC}、M_{BC}向故障相C相提供电流，这些电流之和I_q就称为潜供电流。实践表明，潜供电流主要是工频稳态电流。

当潜供电流和恢复电压数值较大时，会使故障处的电弧不易熄灭，单相重合闸的时间就会延长。由健全相产生的潜供电流和恢复电压与线路上有无并联电抗器、线路长度、线路参数、故障点的位置等有关系。一般来说，线路较短时，潜供电流较小，熄弧时间短，单相重合闸动作时间也短；线路较长时，潜供电流较大，熄弧时间长，单相重合闸动作时间也长。当线路较长时，线路上往往装设并联电抗器，如果选择适当的高压并联电抗器中性点小电抗，可以使得并联电抗器和中性点小电抗有效地补偿相间电容，大大减小潜供电流的静态分量，从而有效地限制线路的潜供电流。

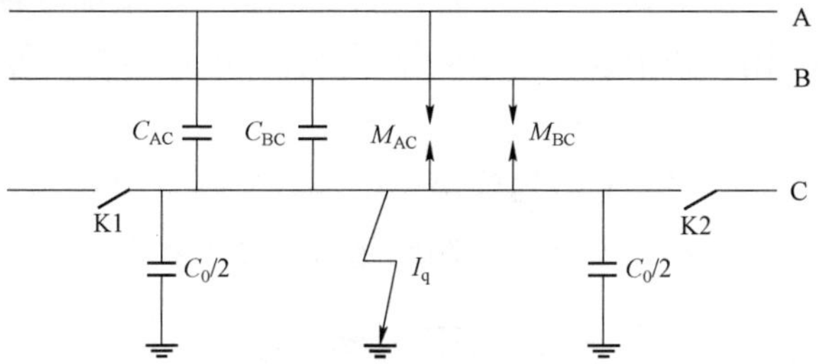

图 2-4　单相接地时的潜供电流

如果串补装设在高压并联电抗器的线路侧［见图 2-3（a)］，在单相接地过程中，若串补系统旁路开关和火花间隙均没有动作，则电容器残余电荷可通过短路点及高压并联电抗器中性点组成的回路放电，提高了潜供电流暂态分量的幅值。由于其衰减较慢，有可能影响潜供电流自灭，对单相重合闸不利。如果串补装设在高压并联电抗器的母线侧［见图 2-3（b)］，当高压并联电抗器线路侧发生单相接地故障时，串补对接地点潜供电流不产生影响，输电线路健全相对故障相的充电电容被高压并联电抗器及中性点小电抗补偿，接地点潜供电流较小，故障恢复过程中，串补是否存在对潜供电流几乎没有影响。因此，对于串补装设在高压并联电抗器的线路侧，需要研究串补装置对潜供电流及恢复电压暂态过程的影响。

串补装设在高抗的线路侧时，如果发生单相接地故障后，串补始终不旁路，将大幅提升故障后的潜供电流，很难满足间隔时间为 1s 的快速重合闸需要，导致重合闸失败；若火花间隙或旁路开关在故障相线路断路器断开前就已经动作，或者在线路断路器跳开后由线路保护联动将串联电容器旁路，一般能满足快速重合闸的需要。因此，对于装设串补的线路，一般可采用“线路保护动作联动旁路串补装置”的措施限制故障后的潜供电流。

二、对线路断路器 TRV 的影响

在装设串补的线路上发生短路故障时，由于电容器极间有较高的电压，断路器开断此类故障线路时所承受的 TRV 要高于其开断普通线路。工程实际计算也证实，串补装置的使用普遍提高了其所在输电线路的断路器 TRV 水平，如果在线路发生故障开断两侧断路器之前旁路串补，断路器 TRV 将得到有效控制。

实际装设串补的线路发生区内故障时，可能出现两种情况：① 故障时流过串补 MOV 的短路电流或 MOV 吸收的能量很大，则串补的火花间隙会很快动作，电容器被旁路，线路断路器 TRV 与无串补时接近；② 故障时若流过串补 MOV 的短路电流较小，则串补的火花间隙可能不动作，电容器的残压会导致线路断路器 TRV 大幅度提高。

因此，在工程上经济、有效地解决 TRV 的方法是，在继电保护上采取措施，凡是判断区内故障，立即强制触发旁路间隙将串联电容器退出。

三、对近区火电机组发生 SSR 风险的分析

串联电容器可能会对其所在电力系统所连接的汽轮发电机组产生显著的不良影响，由于其谐振频率低于电力系统的基频，这种现象被称为次同步谐振。按照 IEEE 给出的定义，SSR 是指在电气网络与发电机轴系之间以一个或多个次同步频率进行明显的能量交换现象的运行状态。根据 SSR 产生的原因和造成的影响，可以从三个方面加以描述，即感应发电机效应、机电扭转互作用和暂态扭矩放大作用。

工程上研究 SSR 一般分为两步：首先进行初步筛选，分析电力系统是否会发生 SSR 以及哪些机组会发生 SSR，一般采用频率扫描分析法，当研究由直流输电引发的次同步振荡问题时多采用机组作用系数法。接着，利用比较精确和定量的方法研究 SSR 的详细特性，典型代表方法是复转矩系数法、特征值分析法和时域仿真法等，这类方法需要更详细和精确的数据支持。

常用抑制 SSR 的装置及措施包括阻塞滤波器、动态稳定器、辅助励磁阻尼控制器、轴系扭振保护、附加次同步阻尼控制器以及电容器双间隙闪络等。SSR 解决方案的选择应根据工程项目的实际情况，包括升压变压器中性点的具体情况、励磁系统形式、厂用变压器接线和容量，以及送出线路是否可采用可控串补等确定。

串补设计中需要对可能发生的 SSR 进行研究并采取相应的措施予以抑制。

第三章 电气主接线

第一节 设计原则

一、电气主接线的构成

串补站电气主接线是指串补装置组成设备之间以及串补站与电力系统的电气连接方式，通常以单线图表示。串补站电气主接线是串补站电气设计的重要部分，由串补装置的接线和串补站出线设备的接线构成。串补站电气主接线对电气设备选型、配电装置布置、继电保护和控制方式等方面的设计有着较大的影响，应根据串补站所处的电力系统状况、串补装置功能特性、基本定值的要求以及建设规模等条件，在满足电力系统及串补站自身运行的可靠性、灵活性和经济性前提下，通过技术经济比较，确定合理的电气主接线方案。

串补站从建设的位置上可分为单独建设和毗邻变电站建设两种类型，其中，毗邻变电站建设包含毗邻变电站同期合并建设和毗邻已有变电站建设两种情况。无论是单独建设还是毗邻变电站建设的串补站，其电气主接线的设计原则是一致的。以串补站单独建设为例，串补站电气主接线构成示意如图 3－1 所示，图中设备配置仅为示意，设计时根据工程需要配置。

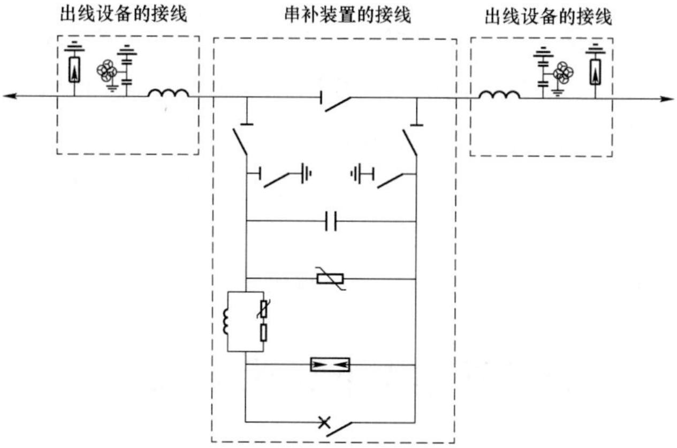

图 3－1　串补站电气主接线构成示意图

二、电气主接线的设计要求

电气主接线应满足可靠性、灵活性和经济性三项基本要求。

1. 可靠性

电气主接线应首先满足供电可靠性的要求。

（1）应满足串补装置的可靠性指标，对于固定串补，等效年可用率不小于99%，强迫停运次数不大于1次/年；对于可控串补，等效年可用率不小于98%，强迫停运次数不大于2次/年。

（2）应综合考虑电气一次和电气二次对可靠性的影响。

（3）在设备选型上采用可靠性高的电气设备，以简化接线。

（4）以保护串联电容器组安全可靠运行为核心，确定电气主接线方案。

2. 灵活性

电气主接线应满足在调度运行、检修及扩建时的灵活性。

（1）调度运行时，应能适应各种运行状态，并能灵活地进行运行方式的转换，不仅在正常运行时能安全可靠地供电，而且在事故、检修以及特殊运行方式时，也能灵活、简便、迅速地适应调度运行的要求，使停电时间最短、影响范围最小。

（2）检修时，可以操作简单地退出和投入串补装置系统，而不影响电力系统的安全稳定运行。

（3）扩建时，从初期接线到最终接线过渡方便，同时留有扩建可能性，在不影响连续供电或停电时间最短的情况下，投入新增的串补装置，并且对电气一次和电气二次的改建工作量最小。

3. 经济性

电气主接线在满足可靠性、灵活性要求的前提下，还应做到经济合理。

（1）应力求简单，使继电保护和二次回路不过于复杂，以节省串补装置的电气一次和电气二次的组成设备及控制电缆。

（2）在确定电气主接线的设备组成时，要合理选择电容器、晶闸管阀、电抗器以及串补站辅助设施等设备的类型、容量和数量，以减少电能损失。

（3）电气主接线设计要为串补站的布置创造条件，尽量减少占地面积。

第二节　串补装置的接线

根据串补的两种基本形式，采用固定串补和可控串补的典型接线方式。串补装置是否需要分段及分段的形式由系统功能特性、运行工况、补偿度、串补容量、设备能力和综合投资等多方面因素决定。当经济投资和占地指标等工程条件受限，容量较大的串补装置不采用分段形式时，也可对串补典型接线的局部分支回路作适当改进。

一、串补装置的典型接线

1. 固定串补和可控串补的接线

串补装置主要有固定串补和可控串补两种基本接线形式，其典型接线如图 3-2 所示。

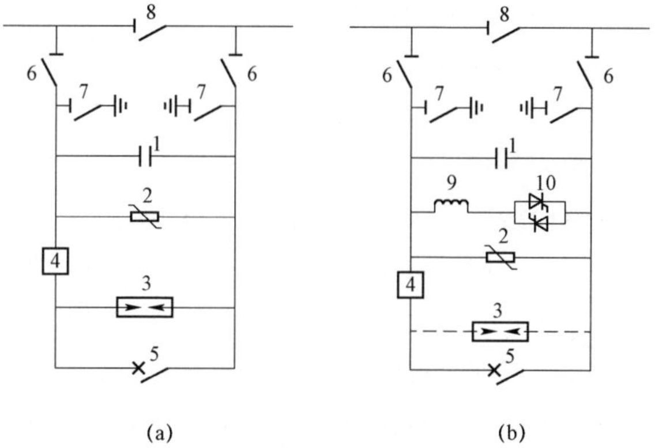

图 3-2 串补装置的典型接线

(a) 固定串补；(b) 可控串补

1—串联电容器组；2—MOV；3—保护火花间隙；4—限流阻尼设备；5—旁路开关；6—串联隔离开关；7—接地开关；8—旁路隔离开关；9—阀控电抗器；10—晶闸管阀

2. 固定串补装置的构成元件

固定串补装置由串联电容器组、金属氧化物限压器（metal oxide varistor，MOV）、保护火花间隙、限流阻尼设备、电流互感器、旁路开关、旁路隔离开关、串联隔离开关及其控制保护设备等主要元件构成。

串联电容器组由多台电容器单元通过串、并联方式组合而成，是串补装置的基本构成元件。

MOV 是串联电容器组的主保护元件，并联在电容器组两端，在线路故障或不正常运行情况下，防止过电压直接作用在电容器组上，以保护串联电容器组。

保护火花间隙是串联电容器组的后备保护和 MOV 的主保护元件，由间隙的触发回路使其触发，将串联电容器组和 MOV 旁路，以降低 MOV 吸收能量的要求，防止串联电容器组和 MOV 因过热而损坏。

限流阻尼设备的作用是在火花间隙导通或旁路开关合闸时，限制串联电容器组放电电流的幅值和频率，减少放电过程对电容器组、旁路开关和火花间隙的影响。限流阻尼设备由限流电抗器、阻尼电阻器以及间隙或者 MOV 构成阻尼回路，设备的组合形式详见第六章第四节。

电流互感器主要用于测量串补装置各支路电流，包括线路电流、电容器组电流、MOV 电流、保护火花间隙电流、平台电流等，还可为装设在串补平台上的保护和控制设备提供辅助供电电源。

旁路开关主要用于在正常或事故情况下将电容器组旁路或重新投入，同时也为火花间隙灭弧及去游离提供必要条件。

串联隔离开关和旁路隔离开关主要用于隔离和旁路串补装置，实现串补装置在检修和故障时的投运和退出，同时保证线路的连续供电。

接地开关的作用是方便串补平台及设备的检修和维护。串补平台侧应装设接地开关。线路侧是否装设接地开关，需结合运行的习惯和要求确定，若确定装设应注意在检测到线路无电压时，才能将接地开关合上，并且在接地开关合上时，不能给该线路送电。

串补平台是用来支撑串联电容器组、MOV、保护火花间隙、限流阻尼设备等设备的架构，由对地绝缘的支柱绝缘子和斜拉绝缘子作为支撑，是串补装置主设备安装和运行的载体。串补平台的电压等级与被补偿线路相同，为串补装置的运行提供基准电位，降低了串补装置主设备的绝缘要求，为设备的安全运行提供保证。

3. 可控串补装置的构成元件

可控串补装置由串联电容器组、晶闸管阀、阀控电抗器、MOV、限流阻尼设备、电流互感器、电阻分压器、旁路开关、旁路隔离开关、串联隔离开关及其控制保护设备等主要元件构成。保护火花间隙可作为串联电容器组的后备保护和 MOV 的主保护元件，根据可控串补的过电压保护方案和控制策略来确定是否需要装设，如图 3-2（b）中虚线所示。

可控串补装置的组成设备，在固定串补装置的基础上，增加了晶闸管阀和阀控电抗器，通过调节晶闸管阀导通的角度和阀控电抗器的参数配合，改变串补装置的容抗，实现串补装置的容抗值和补偿度的控制调节。

晶闸管阀是可控串补装置的重要组成元件，晶闸管阀与阀控电抗器串联后并联接入电容器组回路中，通过对晶闸管阀回路进行电流的相角控制，使该受控电流注入到电容器组回路中，实现串补装置的容抗可调和容量可控。晶闸管阀对串联电容器组兼有控制和保护的功能，使得可控串补按系统功能要求运行在闭锁、旁路和容抗调节的不同模式。

电流互感器主要用于测量串补装置各支路电流，对于可控串补，还包括晶闸管阀回路的支路电流。电容器组的电流，可采用电阻分压器测量其两端的电压，通过阻抗的换算得到，其主要原因在于，可控串补存在不稳定的直流分量，而电容器电流中不含直流分量或直流分量会使电流互感器饱和，因而需要采用含滤波器回路的分压器得到直流分量，以满足可控串补的闭环控制系统需要测量直流分量并控制其在运行范围的要求。

二、串补装置的分段接线

串补装置的分段接线形式主要有多段固定部分、多段可控部分、固定部分和可控部分组合三种类型。

无论各子段是固定部分还是可控部分，均可通过不同的隔离开关配置方案来实现不完全独立的子段和完全独立的子段。各子段均设有旁路开关，可同时运行，也可相对独立运行，即其中一段退出的情况下另一段仍可正常运行。对于不完全独立的分段串补，各段串补共用 1 组旁路隔离开关和 2 组串联隔离开关，当一段退出运行时，不能对退出段进行上人检修工作。对于完全独立的分段串补，各段均设有的 1 组旁路隔离开关和 2 组串联隔离开关，当一段退出运行时，可以对退出段进行上人检修工作，运行方式更加灵活。各子段是否完全独立需要根据串补装置所在的电力系统对串补站的功能需求、运行方式以及设备制造能力综合考虑确定。

下面给出两段固定部分、两段可控部分、固定部分和可控部分各一段的分段串补接线方式的示例，固定部分+固定部分的分段串补装置接线如图 3–3 所示，可控部分+可控部分的分段串补装置接线如图 3–4 所示，固定部分+可控部分的分段串补装置接线如图 3–5 所示。

当经济投资和占地指标等工程条件受限，容量较大的串补装置不采用分段形式时，由于其额定电流值较大，相应限流阻尼设备中电抗器的电感值也较大，可能导致常规旁路隔离开关的转换电流能力无法满足要求。在这种情况下，可以对串补典型接线的局部分支回路，如阻尼回路和旁路回路作适当改进，以适应旁路隔离开关的转换电流能力要求。例如，固定串补装置采用阻尼回路串联或附加断路器的方案见图 3–6。

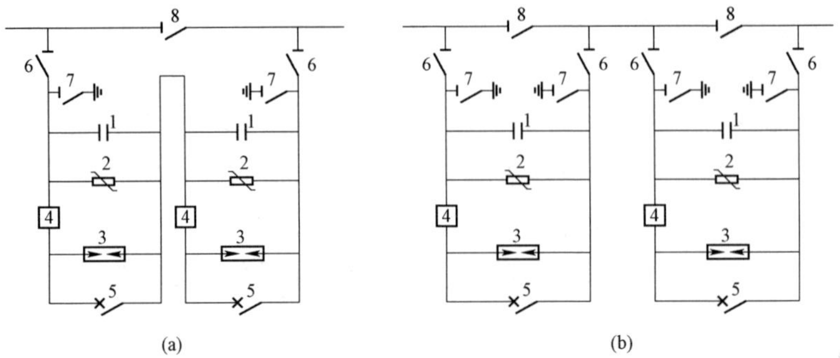

图 3-3　固定部分+固定部分的分段串补装置接线图

（a）不完全独立的分段串补；（b）完全独立的分段串补

1—串联电容器组；2—MOV；3—保护火花间隙；4—限流阻尼设备；5—旁路开关；

6—串联隔离开关；7—接地开关；8—旁路隔离开关

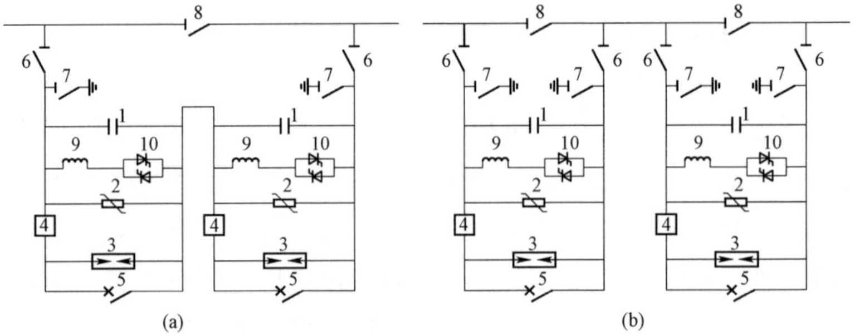

图 3-4　可控部分+可控部分的分段串补装置接线图

（a）不完全独立的分段串补；（b）完全独立的分段串补

1—串联电容器组；2—MOV；3—保护火花间隙；4—限流阻尼设备；5—旁路开关；

6—串联隔离开关；7—接地开关；8—旁路隔离开关；9—阀控电抗器；10—晶闸管阀

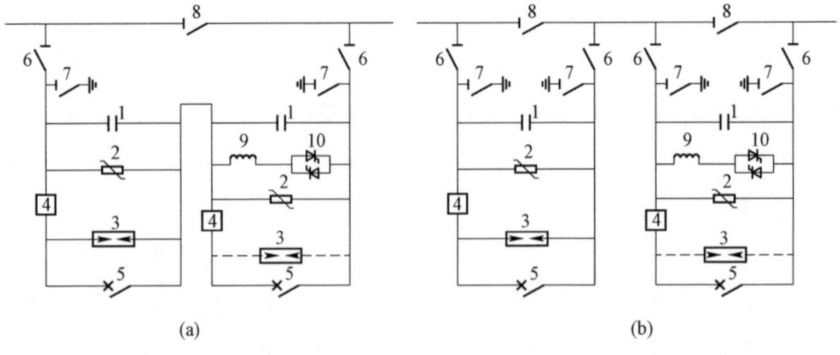

图 3-5　固定部分+可控部分的分段串补装置接线图

（a）不完全独立的分段串补；（b）完全独立的分段串补

1—串联电容器组；2—MOV；3—保护火花间隙；4—限流阻尼设备；5—旁路开关；6—串联隔离开关；

7—接地开关；8—旁路隔离开关；9—阀控电抗器；10—晶闸管阀

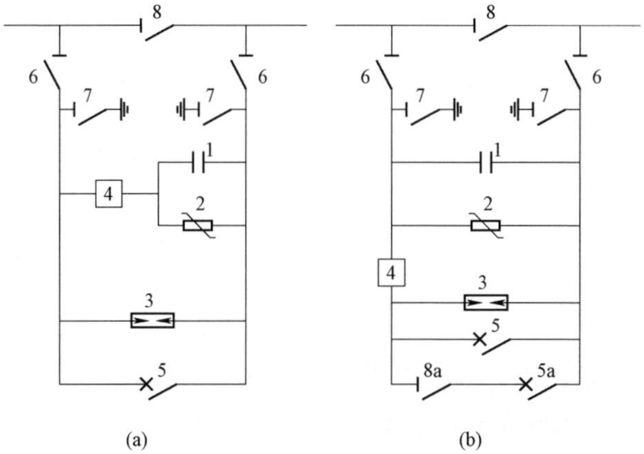

图 3－6　固定串补装置采用阻尼回路串联或附加断路器接线

（a）阻尼回路串联；（b）附加断路器

1—串联电容器组；2—MOV；3—保护火花间隙；4—限流阻尼设备；5—旁路开关；5a—附加断路器；6—串联隔离开关；7—接地开关；8—旁路隔离开关；8a—附加隔离开关

（1）阻尼回路串联方案。利用限流阻尼设备直接与电容器组的串联，来解决大容量串补装置带来的旁路隔离开关投入和退出时的转换电流超标问题。需要注意的是，由于限流阻尼设备长期处于运行状态，需增加串联电容器容量以保证同等的串补度，同时需要考虑限流阻尼设备中电抗器长期运行的损耗、发热、噪声等相关问题。

（2）附加断路器方案。在典型的串补接线的基础上，增加了由附加断路器和附加隔离开关组成的电流转移支路，来实现串联电容器组投入和退出时的电流转换功能，显著降低了对旁路隔离开关转换电流能力的要求，并具有良好的防误特性，较好地解决了大容量串补装置中可能存在的旁路隔离开关转换电流超标问题。

具体接线形式的选择，需要综合考虑串补装置的容量、额定电流值、限流阻尼设备中电抗器的技术参数和旁路隔离开关的转换电流能力等影响因素，通过技术经济比较确定。

第三节　出线设备的接线和配置

一、出线设备的接线

串补站出线设备包括阻波器、电压互感器和避雷器，其中电压互感器和阻波

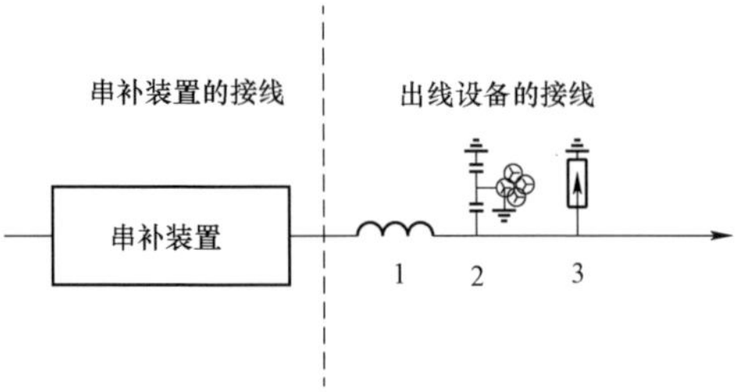

图 3－7　出线设备的接线

1—阻波器；2—电压互感器；3—避雷器

器根据工程实际确定是否需要配置，出线设备并联接于串补站出线，设备的接线示意如图 3－7 所示。

二、出线设备的配置

（一）阻波器

阻波器是电力载波通信系统的关键设备，与电容式电压互感器或耦合电容器、结合滤波器组合，为传输遥控、遥测、继电保护、电话、电传等信号提供载波通道。阻波器串联在高压输电线上，用以阻塞高频信号向非通信方向传输，从而起到阻止高频信号进入变压器等一次高压设备及稳定高频载波通道传输的作用。

对于单独建设的串补站，当串补站与其连接的对侧变电站之间采用电力线载波通信方式时，需在串补装置线路侧安装线路阻波器，并采用三相阻塞方式。对于串补站毗邻变电站建设，当串补站毗邻变电站同期合并建设时，可只在串补站线路侧安装阻波器；当串补站毗邻已有变电站建设时，可将变电站出线侧的阻波器搬迁到串补站线路侧使用，或者在串补站线路侧新安装阻波器，采用搬迁还是新装，视具体工程情况确定。

（二）电压互感器

电压互感器的设置原则以及需要注意的问题与串补站的建设位置相关，下面以串补站单独建设以及毗邻变电站建设分别作相应说明。

对于单独建设的串补站，当串补站线路侧装有接地开关时，为实现线路接地开关检测到无压的合闸联锁条件，防止误操作引起线路接地事故，此时串补站应装设单独的电压互感器。若串补站线路侧未装接地开关，由于串补控制保护并不需要采集线路电压，单独建设的串补站可以不单独配置电压互感器。

需要注意的是对于 1000kV 串补站，如需加装电容式电压互感器，应充分考虑串补平台投切中产生的快速暂态电流对其绝缘的影响，同时在电容式电压互感器的设计和制造工艺上增强抗击冲击电流的能力。

当串补站毗邻变电站建设时，本线路及相邻线路的继电保护装置均应考虑线路电压互感器的不同安装位置对其带来的影响。当串补站与变电站同期合并建设，线路电压互感器位于串补站线路侧时，在串补反向出口故障时，测量阻抗呈感性，常规距离保护可能会误动作；当串补站毗邻已有变电站建设，线路电压互感器位于串补站母线侧时，在串补正向出口故障时，测量阻抗呈容性，常规距离保护又不能动作。无论线路电压互感器位于串补站的哪一侧，串补电容容性阻抗的存在将使电压、电流的相位发生变化，进而影响继电保护的动作行为。

（三）避雷器

在每组串补装置的线路入口处安装线路型避雷器来进行雷电侵入波保护，以防止站外雷电侵入波在串补站内产生危险的过电压，危及电气设备的运行。对于分段串补，在分段处是否需要另外装设避雷器，需要根据雷电侵入波计算来确定。

串补装置中的隔离开关、旁路开关、光纤绝缘柱、平台支柱绝缘子、平台斜拉绝缘子等设备对地之间的绝缘水平应与线路侧避雷器相配合。

第四节 工 程 示 例

根据目前国内串补站的工程，采用固定串补和可控串补的不同类型，举例说明串补站的电气主接线设计方案。由于串补站每回装设串补装置出线的电气接线相同，所以仅表示单回线的电气主接线方案。

1. 500kV 串补站采用固定串补的接线方案

500kV XZ 串补站工程，毗邻已有变电站建设。单回线的串补装置容量为297.4Mvar，串补额定电流为2.7kA，串补度为35%。

串补装置的限流阻尼设备采用电抗并联电阻带串联MOV型。在各支路装设电流互感器测量各分支回路的电流量。串补装置设2组串联隔离开关，其平台侧配接地开关，设1组不接地的旁路隔离开关。

在串补站线路入口处配置避雷器，不装设阻波器和电容式电压互感器。

500kV XZ 串补站电气主接线如图3－8所示。

2. 500kV 串补站采用固定分段串补的接线方案

500kV GL 串补站工程，毗邻已有变电站建设。单回线的串补装置总容量为830Mvar，串补额定电流为3.0kA，总的串补度为50%，采用串补度为25%+25%的分段接线，两段完全独立分开，每段固定串补容量为415Mvar。

各段串补装置布置在单独的平台上，并各自设有旁路开关，每段串补装置设2组串联隔离开关，其平台侧配接地开关，设1组不接地的旁路隔离开关。串补装置的限流阻尼设备采用电抗并联电阻带串联MOV型。在各支路装设电流互感器测量各分支回路的电流量。

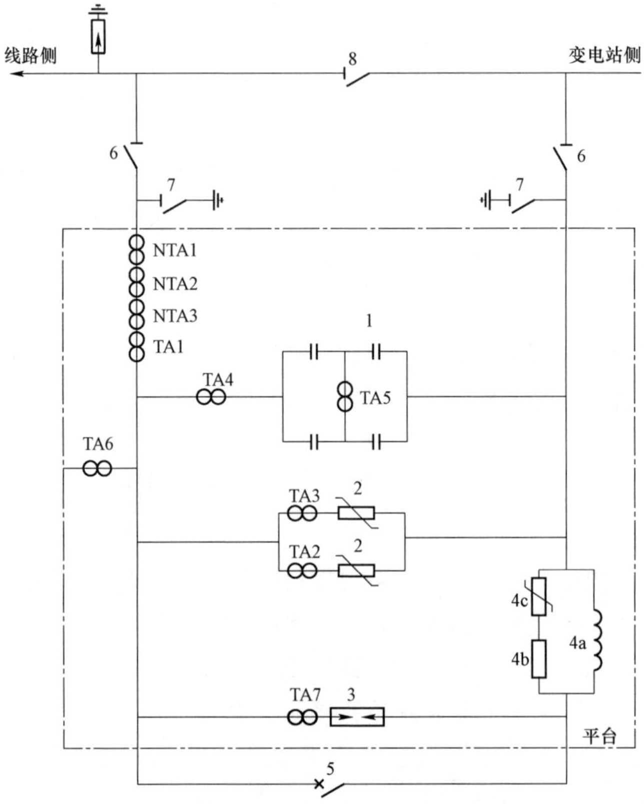

图 3-8　500kV XZ 串补站电气主接线图

1—串联电容器组；2—MOV；3—保护火花间隙；4a—限流电抗器；4b—阻尼电阻器；4c—阻尼 MOV；
5—旁路开关；6—串联隔离开关；7—接地开关；8—旁路隔离开关；
TA1—线路电流互感器；TA2、TA3—MOV 支路电流互感器；TA4—电容器组电流互感器；
TA5—电容器组不平衡电流互感器；TA6—平台电流互感器；TA7—火花间隙电流互感器；
NTA1、NTA2、NTA3—取能电流互感器

在串补站线路入口处配置避雷器和电容式电压互感器，不装设阻波器。

500kV GL 串补站电气主接线如图 3-9 所示。

3. 1000kV 串补站采用固定串补的接线方案

1000kV CZ 串补站工程，毗邻已有变电站建设。单回线的串补装置容量为 1500Mvar，串补额定电流为 5.08kA，串补度为 20%。

串补装置的限流阻尼设备采用电抗并联电阻带串联 MOV 型。在各支路装设电流互感器测量各分支回路的电流量。串补装置设 2 组双接地串联隔离开关和 1 组不接地的旁路隔离开关。

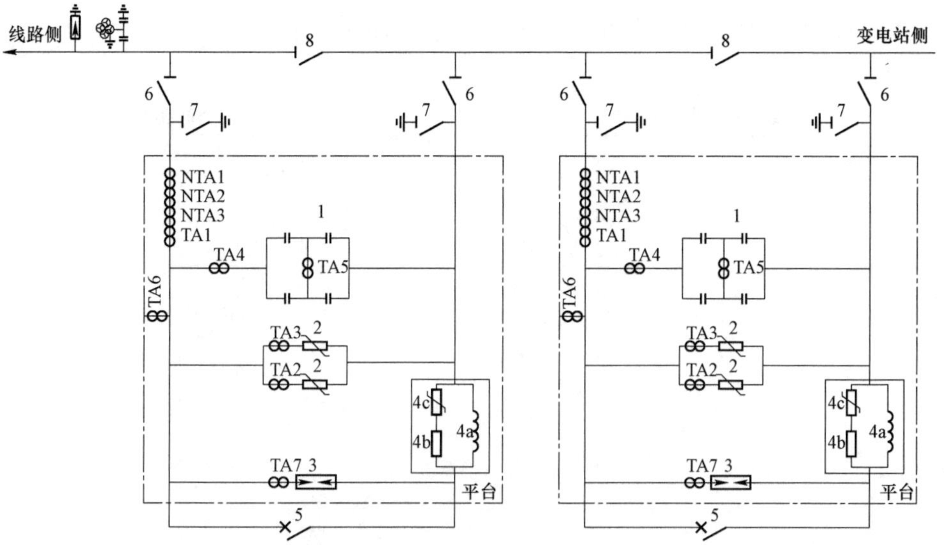

图 3-9 500kV GL 串补站电气主接线图

1—串联电容器组；2—MOV；3—保护火花间隙；4a—限流电抗器；4b—阻尼电阻器；4c—阻尼 MOV；5—旁路开关；6—串联隔离开关；7—接地开关；8—旁路隔离开关；TA1—线路电流互感器；TA2、TA3—MOV 支路电流互感器；TA4—电容器组电流互感器；TA5—电容器组不平衡电流互感器；TA6—平台电流互感器；TA7—火花间隙电流互感器；NTA1、NTA2、NTA3—取能电流互感器

在串补站线路入口处配置避雷器和电容式电压互感器，不装设阻波器。

1000kV CZ 串补站电气主接线如图 3-10 所示。

4. 1000kV 串补站采用固定分段串补的接线方案

1000kV CD 串补站工程，在线路中间单独建设。单回线的串补装置总容量为 3000Mvar，串补额定电流为 5.08kA，总的串补度为 40%，采用串补度为 20%+20% 的分段接线，两段不完全独立分开，每段固定串补容量为 1500Mvar。

各段串补装置布置在单独的平台上，并各自设有旁路开关，共用 2 组双接地串联隔离开关和 1 组不接地旁路隔离开关。串补装置的限流阻尼设备采用电抗并联电阻带串联 MOV 型。在各支路装设电流互感器测量各分支回路的电流量。

在串补站线路入口处配置避雷器，不装设电容式电压互感器和阻波器。

1000kV CD 串补站电气主接线如图 3-11 所示。

5. 500kV 可控串补站采用不完全独立段的接线方案

500kV PG 可控串补站工程，毗邻已有变电站建设。单回线的串补装置总容量为 400Mvar，串补额定电流为 2.0kA，总的串补度为 40%。固定部分容量为

350Mvar，串补度为35%，可控部分容量为50Mvar，串补度为5%。

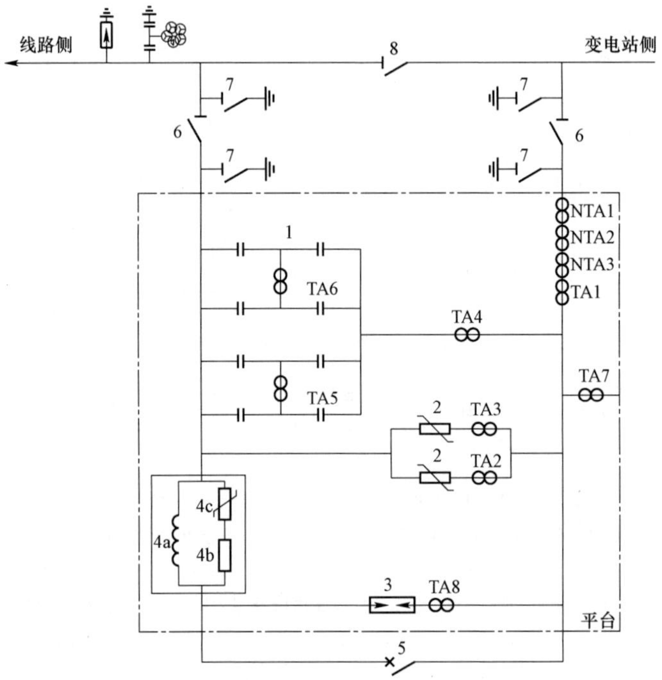

图3－10　1000kV CZ串补站电气主接线图

1—串联电容器组；2—MOV；3—保护火花间隙；4a—限流电抗器；4b—阻尼电阻器；4c—阻尼MOV；
5—旁路开关；6—串联隔离开关；7—接地开关；8—旁路隔离开关；
TA1—线路电流互感器；TA2、TA3—MOV支路电流互感器；TA4—电容器组电流互感器；
TA5、TA6—电容器组不平衡电流互感器；TA7—平台电流互感器；
TA8—火花间隙电流互感器；NTA1、NTA2、NTA3—取能电流互感器

串补装置的固定部分和可控部分布置在一个平台上，两部分通过平台上的母线串联起来，并各自设有旁路开关，共用1组不接地旁路隔离开关和2组单接地串联隔离开关。串补装置的限流阻尼设备采用电抗并联电阻带串联间隙型。在各支路装设电流互感器测量各分支回路的电流量，可控部分的电容器组两端装设电阻分压器测量其电压量。

在串补站线路入口处配置避雷器、阻波器和电容式电压互感器，其中阻波器和电容式电压互感器从变电站出线间隔搬迁而来。

500kV PG可控串补站电气主接线如图3－12所示。

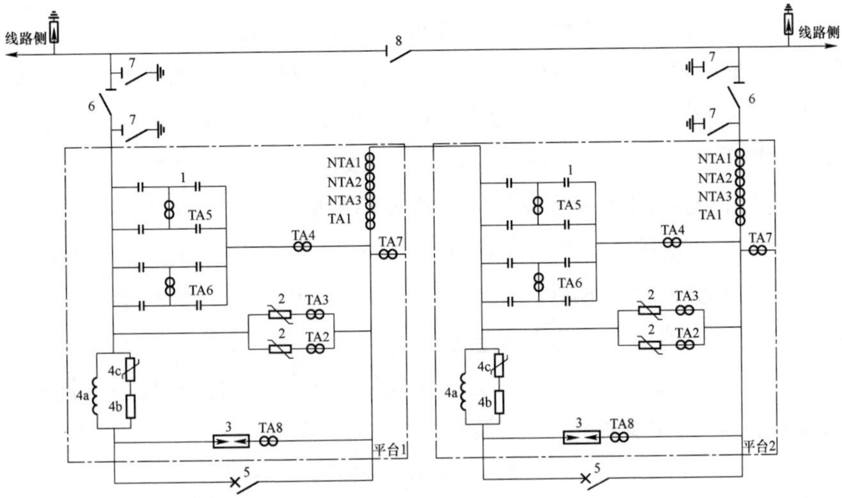

图 3-11　1000kV CD 串补站电气主接线图

1—串联电容器组；2—MOV；3—保护火花间隙；4a—限流电抗器；4b—阻尼电阻器；4c—阻尼 MOV；
5—旁路开关；6—串联隔离开关；7—接地开关；8—旁路隔离开关；
TA1—线路电流互感器；TA2、TA3—MOV 支路电流互感器；TA4—电容器组电流互感器；
TA5、TA6—电容器组不平衡电流互感器；TA7—平台电流互感器；
TA8—火花间隙电流互感器；NTA1、NTA2、NTA3—取能电流互感器

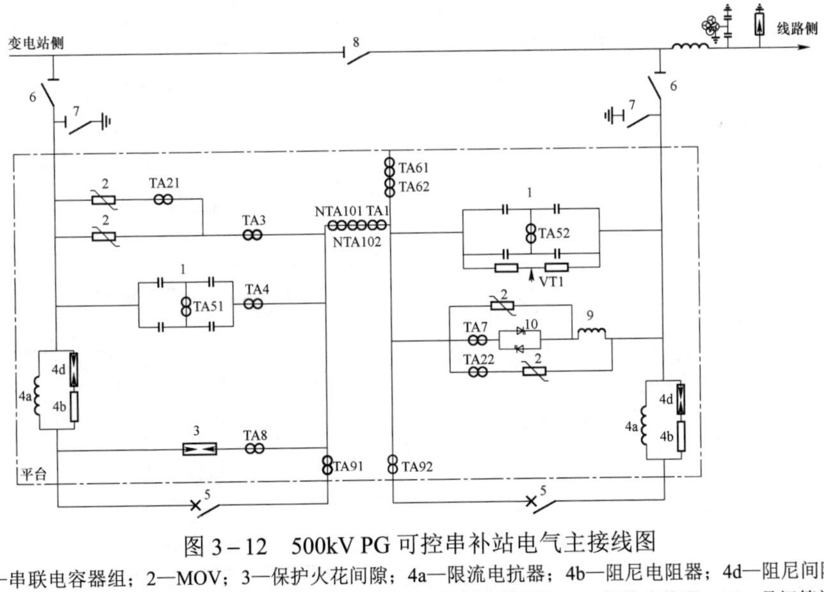

图 3-12　500kV PG 可控串补站电气主接线图

1—串联电容器组；2—MOV；3—保护火花间隙；4a—限流电抗器；4b—阻尼电阻器；4d—阻尼间隙；
5—旁路开关；6—串联隔离开关；7—接地开关；8—旁路隔离开关；9—阀控电抗器；10—晶闸管阀；
TA1—线路电流互感器；TA21、TA22—MOV 支路电流互感器；TA3—MOV 总回路电流互感器；
TA4—电容器组电流互感器；TA51、TA52—电容器组不平衡电流互感器；TA61、TA62—平台电流互感器；
TA7—阀控支路电流互感器；TA8—火花间隙电流互感器；TA91、TA92—旁路开关电流互感器；
NTA101、NTA102—取能电流互感器；VT1—电阻分压器

6. 500kV 可控串补站采用完全独立段的接线方案

500kV YF 可控串补站工程，毗邻已有变电站建设。单回线的串补装置总容量为 870Mvar，串补额定电流为 2.33kA，总的串补度为 45%。固定部分容量为 544Mvar，串补度为 30%，可控部分容量为 326Mvar，串补度为 15%。

串补装置的固定部分和可控部分布置在单独的平台上，各自设有旁路开关、1 组双接地旁路隔离开关和 2 组单接地串联隔离开关。串补装置的限流阻尼设备采用电抗并联电阻带串联 MOV 型。在各支路装设电流互感器测量各分支回路的电流量，可控部分的电容器组两端装设电阻分压器测量其电压量。

在串补站线路入口处配置避雷器和电容式电压互感器，不装设阻波器。

500kV YF 可控串补站电气主接线如图 3－13 所示。

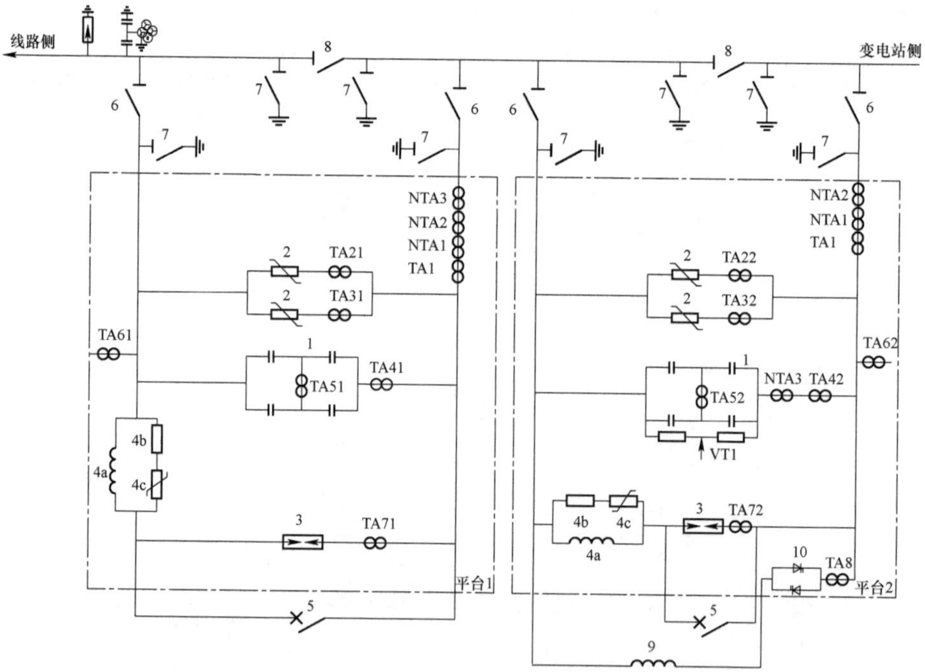

图 3－13　500kV YF 可控串补站电气主接线图

1—串联电容器组；2—MOV；3—保护火花间隙；4a—限流电抗器；4b—阻尼电阻器；4c—阻尼 MOV；5—旁路开关；6—串联隔离开关；7—接地开关；8—旁路隔离开关；9—阀控电抗器；10—晶闸管阀；TA1—线路电流互感器；TA21、TA22、TA31、TA32—MOV 支路电流互感器；TA41、TA42—电容器组电流互感器；TA51、TA52—电容器组不平衡电流互感器；TA61、TA62—平台电流互感器；TA71、TA72—火花间隙电流互感器；TA8—阀控支路电流互感器；NTA1～NTA3—取能电流互感器，VT1—电阻分压器

第四章　过电压保护及电磁暂态计算

第一节　过 电 压 保 护

一、过电压保护的基本原则

当串补站所在线路及邻近线路发生短路故障时，为限制串补装置两端过电压，并使其能尽快恢复正常运行，应采用适当的过电压保护及控制措施，以便将过电压保护水平和 MOV 吸收能量控制在合理水平。通常串补装置的过电压保护目标在 2.0～2.5 倍标幺值范围内。

串补装置的过电压保护一般采用 MOV 并联保护火花间隙的组合保护方式。MOV 为串联电容器组的主保护，限制电容器电压在保护水平之内。保护火花间隙为 MOV 和串联电容器组的后备保护。旁路开关为保护火花间隙熄弧及去游离提供必要条件，也是系统检修、调度的必要装置。限流阻尼设备则使电容器放电电流迅速衰减，防止电容器、保护火花间隙、旁路开关在放电过程中损坏。

对于可控串补，晶闸管阀及阀控电抗器也可作为 MOV 和串联电容器组的后备保护。故障时，当 MOV 的电流、能量、能量上升速度或温度达到其门限值时，保护系统发出晶闸管阀旁路的指令，使得晶闸管阀及阀控电抗器支路处于全接入状态，整个串补装置呈现为一个电抗值较低的感性元件，从而降低过电压并减少故障电流。而当故障清除后，利用晶闸管元件的快速开断特性，将串补装置快速恢复到容性工作状态，从而提高线路的输送能力及系统的稳定水平。在区外故障时，晶闸管阀及阀控电抗器一般不进入旁路工作状态，只有当故障持续时间较长或故障电流过大时将其旁路，在故障切除后应立即返回正常工作模式。在区内故障时，晶闸管阀及阀控电抗器支路可以根据 MOV 的门限参数，进入旁路工作状态以减少 MOV 的吸收能量。

二、过电压保护策略

（一）故障的形式和分类

根据故障发生的位置不同，可以将故障划分为区内故障和区外故障，其定义如下：

（1）区内故障：指发生在串补装置所在线路两侧断路器之间的故障。

（2）区外故障：指发生在串补装置所在线路两侧断路器之外的故障。

下面以某一假设串补站近区系统（如图 4-1 所示）为例，说明区内故障和区外故障的含义。

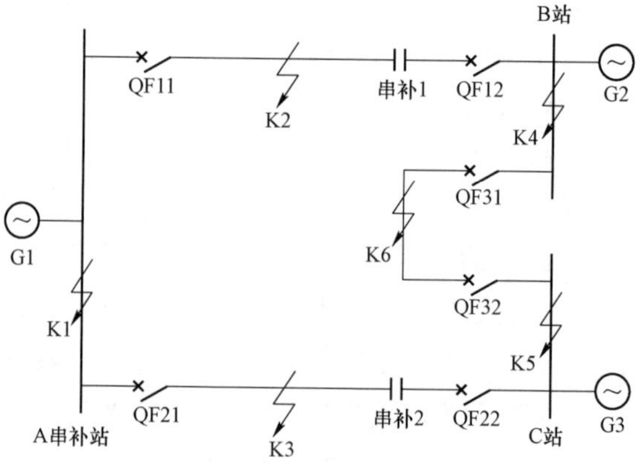

图 4-1　故障区域划分示意图

图 4-1 中，A、B、C 分别表示串补站及其邻近变电站，假设 A 串补站与 B、C 变电站之间的线路 AB 与 AC 上各装设 1 套串补装置（串补 1 和串补 2），G1～G3 表示各站等值电源，QF11、QF12、QF21、QF22、QF31、QF32 分别表示线路 AB、AC、BC 两侧的断路器，K1～K6 表示故障点位置。

根据区内故障的定义，对于串补 1 来说，发生在其所在线路 AB 两侧断路器之间的故障即为区内故障，因此 K2 为串补 1 的区内故障点；同理对于串补 2 来说，K3 为其区内故障点。

根据区外故障的定义，对于串补 1 来说，发生在其所在线路 AB 两侧断路器之外的故障即为区外故障，因此 K1、K3、K4、K5、K6 均为串补 1 需要考察的区外故障点；同理，对于串补 2 来说，K1、K2、K4、K5、K6 为其区外故障点。

各故障点的故障类型包括三相接地、单相接地、两相接地和两相短路不接地。

（二）影响串补过电压水平及MOV能量的主要因素

影响串补过电压水平及MOV能量的因素主要有以下七个方面：

（1）故障前系统的运行条件；

（2）故障后通过线路及串补装置的系统摇摆电流；

（3）故障发生的地点；

（4）故障的类型和持续时间；

（5）故障发生的时刻；

（6）区内与区外故障的处理方法；

（7）过电压保护的策略和保护控制系统的性能。

（三）区内、区外故障持续时间与保护动作时序

1. 故障响应总体要求

故障持续时间与保护动作时序主要用于电磁暂态计算，确定故障过程中串联电容器组的最大过电压、MOV吸收能量和保护火花间隙的触发条件。

串补电磁暂态计算应遵循表4－1故障周期表中的故障切除过程和时间周期，其中t_1，t_2，t_3数值应根据系统保护的时间要求确定，取值应遵照当地运行调度的要求。同时还要满足实际工程中其他要求工况下串补装置投退和重合闸下串补装置重投等操作的顺序性能要求。

表4－1　故障周期表

故障类型	过程及持续时间
区外单相接地故障	外部线路切除（t_1）——外部线路重合闸启动（t_2）——断路器拒动，失灵保护启动切除故障（再增t_3）
区外两相或三相故障	外部线路切除（t_1）——断路器单相拒动，失灵保护启动切除故障（再增t_3）
区内单相接地故障	线路切除（t_1）——线路重合闸启动（t_2）——断路器拒动，失灵保护启动切除故障（再增t_3）
区内两相或三相故障	线路切除（t_1）——断路器单相拒动，失灵保护启动切除故障（再增t_3）

2. 固定串补故障响应

根据故障响应的总体要求，固定串补分别在区外和区内发生单相故障和多相故障时，且单相断路器失灵故障的全过程时间与保护动作时序可参考表4－2～表4－5。

表 4－2　区外发生单相故障时的串补保护动作过程

故障过程时间（ms）	故障与线路断路器动作过程	串联电容器组保护过程
0	故障发生	—
0～100	故障持续	MOV 限制电容器组的电压上升。电容器组不允许进入旁路状态
100	故障相断路器动作切除故障	—
100～1000	功率通过输电线路	电流流过串联电容器组
1000	故障相断路器重合于故障线路	—
1000～1450（1000＋100＋350）	故障持续，线路断路器三相跳闸，但单相拒动	MOV 限制电容器组的电压上升。电容器组不允许进入旁路状态
1450（1100＋350）	故障切除	—

表 4－3　区外发生多相故障时的串补保护动作过程

故障过程时间（ms）	故障与线路断路器动作过程	串联电容器组保护过程
0	故障发生	—
0～100	故障持续	MOV 限制电容器组的电压上升。电容器组不允许进入旁路状态
100	线路断路器三相跳闸，但单相拒动	—
100～450（100＋350）	故障持续	MOV 限制电容器组的电压上升。电容器组不允许进入旁路状态
450（100＋350）	故障切除	—

表 4－4　区内发生单相故障时的串补保护动作过程

故障过程时间（ms）	故障与线路断路器动作过程	串联电容器组保护过程
0	故障发生	—
0～100	故障持续	MOV 限制电容器组的电压上升。允许间隙触发及旁路开关合闸使电容器组进入旁路状态
100	故障相断路器动作切除故障	—
100～1000	功率通过输电线路	电流流过串联电容器组
1000	故障相断路器重合于故障	—
1000～1450（1000＋100＋350）	故障持续，线路断路器三相跳闸，但单相拒动	MOV 限制电容器组的电压上升。通过间隙触发及旁路开关合闸使电容器组工作于旁路状态
1450（1100＋350）	故障切除	电容器组仍处于旁路状态，直到旁路开关分闸

表 4-5　　区内发生多相故障时的串补保护动作过程

故障过程时间（ms）	故障与线路断路器动作过程	串联电容器组保护过程
0	故障发生	—
0～100	故障持续	MOV 限制电容器组的电压上升。允许间隙触发及旁路开关合闸使电容器组进入旁路状态
100	线路断路器三相跳闸，但单相拒动	—
100～450 （100+350）	故障持续	MOV 限制电容器组的电压上升。通过间隙触发及旁路开关合闸使电容器组工作于旁路状态
450（100+350）	故障切除	电容器组仍处于旁路状态，直到旁路开关分闸

3. 可控串补故障响应

根据故障响应的总体要求，可控串补分别在区外和区内发生单相故障和多相故障时，且单相断路器失灵故障的全过程时间与保护动作时序可参考表 4-6～表 4-9。

表 4-6　　区外发生单相故障时的串补保护动作过程

故障过程时间（ms）	故障与线路断路器动作过程	串联电容器组保护过程
0	故障发生	—
0～100	故障持续	MOV 限制电容器组的电压上升。旁路开关不允许动作。当检测到瞬时电流超出正常运行范围时，允许晶闸管阀闭锁或旁路电容器组。当线路电流下降到装置正常运行范围后，重投串联电容器组
100	故障相断路器动作切除故障	—
100～1000	功率通过输电线路	电流流过串联电容器组
1000	故障相断路器重合于故障线路	—
1000～1450 （1100+350）	故障持续，线路断路器三相跳闸，但单相拒动	MOV 限制电容器组的电压上升。旁路开关不允许动作。当检测到瞬时电流超出正常运行范围时，允许晶闸管阀闭锁或旁路电容器组。当线路电流下降到装置正常运行范围后，重投串联电容器组
1450（1100+350）	故障切除	—

表 4-7　　区外发生多相故障时的串补保护动作过程

故障过程时间（ms）	故障与线路断路器动作过程	串联电容器组保护过程
0	故障发生	—
0～100	故障持续	MOV 限制电容器组的电压上升。旁路开关不允许动作。当检测到瞬时电流超出正常运行范围时，允许晶闸管阀闭锁或旁路电容器组。当线路电流下降到装置正常运行范围后，重投串联电容器组

续表

故障过程时间（ms）	故障与线路断路器动作过程	串联电容器组保护过程
100	线路断路器动作切除故障	—
100～450(100＋350)	线路断路器三相跳闸，但单相拒动	MOV限制电容器组的电压上升。旁路开关不允许动作。当检测到瞬时电流超出正常运行范围时，允许晶闸管阀闭锁或旁路电容器组。当线路电流下降到装置正常运行范围后，重投串联电容器组
450（100＋350）	故障切除	—

表4－8　　区内发生单相故障时的串补保护动作过程

故障过程时间（ms）	故障与线路断路器动作过程	串联电容器组保护过程
0	故障发生	—
0～100	故障持续	MOV限制电容器组的电压上升。允许通过晶闸管阀、旁路开关使电容器组进入旁路状态
100	故障相断路器动作切除故障	—
100～1000	功率通过输电线路	电流流过串联电容器组
1000	故障相断路器重合于故障线路	—
1000～1450（1100＋350）	故障持续，线路断路器三相跳闸，但单相拒动	MOV限制电容器组的电压上升。允许通过晶闸管阀、旁路开关使电容器组进入旁路状态
1450（1100＋350）	故障切除	电容器组仍处于旁路状态，直到旁路开关分闸

表4－9　　区内发生多相故障时的串补保护动作过程

故障过程时间（ms）	故障与线路断路器动作过程	串联电容器组保护过程
0	故障发生	—
0～100	故障持续	MOV限制电容器组的电压上升。允许通过晶闸管阀、旁路开关使电容器组进入旁路状态
100	线路断路器动作切除故障	—
100～450（100＋350）	线路断路器三相跳闸，但单相拒动	MOV限制电容器组的电压上升。允许通过晶闸管阀、旁路开关使电容器组进入旁路状态
450（100＋350）	故障切除	电容器组仍处于旁路状态，直到旁路开关分闸

（四）线路保护动作联动旁路串补装置

为降低线路断路器TRV，限制故障后的潜供电流，提高线路断路器重合闸成功率，目前国内串补工程一般采用线路保护动作联动旁路串补装置的方式，即凡是线路继电保护判断区内故障，在两侧断路器分闸前，给保护火花间隙发触发信号，给旁路开关发合闸命令，在旁路串联电容器组后，故障线路两侧线路断路器才分闸。采用该方式有以下两方面原因：

（1）串补线路上发生短路故障后，串联电容器组两端有较高的电压。若线路断路器在电容器组未旁路前开断，电容器组上的残压与线路的残压之和与断路器母线侧电压相差很大，会使得断路器上承受的 TRV 高于开断普通线路时所承受的 TRV。因此，线路断路器分闸前，旁路串联电容器组，可有效降低线路断路器 TRV。

（2）区内线路单相接地故障时，当线路经高阻接地、接地点距串补站较远，或在枯季运行方式短路电流较小等条件下，MOV 电流和吸收能量达不到火花间隙的触发条件，火花间隙不会动作。当高抗布置在串补母线侧时，潜供电流暂态分量较大，线路断路器动作后熄弧时间较长。因此，线路断路器分闸前，旁路串联电容器组，可限制故障后的潜供电流，提高单相重合闸的成功率。

（五）串补投入操作

根据投入串补装置在单相重合闸动作的前后顺序，分为事后重投和事前重投。

（1）事后重投。采用单相重合闸成功后投入串补装置的策略，可以减少串补装置连续承受两次短路电流冲击的概率。

区内单相故障下，故障相线路两侧断路器断开后，任一端首先重合前，若故障相保护火花间隙已动作或装有线路断路器联动措施，旁路开关处于合闸状态。对于单相瞬时故障，则故障相串补约迟于故障相线路 0.15s 投入运行，虽然此时间段内三相线路电流不平衡，但对继电保护和系统的稳定影响较小。对于单相永久性故障，则线路三相跳闸，串补保护设备不会连续承受两次短路电流的冲击，有利于串补装置安全运行。

（2）事前重投。采用单相重合闸动作前投入串补装置的策略，也就是在单相接地、单跳清除故障后，启动串补自动重投功能，减少系统不平衡运行时间，MOV 单相重投时间为 0.4～0.5s，但对单相永久性故障，串补装置连续承受两次短路电流冲击，而多相故障线路三相跳闸不重合。

若故障为高阻接地或接地点距串补较远，串补保护火花间隙不动作或未设有线路断路器与串补保护联动措施，则旁路开关处于分闸状态，采用事前重投，串补装置连续承受两次短路电流冲击，对设备寿命和维护有一定的影响。

采用事前重投还是事后重投，应遵照当地运行调度的操作规定，对于仿真计算来讲，按严格的运行方式即事前重投来考虑，对单相永久性故障，串补装置应能连续承受两次短路电流冲击。

第二节 电磁暂态计算

一、研究内容和方法

串补电磁暂态计算是串补主设备选型和电气布置设计的基础，其作用主要体现在以下三个方面：

（1）通过计算得到主设备基本参数，作为设备选型的依据。

（2）通过计算确定串补平台上各位置的最大过电压，其计算结果作为绝缘配合及空气净距计算的输入条件，进而指导串补平台上设备的布置设计。

（3）通过研究串补装置在各种运行及故障工况下的响应，提出各保护装置的动作定值和策略，为控制保护系统设计提供指导。

串补电磁暂态计算一般采用仿真计算的研究方法，分为系统等值、设备建模及参数初选、仿真验证、设备参数最终确定四个步骤。主设备参数计算流程如图4-2所示。

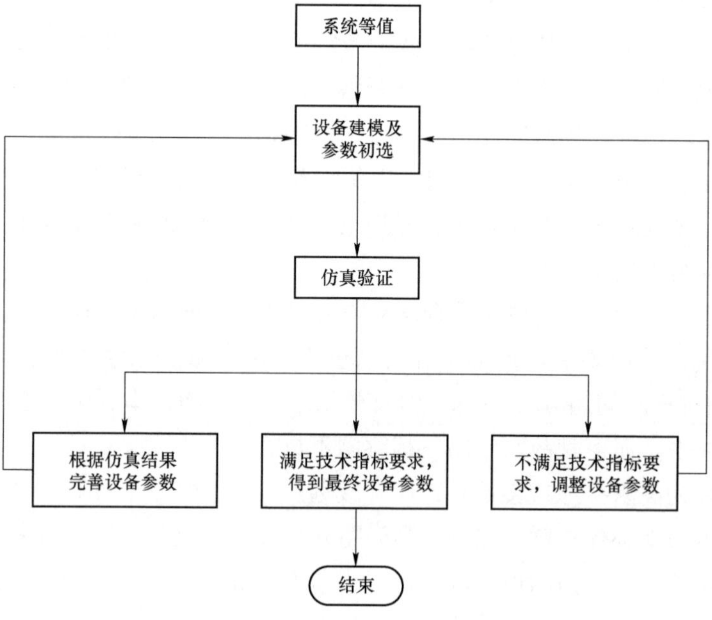

图4-2　主设备参数计算流程图

仿真研究主要包括以下内容：

（1）各种故障工况下，串补装置内各元件上的最大过电压；

（2）MOV 的伏安特性及吸收能量；

（3）限流阻尼设备的主要参数；

（4）火花间隙触发策略及判据；

（5）控制保护策略，包括火花间隙、旁路开关及线路保护联动等保护措施动作要求。

二、系统等值模型

对串补装置在各种工况下的仿真计算需要搭建其所在系统的仿真模型，通常采用简化的系统等值模型。

简化的系统等值模型主要包括串补装置本身线路和相邻近线路，以及附近网络节点所构成的系统等值网络模型。以一个简单串补站系统为例，其简化系统等值模型示意如图 4-3 所示，假设 AB 变电站间线路 AB 靠近 B 站侧装设串补，简化的系统等值网络模型至少要包括 A、B 两站的电源模型（电源参数 G1、G2 及系统阻抗 Z_1、Z_2），线路 AB 的线路阻抗 Z_L，线路 AB 两侧的断路器模型 QF1、QF2，串补模型以及 A、B 站母线间的系统阻抗 Z_{12}。图 4-3 给出了最基本的简化网络模型，实际工程计算时为了更加准确地反映实际情况，往往需要将串补站附近的变电站节点及线路纳入到仿真模型中。

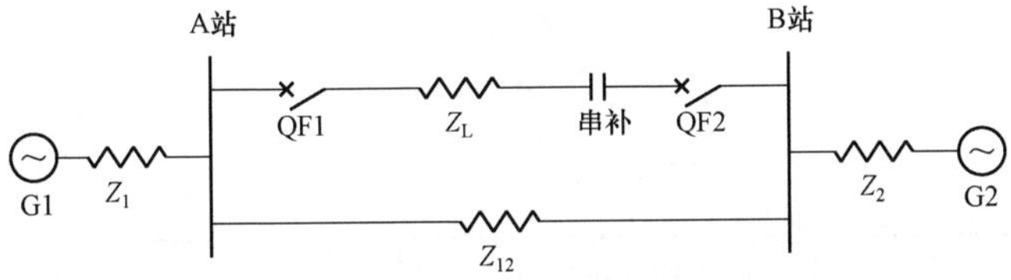

图 4-3 简化系统等值模型示意图

系统等值模型中系统参数主要包括以下四个方面：

（1）等值电源参数。系统等值电源参数，包括等值电源的幅值、相角、等值阻抗（包括正序和零序）。

（2）线路参数。线路参数包括线路长度、线型、阻抗（包括正序和零序）。

（3）线路无功补偿参数。线路上装设的无功补偿，如高压并联电抗器的容量和阻抗。

（4）线路正常及摇摆电流。串补装置所在线路的正常工作电流、最大持续工作电流以及摇摆电流，其中摇摆电流参数包括最大幅值及波形曲线。

三、主设备建模及参数初选

（一）固定串补装置模型

1. 电容器模型

串补电容器组由多个电容器单元串、并联构成，可以将其看作一个整体，采用电容元件模型来模拟。

2. MOV 模型及参数初选

MOV 可以采用非线性电阻元件来模拟。MOV 由单阀片串、并联构成，其主要参数由单阀片的伏安特性曲线以及串、并联数共同决定。其中阀片的伏安特性曲线由 MOV 厂家提供，MOV 阀片的串、并联数主要由过电压保护水平及吸收能量来决定。MOV 阀片串、并联数确定流程如图 4–4 所示。

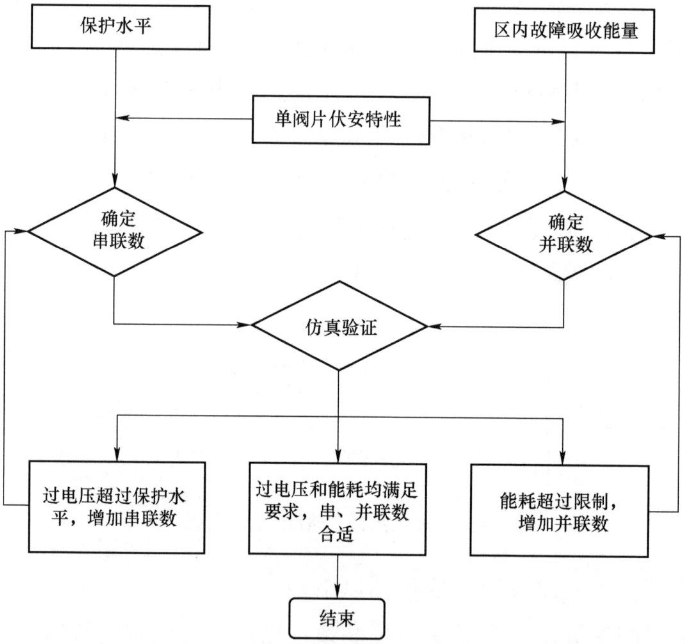

图 4–4　MOV 阀片串、并联数确定流程图

由图 4–4 可知，MOV 模型的参数确定实际上需要经过一个初选、仿真验证、修正、最终确定的过程。在设备建模阶段需要先对 MOV 的参数进行初选。MOV 阀片的最小串联数可以由电容器的过电压保护水平来初步确定。MOV 阀片的并联数可由 MOV 在故障工况下的吸收能量确定，在设备初选阶段，通常进行一次串补线路

侧区内故障工况的仿真，初步确定MOV的吸收能量，进而预选出阀片的并联数。

3. 限流阻尼设备模型及参数初选

限流阻尼设备由电抗并联电阻带串联 MOV（或间隙）组成，可以分别采用电感、电阻和非线性电阻元件（或可控开关元件）进行模拟。

限流阻尼设备参数也需要经过初选、仿真验证、修正、最终确定的过程，以电抗并联电阻带串联MOV为例，说明设备参数初选方法。

（1）限流电抗器参数。在电容器放电的瞬间，电容器和电抗器构成了一个基本的 LC 振荡回路，在忽略阻尼电阻的影响时，最大冲击电流由电容器上的最高电压、电容值和电感值所决定，根据振荡回路简化计算公式，其最小电感值可由式（4-1）计算：

$$L=\frac{U^2}{I^2}C \tag{4-1}$$

式中 L——限流电抗器的电感值，H；

U——电容器上的最高电压，V；

I——允许的最大冲击电流，A；

C——串联电容器组的电容值，F。

电抗器的电感值，还应考虑避开电抗器与电容器所形成的并联谐振频率，按下式计算：

$$f=\frac{1}{2\pi\sqrt{LC}} \tag{4-2}$$

式中 f——谐振频率，Hz；

L——电抗器的电感值，H；

f 需要避开系统的主要谐波频率，主要为直流等6脉冲阀系统形成的（$6n\pm1$）次谐波。在工程设计中，还需要考虑设备制造误差可能引起的谐振。

（2）阻尼电阻器参数。电阻器的取值确定于串联电容器组的最大放电电流，由于放电电流频率较高，忽略电抗器的分流，偏严考虑放电电流全部经过电阻器回路，阻尼回路放电回路模型如图4-5所示。

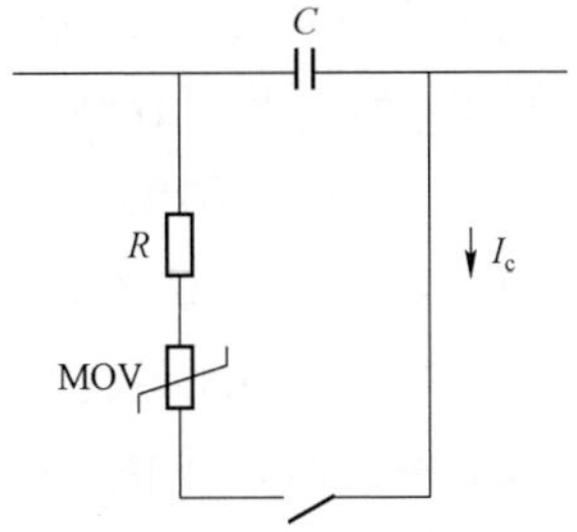

图4-5 阻尼回路放电回路模型图

电容器冲击放电电流 I_c 主要由电容器的充电电压 U_c、MOV在冲击电流下的残压 U_r 以及电阻器的电阻值 R 共同决定。考虑到设备能力的限制，冲击放电电流需满足保护火花间隙的最大承受能力。因此，根据允许的最大冲击放电电流、MOV 在该放电电流下的残压以及电容器上的最大充电电压（取其过电压保护水平）即可确定电阻器的最小电阻值 R，见下式：

$$R=\frac{U_{c}-U_{r}}{I_{c}} \tag{4-3}$$

式中 R——电阻器的电阻值，Ω；

U_{c}——电容器的最大充电电压，V；

U_{r}——MOV 在冲击电流下的残压，V；

I_{c}——电容器冲击放电电流，A。

（3）MOV 参数。MOV 的额定电压初选需考虑以下两个因素：

1）满足限流阻尼设备主要参数选择的要求；

2）高于区内故障电流在限流电抗器上的压降。

4. 保护火花间隙模型

保护火花间隙可以采用可控开关元件进行模拟，其动作判据是 MOV 的电流和吸收能量，当判据达到设定值时控制元件导通。

保护火花间隙的触发条件，需要根据仿真结果最终确定。

5. 旁路开关模型

旁路开关可以采用可控开关元件来模拟。由于开关动作需要时间，因此在建模时需考虑其合闸时间以及三相开关动作时间的分散性。

（二）可控串补装置模型

（1）晶闸管阀模型。晶闸管阀可以采用可控电子器件来模拟，仿真时可以采用理想开关元件，同时通过增加一些串、并联元件近似模拟其导通和关断时的动态特性。

（2）阀控电抗器模型。电抗器可以采用电感元件来模拟，需要考虑其品质因数和偏差。

由电容器和阀控电抗器构成了一个 LC 振荡回路，自振频率为 $f_0=1/2\pi\sqrt{LC}$，该自振频率需要避开 TCSC 在旁路模式时出现的工频、二次及三次等高次谐波谐振。

（三）变电站模型

（1）线路断路器模型。线路侧断路器可以采用可控开关元件来模拟。由于开关动作需要时间，因此在建模时需考虑其合闸时间以及三相开关动作时间的分散性。

（2）高压并联电抗器模型。高压并联电抗器可以采用电感模型来模拟，需要考虑其阻抗偏差的影响。

（四）测量及控制保护系统模型

测量设备在仿真软件中为电压和电流量观测点。测量设备的观测结果将作为控制保护系统的判定依据，因此，需要考虑测量结果的误差。控制保护系统遵循的动作逻辑详见本章第一节相关论述。在模型中需要考虑控制和保护系统的延时，延时主要由以下三部分组成：

（1）测量系统捕捉测量型号并将其上传至控制保护系统的时间；

（2）控制保护系统接受信号完成判断并将指令下达给相关执行元件的时间；

（3）受控元件收到指令后至完成相应动作的时间。

四、仿真验证及参数确定

（一）区外故障仿真

根据串补装置的性能要求，在发生区外故障时，串补装置应该能够承受各种工况，不应导致保护装置动作使串补装置退出。因此，串补装置主设备应能够耐受区外故障情况下的过电压和过电流，同时保护装置的动作整定值也应该高于区外故障情况下的最大实际值。

区外故障仿真主要作用体现在以下两个方面：

（1）确定串补装置主设备的耐受能力；

（2）确定保护火花间隙的触发条件。

在进行区外故障仿真时需要考虑的仿真条件如下：

（1）应考虑各种系统运行方式下发生区外故障的工况，比如正常运行方式以及某一线路检修（$N-1$）运行方式；

（2）需要考虑各种故障类型，包括单相接地、两相接地、相间短路、三相短路；

（3）故障切除时间和动作策略详见表 4-2、表 4-3、表 4-6 和表 4-7。

在进行暂态分析计算时，过电压与故障发生的时刻密切相关，因此在仿真时需要考虑故障时刻在一个工频周期内的随机分布，并通过多次仿真，对结果进行统计分析，最终确定其统计分布规律。

（二）区内故障仿真

根据串补装置的性能要求，在发生区内故障时，保护装置应能够保护串补电容器使其免受过电压的损坏。因此，串补装置主设备应能够耐受区内故障情况下的过电压和过电流，同时限流阻尼设备应能够有效阻尼电容器放电电流，满足相关技术指标要求。

区内故障仿真主要作用体现在以下两个方面：

（1）确定串补装置主设备的耐受能力；

（2）确定限流阻尼设备的相关参数。

在进行区内故障仿真时需要考虑的仿真条件如下：

（1）应考虑各种系统运行方式下发生区内故障的工况，比如正常运行方式以及某一线路检修（$N-1$）运行方式；

（2）需要考虑各种故障类型，包括单相接地、两相接地、相间短路、三相短路；

（3）故障切除时间和动作策略详见表4－4、表4－5、表4－8和表4－9；

（4）需要考虑故障点位置对仿真结果的影响。

与区外故障一样，区内故障仿真时也需要采用统计分析的方法考虑故障时刻对仿真结果的影响。

第三节　工程计算示例

一、计算条件

（一）系统参数

（1）系统等值图。系统等值图如图4－6所示。

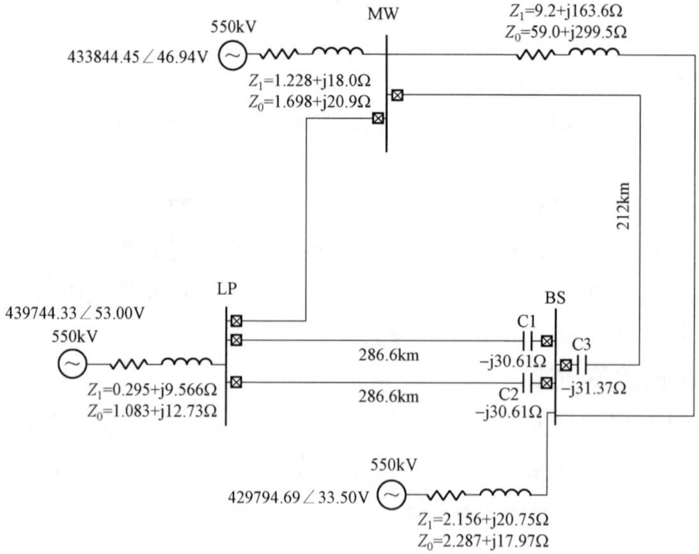

图4－6　系统等值图

（2）等值电源参数。等值电源参数见表 4－10。

表 4－10　　等 值 电 源 参 数

项目	幅值（V）	角度（°）	正序 Z_1（Ω）	零序 Z_0（Ω）
MW	433844.45	46.94	1.228＋j18.00	1.698＋j20.90
LP	439744.33	53.00	0.295＋j9.566	1.083＋j12.73
BS	429794.69	33.50	2.156＋j20.75	2.287＋j17.97
MW－BS 互阻抗	/	/	9.2＋j163.6	59.0＋j299.5

注　LP－BS 和 MW－LP 之间互阻抗很大，等值图不予考虑。

（3）线路参数。线路参数包括线路长度、线型、正序和零序阻抗，参数见表 4－11。

表 4－11　　线 路 参 数

项目	LP－BS Ⅰ线	MW－BS 线
线路全长（km）	286.6	212
线型（mm^2）	6×300	4×400
正序电阻（Ω）	4.73	4.19
正序电抗（Ω）	59.89	59.37
正序电容（μF）	5.07	2.74
零序电阻（Ω）	52.19	29.81
零序电抗（Ω）	240.3	137.17
零序电容（μF）	1.96	1.67

（4）线路高压并联电抗器及中性点电抗器参数。线路高压并联电抗器及中性点电抗器参数见表 4－12。高压并联电抗器装于串补的母线侧。

表 4－12　　高压电抗器和小电抗参数

线路名称	安装位置	额定容量（Mvar）	额定电压（kV）	额定阻抗（Ω）	中性点小电抗（Ω）
LP－BS Ⅰ线	两侧	180	$550/\sqrt{3}$	1680.6	1000
MW－BS 线	两侧	120	$550/\sqrt{3}$	2520.8	500

（5）系统正常及摇摆电流。

1）LP－BSⅠ线。

正常线路电流：1.1kA；

最大持续工作电流：2.7kA；

摇摆电流最大值：4.8kA。

LP－BSⅠ线摇摆电流曲线如图 4－7 所示。计算的系统运行方式为 LP－BS Ⅱ线检修，故障点及故障类型为 LP－MW 线 LP 侧三相永久性（简称三永）故障。

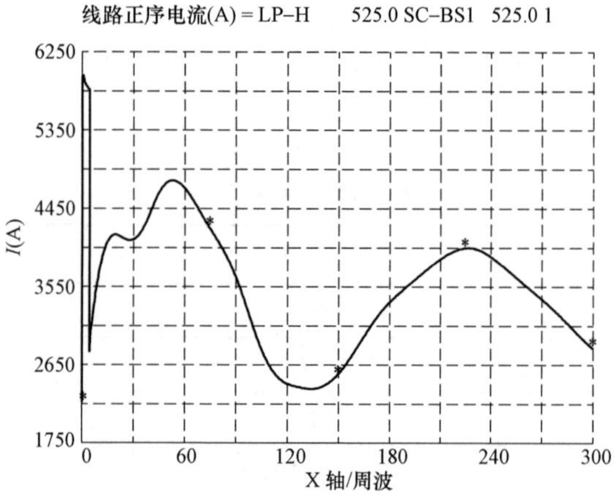

图 4－7 LP－BS Ⅰ线摇摆电流曲线

2）MW－BS 线。

正常线路电流：0.6kA；

最大持续工作电流：2.4kA；

摇摆电流最大值：2.4kA。

MW－BS 线摇摆电流曲线如图 4－8 所示，计算的系统运行方式为 LP－BS 一回检修；故障点及故障类型为 LP－BS 另一回线 LP 侧三永故障。

（二）串补装置额定值

串补装置额定值包括串联电容器组的容抗、额定电流及额定无功功率，见表 4－13，额定值均为环境温度 40℃下的取值。

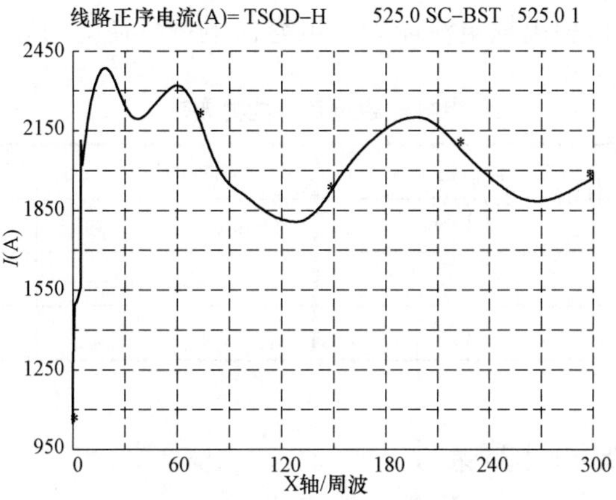

图 4–8 MW–BS 线摇摆电流曲线

表 4–13 串补装置额定值

串补装设位置	LP–BS Ⅰ线	MW–BS 线
串补度	50%	50%
额定容抗（Ω/相）	30.61	31.37
额定电流（kA）	2.7	2.4
额定无功功率（Mvar/三相）	670	542

（1）串联电容器组基本参数。根据串补装置额定值要求得出的串联电容器组的基本参数见表 4–14 和表 4–15。

表 4–14 LP–BS Ⅰ线串联电容器组基本参数

项目	参数	项目	参数
容抗值（Ω）	30.61	额定电压（kV）	82.6
电容量（μF）	104	三相额定容量（Mvar）	669.4
额定电流（kA）	2.7		

表 4–15 MW–BS 线串联电容器组基本参数

项目	参数	项目	参数
容抗值（Ω）	31.37	额定电压（kV）	75.3
电容量（μF）	101	三相额定容量（Mvar）	542.1
额定电流（kA）	2.4		

（2）耐受过负荷和摇摆电流能力。电容器组过负荷能力要求见表 4－16。

表 4－16　电容器组过负荷能力要求

持续时间	过电流倍数（p.u.）	持续时间	过电流倍数（p.u.）
连续	1.00	10min 过电流（2h 内）	1.50
8h 过电流（12h 内）	1.10	10s 过电流	1.80
30min 过电流（6h 内）	1.35		

二、仿真工况和计算条件

（一）仿真故障工况

BS 串补仿真需要考虑的故障情况如图 4－9 所示。故障位置 K5 为 LP－BS Ⅱ线 LP 侧线路出口发生故障，K6 为 LP－BS Ⅱ线线路中间某处发生故障（以距离 BS 母线距离占线路全长的百分比表示），K7 为 LP－BS Ⅱ线串补出口发生故障，K8 表示 LP－BS Ⅱ线 BS 侧线路出口发生故障，K9 和 K10 分别表示 LP 母线、BS 母线发生故障，依此类推，其余故障位置含义与上述基本一致。

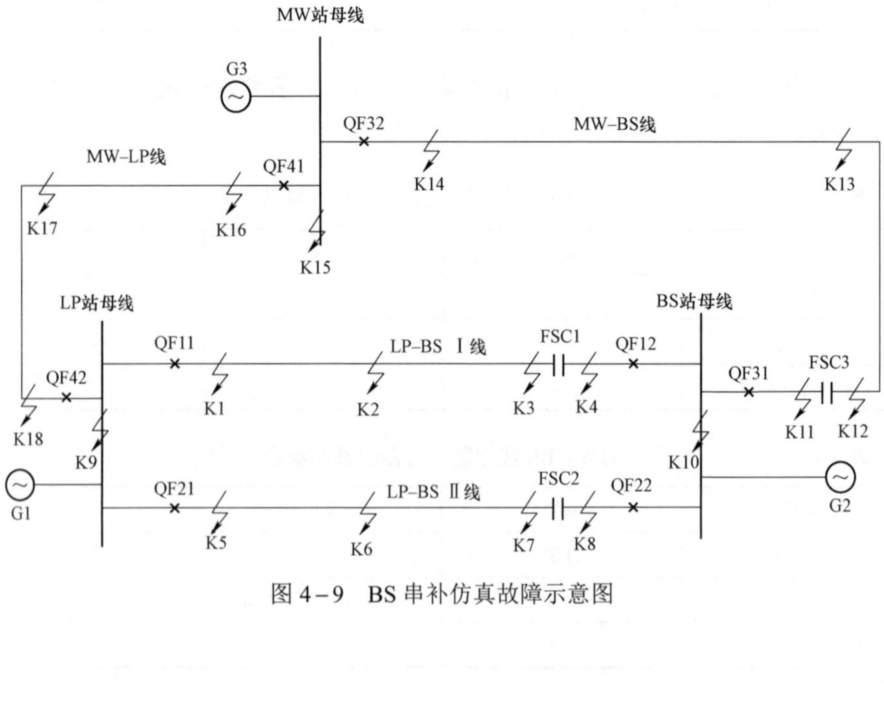

图 4－9　BS 串补仿真故障示意图

（二）仿真计算条件

（1）区内、外单相故障和多相故障时，单相断路器失灵故障的全过程时间与保护动作时序分别见表4-2～表4-5。按偏严考虑，区内单相故障后单相重合闸于单永故障时，假定未采用线路断路器与串补保护联动措施，并且串补重合采用事前重投方式，即在线路单相重合闸动作之前重投，MOV单相重投时间为0.4～0.5s，则旁路开关处于打开状态，串补装置连续承受两次短路电流冲击。

（2）按暂态稳定计算结果考虑系统摇摆过程额外增加MOV能量。

（3）计算正常工况，并考虑线路$N-1$方式，LP－BS Ⅱ线以及MW－LP线路退出运行。

（4）故障形式考虑单相接地、两相接地、相间短路和三相短路故障，均考虑单相断路器失灵故障。

（5）区外故障地点。对于LP－BS Ⅰ线串补（FSC1）主要考虑区外故障点为K5、K7、K8、K9、K10、K11、K13、K14；对于MW－BS串补（FSC3）主要考虑区外故障点为K5、K7、K8、K15、K10。

（6）区内故障地点。对于LP－BS Ⅰ线串补（FSC1）的区内故障点为K1、K2、K3、K4；对于MW－BS串补（FSC3）的区内故障点为K11、K12、K13、K14。

（7）串补保护间隙动作延迟时间按1ms考虑，包括电流和电压传感器延迟时间。

（8）电磁暂态计算采用统计方法，接地故障发生时刻在一个周期内均匀分布，按照已有的工程经验，统计次数取100次，可达到精度。

（9）根据故障类型和接地点位置，杆塔及其接地电阻在0.5～5Ω范围内取值。一般来说接地电阻越大MOV能量越小，三相同时短路较先后短路能量小。而计算一般按偏严考虑，故障接地电阻统一取0.5Ω。

三、主要设备参数初选

（一）MOV

（1）串、并联数初选。参考某厂家生产的MOV阀片参数：最大能量吸收能力为300J/cm^3，额定吸收能力为240J/cm^3。每片的最大能量吸收能力为47.713kJ，每片的额定吸收能力为38.17kJ。单MDV阀片伏安特性曲线如图4-10所示。

假定电容器保护水平标幺值取2.3倍p.u.，相应保护水平电压峰值LP－BS Ⅰ线串补为268.7kV，MW－BS线串补为244.9kV；考虑5%的绝缘配合裕度，计算

MOV 预期的保护水平电压峰值，LP－BS Ⅰ线串补为 256kV，MW－BS 线串补为 233kV。根据 MOV 的保护水平和 MOV 每阀片的电压（取工作电流 500A 下对应电压值 6069V），可以得到的预取串联片数为 42 片和 39 片，即由 MOV 保护水平电压峰值计算的串联片数，见表 4－17。

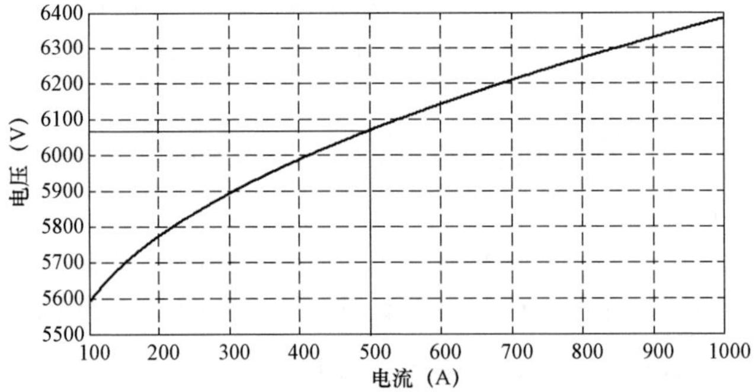

图 4－10　单片 MOV 阀片伏安特性曲线

在搭建好的故障模型中，按照串补站线路侧区内故障进行仿真。得到的 LP－BS Ⅰ线的短路电流为 27.3kA，MW－BS 线的短路电流为 30.3kA，根据短路电流值和 MOV 每阀片的电流（取工作电流 500A），则预取的并联片数分别为 54 片和 60 片，即由 MOV 通过电流值计算的并联片数，见表 4－17。

表 4－17　　MOA 串并联数预设值

名称	LP－BS Ⅰ线	MW－BS 线
每柱阀片串联片数	42	39
阀片并联片数	54	60

（2）伏安特性。已知单阀片的伏安特性曲线及其相对应的拟合点数据，采用单阀片伏安特性曲线的电压乘以串联数为总的电压水平，其对应的电流乘以并联串数为总的电流水平，根据串并联数拟合出 MOV 的伏安特性曲线如图 4－11 和图 4－12 所示。

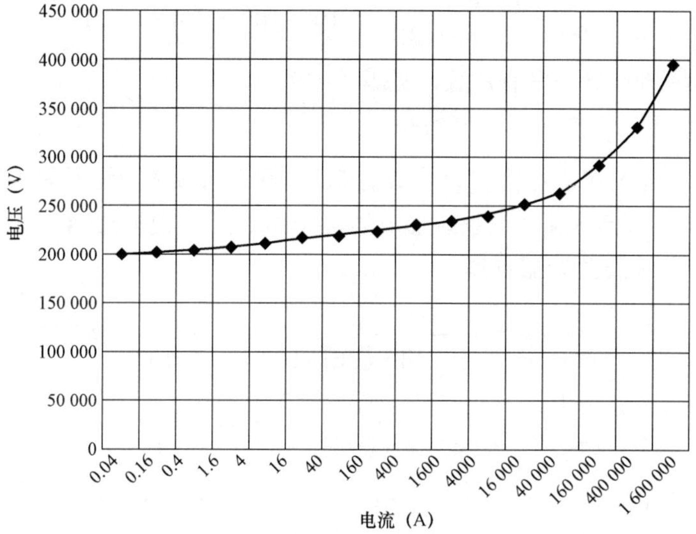

图 4-11　LP-BS Ⅰ线 MOV 伏安特性曲线图

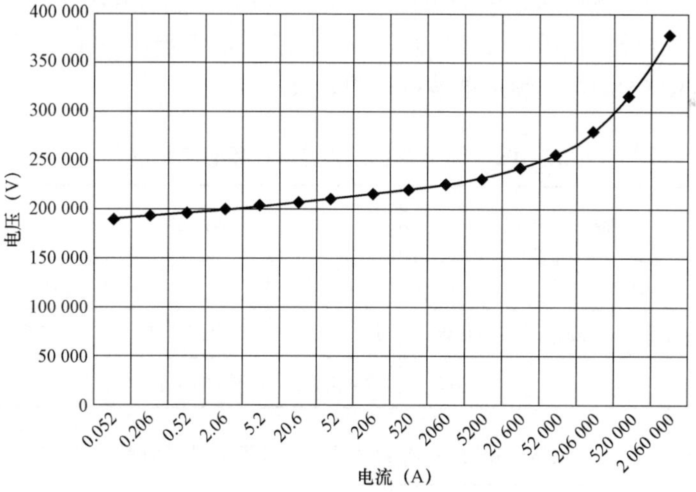

图 4-12　MW-BS 线 MOV 伏安特性曲线图

（二）限流阻尼设备

（1）限流电抗器。假定电容器保护水平标幺值取 2.3，放电时保护火花间隙的冲击电流一般不超过 100kA，根据式（4-1）计算 LP-BS Ⅰ线、MW-BS 线的限流电抗器的最小电感值 L_{LBmin} 和 L_{MBmin} 分别为：

$$L_{LBmin}=\frac{(82\,600\times 2.3)^2}{100\,000^2}\times 104\times 10^{-6}=361\times 10^{-6}\text{H}$$

$$L_{MBmin}=\frac{(75\,300\times 2.3)^2}{100\,000^2}\times 101\times 10^{-6}=302\times 10^{-6}\text{H}$$

考虑电抗器与串联电容器组构成的 LC 并联谐振频率应避开系统的主要谐波频率，主要为直流等6脉冲阀系统形成的 $6n\pm1$ 次谐波。根据式（4－2）计算LP－BS Ⅰ线、MW－BS线的谐振频率 f_{LB} 和 f_{MB}：

$$f_{LB}=\frac{1}{2\pi\sqrt{LC}}=\frac{1}{2\times 3.14\times\sqrt{361\times 10^{-6}\times 104\times 10^{-6}}}=821\text{Hz}$$

$$f_{MB}=\frac{1}{2\pi\sqrt{LC}}=\frac{1}{2\times 3.14\times\sqrt{302\times 10^{-6}\times 101\times 10^{-6}}}=912\text{Hz}$$

该值频率值临近附近的 $6n\pm1$ 次谐波（n=13、17、19 次，对应 650、850、950Hz）。为避开谐振频率，取 LP－BS Ⅰ线阻尼电感值为 450μH。同理，取 MW－BS 线阻尼电感值为 400μH。

同时，该谐振频率还要考虑电抗器与电容器的设备制造误差，谐振频率计算值见表 4－18 和表 4－19，能避免发生 $6n\pm1$ 次并联谐振（n=13、17、19 次，对应 650、850、950Hz），满足谐波校核的要求。

表 4－18　　LP－BS Ⅰ线考虑制造误差，计算的谐振频率

电容器		电抗器		谐振频率（Hz）
额定容抗（μF）	104	额定阻抗（μF）	450	735
最小容抗（－3%偏差下，μF）	100.88	最小阻抗（－5%偏差下，μF）	427.5	767
最大容抗（+3%偏差下，μF）	107.12	最大阻抗（+5%偏差下，μF）	472.5	708

表 4－19　　MW－BS 线考虑制造误差，计算的谐振频率

电容器		电抗器		谐振频率（Hz）
额定容抗（μF）	101	额定阻抗（μF）	400	791
最小容抗（－3%偏差下，μF）	97.97	最小阻抗（－5%偏差下，μF）	380	825
最大容抗（+3%偏差下，μF）	104.03	最大阻抗（+5%偏差下，μF）	420	762

（2）阻尼回路 MOV。MOV 的额定电压主要由短路情况下限流电抗器两端的工频电压确定。通过对初步模型的区内故障仿真结果，限流电抗器两端的电压约为 6.2kV，MOV 的额定电压应大于电抗器两端的电压，同时对应单阀片 MOV 额定值，初选阶段 MOV 按两片串联考虑，即额定电压取 10kV。MOV 的并联数需要通过仿真得到的吸收能量确定，在初选阶段先根据工程经验值将 MOV 吸收能量限制在 1MJ 以下，由此初步确定 MOV 的并联柱数计算值为 14，参数初选时先取为 16，后续再通过仿真进行校验。

已知单阀片的伏安特性曲线及其相对应的拟合点数据，在单阀片伏安特性曲线电压上乘以串联数为总的电压水平，在电流上乘以并联串数为总的电流水平，得到阻尼回路 MOV 伏安特性曲线如图 4－13 所示。

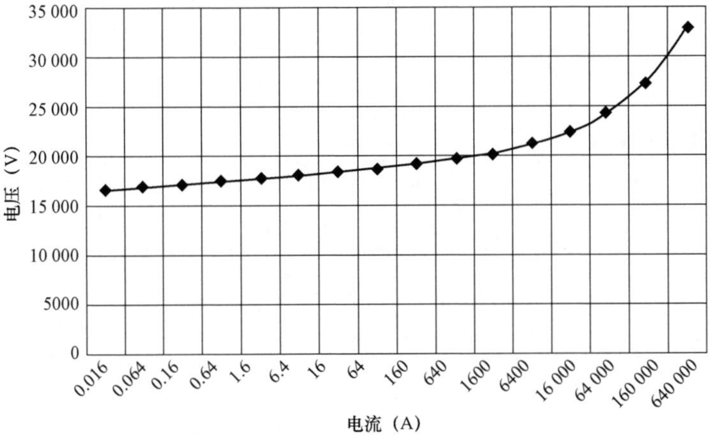

图 4－13 阻尼回路 MOV 伏安特性曲线图

（3）阻尼电阻器。LP－BS Ⅰ线阻尼电阻值初选过程如下：根据阻尼回路放电电流要求，I_c ≤100kA；LP－BS Ⅰ线的电容器保护水平为 268.8kV，U_c 取 268.8kV；查询阻尼回路 MOV 的伏安特性曲线可得出 100kA 下 MOV 上的压降 U_r 约为 10kV，根据式（4－3），计算得到阻尼电阻值最小取 2.6Ω。为限制放电，实际可以将电阻值适当取大一点，参数初选时暂定为 5Ω。同理，MW－BS 线阻尼电阻初选值也可以暂定为 5Ω。

四、仿真验证及参数确定

（一）区外故障仿真

（1）LP－BS Ⅰ线串补区外故障计算结果。LP－BS Ⅰ线串补区外故障时的串补仿真结果见表4–20。

表4–20　　LP–BS Ⅰ线串补区外故障时的串补仿真结果

故障线路	故障点	停运线路	故障类型	电容器极间电压（p.u.）	电容电流（kA）	MOV能量（MJ）	MOV电流（kA）
LP–BSⅡ	SC线路侧K7［图4–14（a）］	—	K30	2.16	12.1	23.8	9.2
			K10	2.08	8.7	6.4	5.9
			K20	2.15	10.9	21.4	7.5
			K2	2.17	10.8	16.6	8.7
LP–BSⅡ	SC线路侧K7［图4–14（b）］	MW–BS	K30	2.11	12.0	37.5	9.9
			K10	2.08	9.5	8.2	6.2
			K20	2.08	11.0	25.3	8.1
			K2	2.09	11.2	20.2	8.2
MW–BS	SC线路侧K12［图4–14（c）］	—	K30	2.13	11.9	31.1	9.1
			K10	2.08	9.3	8.1	6.2
			K20	2.10	10.9	29.3	8.5
			K2	2.09	10.8	25.4	8.0
MW–BS	SC线路侧K12［图4–14（d）］	LP–BS Ⅱ	K30	2.18	11.9	39.5	11.1
			K10	2.10	9.2	11.3	6.0
			K20	2.15	10.6	28.5	8.2
			K2	2.17	11.6	28.3	9.8
LP母线	SC母线侧K9［图4–14（e）］	—	K30	2.07	8.4	5.0	6.3
			K10	2.01	5.3	1.3	3.5
			K20	2.05	7.2	2.1	5.6
			K2	2.06	7.6	3.0	6.1
BS母线	SC母线侧K10［图4–14（f）］	—	K30	2.16	12.1	23.8	9.2
			K10	2.08	8.7	6.4	5.9
			K20	2.15	10.9	21.4	7.5
			K2	2.17	10.8	16.6	8.7
最大值				2.18	12.1	39.5	11.1

注　1. 故障类型：K30，K10，K20，K2分别为三相接地、单相接地、两相接地和两相短路不接地。
2. 标幺值为116.8kV。
3. 故障形式考虑相邻串补装置线路出口（同时另一回相邻线路停运）和变电站母线故障情况。

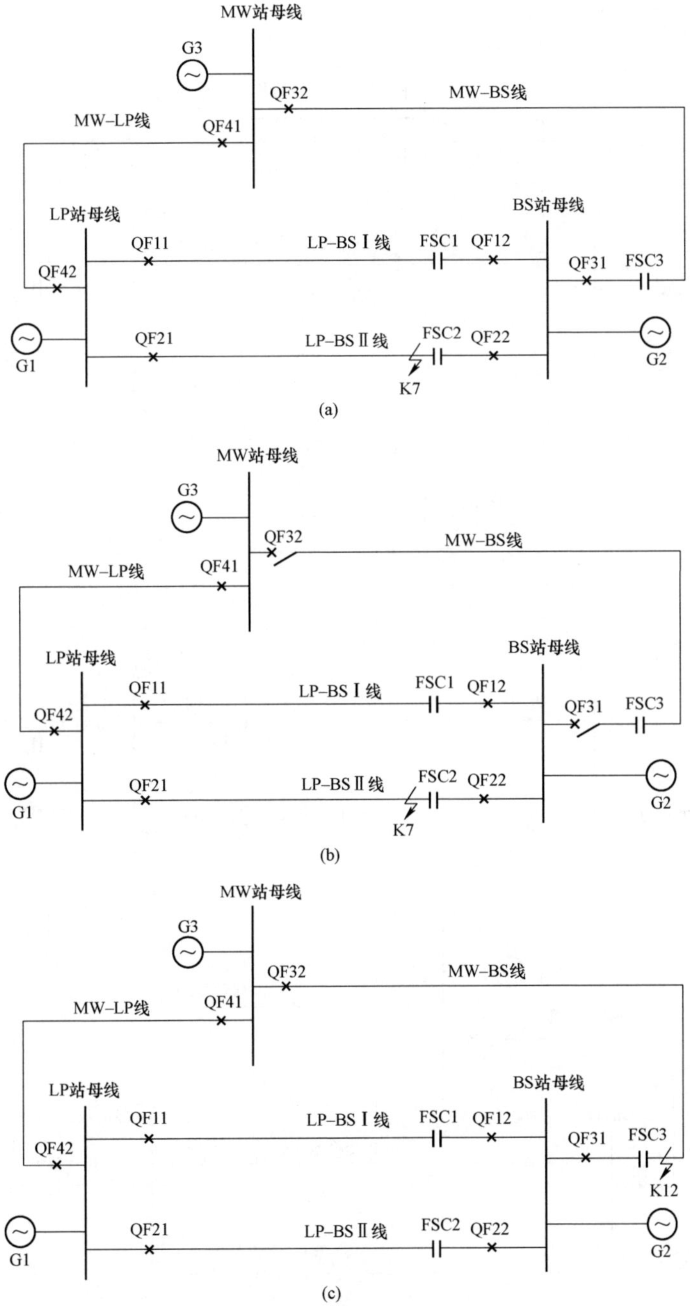

图 4－14 LP－BS Ⅰ线区外故障等效电路（一）

（a）K7 点故障；（b）K7 点故障同时 MW－BS 线停运；（c）K12 点故障

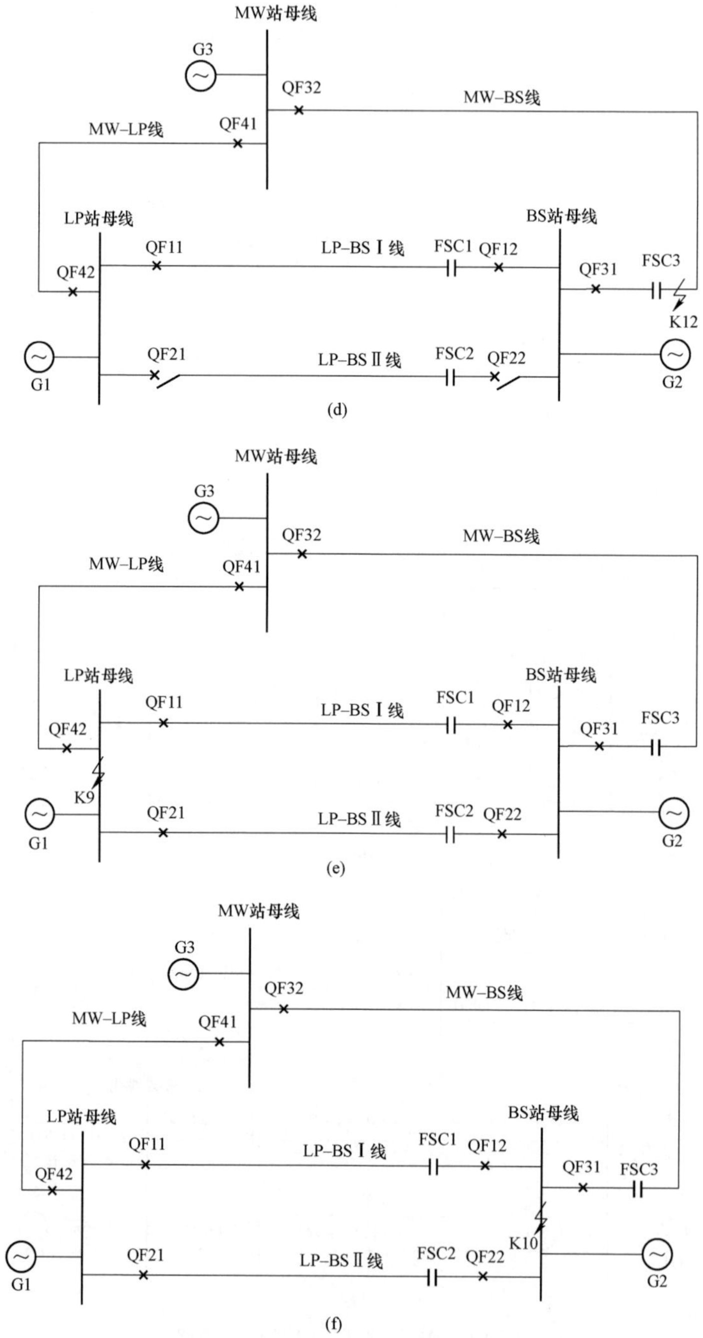

图 4－14　LP－BS　Ⅰ线区外故障等效电路（二）

（d）K12 点故障同时 LP－BS Ⅱ 线停运；（e）K9 点故障；（f）K10 点故障

（2）MW－BS 线串补区外故障计算结果。MW－BS 线串补区外故障时的串补仿真结果见表 4－21。

表 4－21　MW－BS 线串补区外故障时的串补仿真结果

故障线路	故障点	停运线路	故障类型	电容器极间电压（p.u.）	电容电流（kA）	MOV 能量（MJ）	MOV 电流（kA）
LP－BS Ⅱ	SC 线路侧 K7［图 4－15（a）］	—	K30	2.19	10.9	30.2	9.4
			K10	2.11	8.6	11.1	5.9
			K20	2.17	10.2	21.0	8.1
			K2	2.18	10.1	17.2	8.5
LP－BS Ⅱ	SC 线路侧 K7［图 4－15（b）］	LP－BS Ⅰ	K30	2.21	11.8	59	11.1
			K10	2.11	8.0	39.5	6.3
			K20	2.17	10.2	49.2	8.7
			K2	2.18	10.3	22.2	8.7
MW 母线	SC 线路侧 K15［图 4－15（c）］	—	K30	2.15	8.2	20.6	7.7
			K10	2.09	6.5	7.5	4.2
			K20	2.13	7.2	15.6	6.9
			K2	2.14	7.6	14.9	7.1
BS 母线	SC 线路侧 K10［图 4－15（d）］	—	K30	2.16	10.2	30.1	8.8
			K10	2.11	7.5	9.2	4.8
			K20	2.15	9.8	19.3	7.8
			K2	2.15	9.9	15.8	7.6
最大值				2.21	11.8	59	11.1

注　1. 故障类型：K30，K10，K20，K2 分别为三相接地、单相接地、两相接地和两相短路不接地。
2. 标幺值为 106.5kV。
3. 故障形式考虑相邻串补装置线路出口（同时另一回相邻线路停运）和变电站母线故障情况。

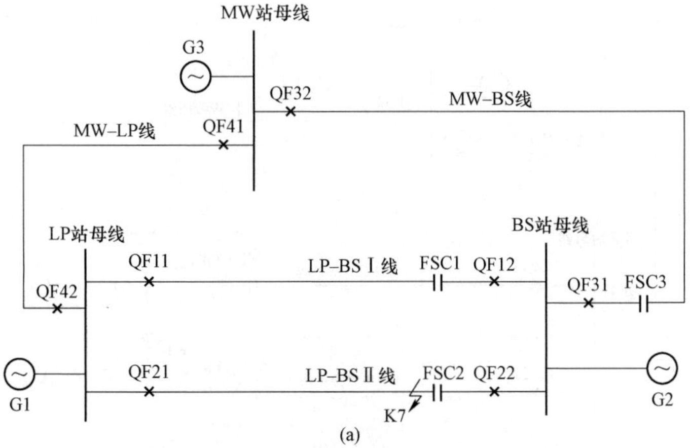

图 4－15　MW－BS 区外故障等效电路（一）
（a）K7 点故障

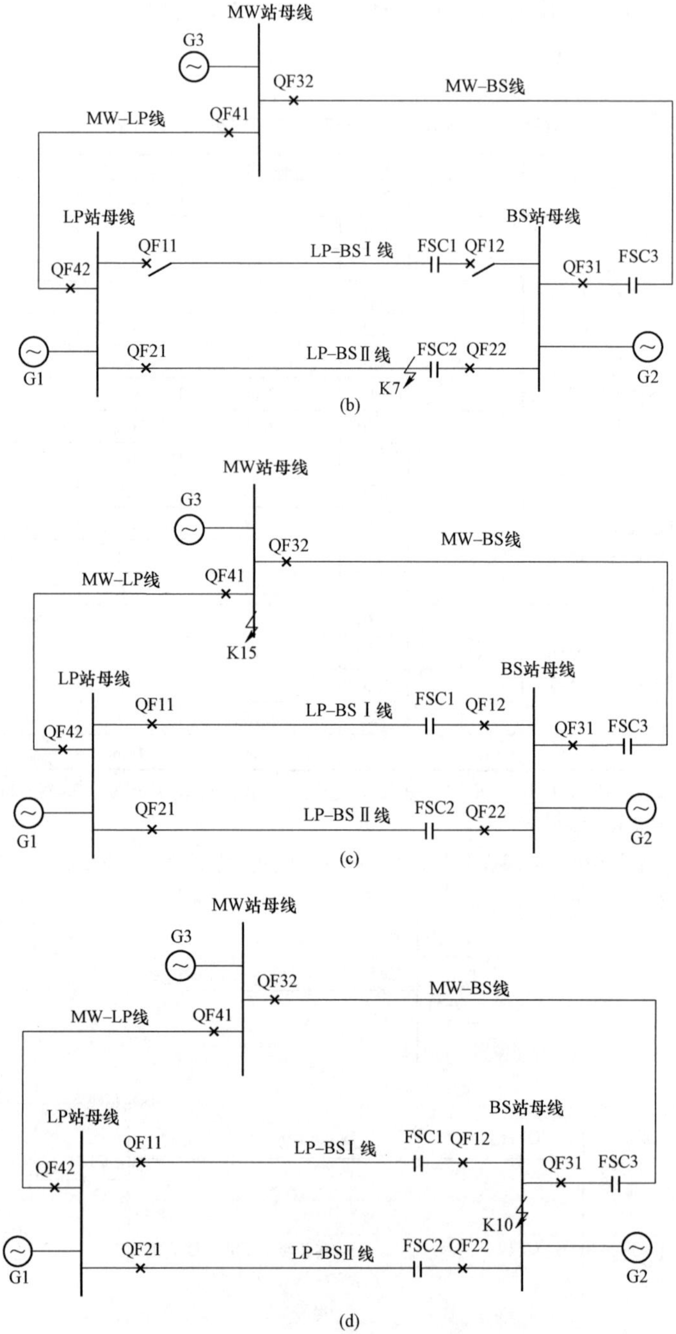

图 4–15　MW–BS 区外故障等效电路（二）

（b）K7 点故障同时 LP–BS Ⅰ线停运；（c）K15 点故障；（d）K10 点故障

（3）区外故障清除后摇摆过程中MOV吸收能量。区外故障清除后，由于系统摇摆，串补线路可能流过较大的摇摆电流，使MOV进一步吸收能量。

1）LP－BS Ⅰ线串补故障清除后摇摆过程中MOV吸收能量。LP－BS Ⅰ线的最大摇摆电流为4.8kA，摇摆电流曲线转换成电流源，其波形如图4－16所示。通过仿真结果得知MOV仅在流过的短路电流下吸收能量而在摇摆过程中不吸收能量。因此，护火花间隙旁路MOV的设定值可以不考虑增加额外的能量。

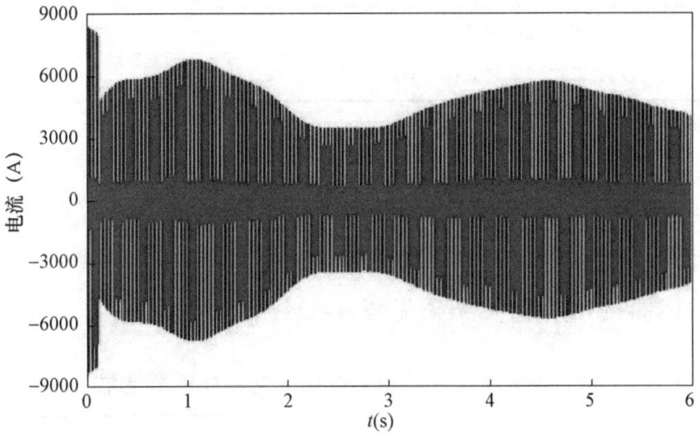

图4－16　摇摆电流波形图

2）MW－BS线串补故障清除后摇摆过程中MOV吸收能量。由于最大摇摆电流等于电容器额定电流2.4kA，摇摆电流在串补电容上的压降远小于MOV的额定电压值，MOV不会动作，也就不会吸收额外能量。因此，MW－BS串补站保护火花间隙旁路MOV的设定值，可以不考虑增加额外的能量。

（4）保护火花间隙触发整定定值。

1）LP－BS Ⅰ线串补。通过仿真发现，区外发生三相故障时，MOV吸收的能量和流过的电流最大，保护火花间隙触发整定值按照10%的裕度考虑，见表4－22。

表4－22　　LP－BS Ⅰ线串补保护火花间隙触发整定值

LP－BS Ⅰ线串补系统	整定值
区外故障流过MOV最大电流（kA）	11.1
区外故障MOV吸收最大能量（MJ）	39.5
MOV放电电流启动值（kA）	12.2
MOV累积能量启动值（MJ）	43.45

2）MW－BS 串补。通过仿真发现，区外发生三相故障时，MOV 吸收的能量和流过的电流最大，保护火花间隙触发整定值按照 10%的裕度考虑，见表 4－23。

表 4－23　　MW－BS 线串补保护火花间隙触发整定值

MW－BS 线串补系统	整定值
区外故障流过 MOV 最大电流（kA）	11.1
区外故障 MOV 吸收最大能量（MJ）	59
MOV 放电电流启动值（kA）	12.2
MOV 累积能量启动值（MJ）	65

（二）区内故障仿真

（1）LP－BS Ⅰ线串补区内故障仿真。当 MOV 电流或吸收的能量大于定值时，模拟间隙导通时间 1ms，即间隙开关延时 1ms 将串补系统旁路。LP－BS Ⅰ线串补区内故障时的串补仿真结果见表 4－24。

表 4－24　　LP－BS Ⅰ线串补区内故障时的串补仿真结果

故障类型	故障点	电容器极间电压（p.u.）	MOV 能量（MJ）	MOV 电流（kA）	保护火花间隙放电电流（kA）	线路电流（kA）	
						BS 侧	LP 侧
三相接地故障［图 4－17（a）］	SC 母线侧（K4）	2.18	42.6	9.5	—	35.1	24.2
	SC 线路侧（K3）	2.22	10	15.2	100.4	34.2	23.9
	30%（K2）	2.22	13.6	14.2	100.8	18.1	16.9
	60%（K2′）	2.21	42.6	13.2	92.9	10.3	21.9
	80%（K2″）	2.18	42.5	10.6	91.2	10.2	32.6
	100%（K1）	2.12	11.6	5.7	—	18.7	85.2
三相接地故障［LP－BS Ⅱ线停运，图 4－17（b）］	SC 母线侧（K4）	2.19	42.6	10.7	91.9	35.1	21.2
	SC 线路侧（K3）	2.2	2.5	14.4	96.6	34.8	21
	30%（K2）	2.22	12.7	14.3	99.2	18.4	14.6
	60%（K2′）	2.21	42.6	13.5	88.9	12.1	21
	80%（K2″）	2.19	42.6	11	87.4	9.8	32.9
	100%（K1）	2.16	35.6	8	—	17.9	85
单相接地故障［图 4－17（a）］	SC 母线侧（K4）	2.12	10.4	5.3	—	36.6	21
	SC 线路侧（K3）	2.22	1.4	14	97.2	36.2	20.8
	30%（K2）	2.20	42.5	13.4	88.1	10.5	10.1

续表

故障类型	故障点	电容器极间电压（p.u.）	MOV 能量（MJ）	MOV 电流（kA）	保护火花间隙放电电流（kA）	线路电流（kA）	
						BS 侧	LP 侧
单相接地故障［图 4－17（a）］	60%（K2′）	2.13	42.5	6.2	80.4	8.4	12.2
	80%（K2″）	2.05	2.3	2.4	—	7.8	19.0
	100%（K1）	2.07	0.7	1.6	—	14.4	74
单相接地故障［（LP－BS Ⅱ线停运，图 4－17（b）］	SC 母线侧（K4）	2.14	18.2	6.9	—	36.6	14.7
	SC 线路侧（K3）	2.22	2.4	14	96.5	36.4	14.6
	30%（K2）	2.19	42.5	12.3	91.9	11	8.5
	60%（K2′）	2.12	32.3	5.6	—	7.7	11.9
	80%（K2″）	2.08	3.2	2.6	—	6.4	19.1
	100%（K1）	2.09	3.3	3	—	11	73.9
两相接地故障［图 4－17（a）］	SC 母线侧（K4）	2.15	42.5	8.4	83.4	36.4	22.2
	SC 线路侧（K3）	2.22	6.9	25.5	99	36.3	21.8
	30%（K2）	2.22	9.5	14.3	99.7	16.5	16
	60%（K2′）	2.19	42.6	13.2	91.1	10	19.8
	80%（K2″）	2.14	42.6	9.9	86.9	10.4	28.5
	100%（K1）	2.10	4.8	5.1	—	15	80.3
两相接地故障［LP－BS Ⅱ线停运，图 4－17（b）］	SC 母线侧（K4）	2.16	42.5	9.3	86.4	36.3	14.7
	SC 线路侧（K3）	2.22	2.7	14.1	97.1	36.3	14.4
	30%（K2）	2.22	8.8	14.2	99.4	16.9	13.5
	60%（K2′）	2.19	42.5	11.6	89.4	10.9	18.7
	80%（K2″）	2.16	42.5	10.7	91.5	10	28.8
	100%（K1）	2.13	12.7	6.7	—	12	80
两相短路不接地故障［图 4－17（a）］	SC 母线侧（K4）	2.14	42.5	8.2	83.3	28.7	21.7
	SC 线路侧（K3）	2.22	1	14	98.1	29.3	18.1
	30%（K2）	2.22	8	14.2	98.0	15.6	16.4
	60%（K2′）	2.20	42.6	11.8	89.5	11.7	19.5
	80%（K2″）	2.16	42.6	10	90.3	11.1	27
	100%（K1）	2.10	6	6.0	—	16.4	64.9
两相短路不接地故障［LP－BS Ⅱ线停运，图 4－17（b）］	SC 母线侧（K4）	2.16	42.5	10.4	87.3	29.4	14.5
	SC 线路侧（K3）	2.22	3	14	96.5	29.1	12.4
	30%（K2）	2.21	7.7	14.1	98.2	16.9	12.4

续表

故障类型	故障点	电容器极间电压（p.u.）	MOV 能量（MJ）	MOV 电流（kA）	保护火花间隙放电电流（kA）	线路电流（kA）	
						BS 侧	LP 侧
两相短路不接地故障［LP－BS Ⅱ线停运，图 4－17（b）］	60%（K2′）	2.19	42.6	11.7	89	10.9	17.8
	80%（K2″）	2.17	42.6	10.6	83	10.2	25.9
	100%（K1）	2.12	24.7	7.5	—	11.3	61
最大值		2.22	42.6	25.5	100.8	36.6	85.2

注　标幺值为 116.8kV；“—”表示间隙未动作。

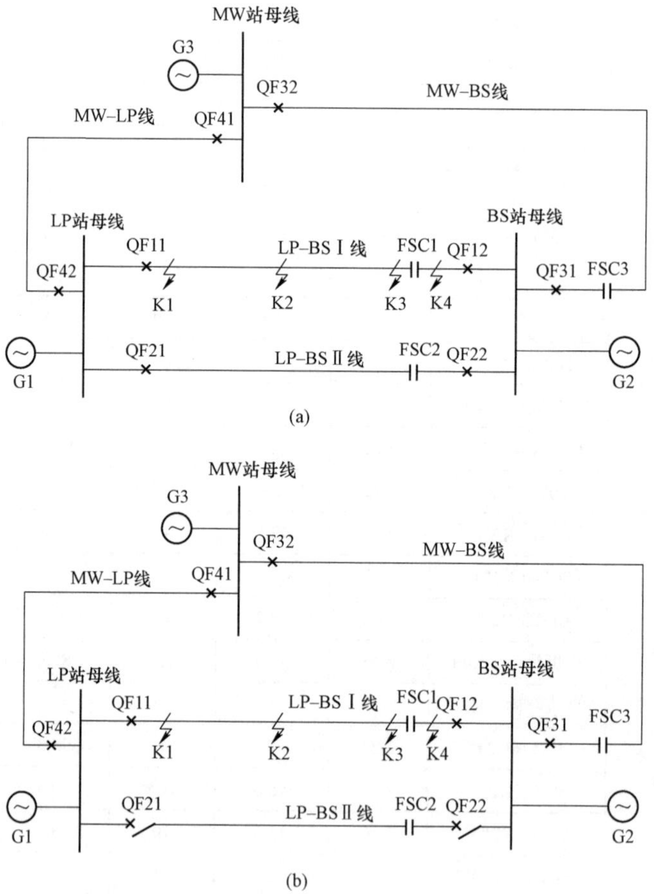

图 4－17　LP－BS　Ⅰ线区内故障等效电路

（a）K1、K2、K3、K4 点故障；（b）K1、K2、K3、K4 点故障同时 LP－BS Ⅱ线停运

（2）MW－BS 线串补区内故障仿真。MW－BS 线串补区内故障时的串补仿真计算结果见表 4－25。

表 4－25　　MW－BS 线串补区内故障时的串补仿真计算结果

故障类型	故障点	电容器极间电压（p.u.）	MOV 能量（MJ）	MOV 电流（kA）	保护火花间隙放电电流（kA）	线路电流（kA）	
						BS 侧	LP 侧
三相接地故障（LP－BS Ⅱ线停运，图 4－18）	SC 母线侧（K11）	2.18	42.6	8.5	—	35.1	26.6
	SC 线路侧（K12）	2.25	6.8	25.3	99.2	34.7	26.1
	30%（K13）	2.25	15.3	14.1	92	17.2	13.2
	60%（K13′）	2.24	42.6	13.5	85.8	12.3	14.1
	80%（K13″）	2.22	65.1	10.9	82	10.9	15.1
	100%（K14）	2.18	65.5	8.3	—	11.1	23.1
单相接地故障（LP－BS Ⅱ线停运，图 4－18）	SC 母线侧（K11）	2.15	15.6	6.5	—	36.5	19.9
	SC 线路侧（K12）	2.24	1.1	13.9	89	36.2	18.4
	30%（K13）	2.24	10.9	14	88.1	13.6	9.7
	60%（K13′）	2.20	65.1	9.6	81.9	9.2	9.1
	80%（K13″）	2.16	42.5	7.3	—	6.5	9.9
	100%（K14）	2.13	13	5.3	—	7.8	18
两相接地故障（LP－BS Ⅱ线停运，图 4－18）	SC 母线侧（K11）	2.18	65.1	8.3	—	36.4	23.5
	SC 线路侧（K12）	2.24	0.7	14.1	91.9	36.4	23.1
	30%（K13）	2.24	12	14.1	90.2	15.6	14
	60%（K13′）	2.22	42.6	12.1	83.4	10.7	13.3
	80%（K13″）	2.22	65.1	11.1	—	8.1	14.4
	100%（K14）	2.17	65.1	7	—	9.6	21.5
两相短路不接地故障（LP－BS Ⅱ线停运，图 4－18）	SC 母线侧（K11）	2.17	65.1	9.7	—	28.7	21.7
	SC 线路侧（K12）	2.24	0.6	14	90.1	29.2	19.6
	30%（K13）	2.24	9.1	14.3	90.3	15.8	14.3
	60%（K13′）	2.22	42.6	12	83.3	11.7	13.6
	80%（K13″）	2.20	65.1	10.3	—	9.6	14.8
	100%（K14）	2.17	65.1	8.2	—	11.7	17.1
最大值		2.25	65.5	25.3	99.2	36.5	26.6

注　标幺值为 106.5kV；“—”表示间隙未动作。

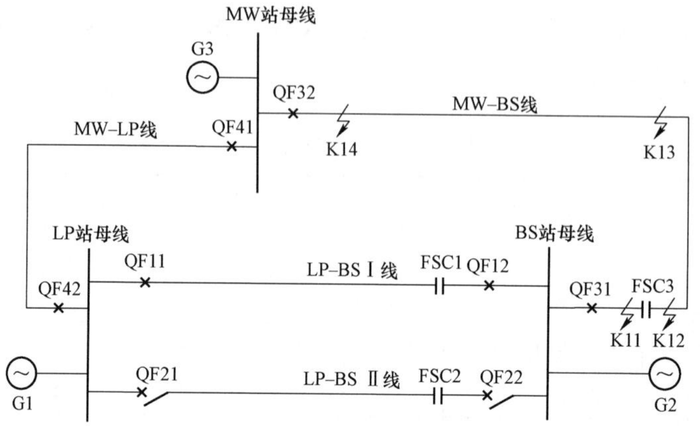

图 4-18　MW-BS 线区内故障等效电路

（3）MOV 参数确定。根据仿真结果，区内故障 LP-BS Ⅰ线串补 MOV 的最大电流为 25.5kA，吸收能量为 42.6MJ；MW-BS 线串补 MOV 的最大电流为 25.3kA，吸收能量为 65.5MJ。

LP-BS Ⅰ线串补 MOV 阀片串联预设值为 42 片，此时，电容器的过电压最大标幺值为 2.22，满足电容器上最大电压不超过 2.3 的要求。

MW-BS 串补 MOV 阀片串联预设值为 39 片，此时，电容器的过电压最大标幺值为 2.25，满足电容器上最大电压不超过 2.3 的要求。

区内故障时，当串补出口发生三相短路时流过 MOV 的电流最大，同时当 LP-BS Ⅰ线路中间附近线路处发生单相接地故障时 MOV 吸收的能量最大，仿真过程中没有考虑在线路重合闸延时时间内的能量损失，因此 MOV 实际吸收的能量要比该值略大。

考虑到 MOV 阀片在制造和装配过程中，环境温度、测量误差、不平衡电流、利用率等因素对 MOV 能量的影响，MOV 能量应在理论计算值的基础上，考虑一定的裕度。根据串补工程经验，温度系数取 10%～15%、测量误差取 5%、不平衡系数取 10%、利用率取 100%。因此，MOV 的能量应在理论计算值的基础上考虑 20%～30%的裕度。例如，某厂家 MOV 阀片单片额定吸收能量为 38.17kJ，最大吸收能量为 47.713kJ，裕度为 25%。

按能量的要求计算 LP-BS Ⅰ线 MOV 并联数为

$$N_{LB}=\frac{42.6}{0.03817\times 42}=26.2<\text{预设值 54，实际取 28 片；}$$

按能量的要求计算 MW-BS 线 MOV 并联片数为

$$N_{MB}=\frac{65.5}{0.03817\times 39}=44.0<\text{预设值 }60\text{，实际取 }48\text{ 片。}$$

将 LP–BS Ⅰ线串补串联片数 42 片、并联片数 28 片，MW–BS 线串补串联片数 39 片、并联片数 48 片，带回仿真回路校验，其值满足过电压和能量要求。

MOV 阀片装配时，按照每 4 柱 MOV 阀片柱并联装配在 1 个 MOV 单元内考虑，LP–BS Ⅰ线 MOV 每相并联的 MOV 单元的数量（不包括备用）取 7 只，考虑 10%的热备用，按 1 只考虑，则每相并联的 MOV 单元的数量（包括备用）取 8 只；MW–BS 线 MOV 每相并联的 MOV 单元的数量（不包括备用）取 12 只，考虑 10%的热备用，按 2 只考虑，则每相并联的 MOV 单元的数量（包括备用）取 14 只。

LP–BS Ⅰ线和 MW–BS 线每相 MOV 能量及装配参数见表 4–26。

表 4–26　LP–BS Ⅰ线和 MW–BS 线每相 MOA 能量及装配参数

名称	LP–BS Ⅰ线	MW–BS 线
额定吸收能量（不包含热备用，MJ）	44.9	71.5
额定吸收能量（包含热备用，MJ）	51.3	83.4
MOV 单元的数量（不包含热备用，只）	7	12
MOV 单元的数量（包含热备用，只）	8	14
MOV 单元阀片的并联柱数	4	4
每柱阀片的串联片数	42	39
每柱阀片并联片数	28	48

（4）保护火花间隙参数确定。根据表 4–24 可得 LP–BS Ⅰ线区内故障，保护火花间隙的放电电流最大值为 100.8kA，根据表 4–25 可得 MW–BS 线区内故障，保护火花间隙的放电电流最大值为 99.2kA。

（5）限流阻尼设备参数确定。在区内故障计算中，计算阻尼回路各设备流过的最大电流和吸收的能量。计算结果见表 4–27。

表 4–27　区内故障时 LP–BS Ⅰ线和 MW–BS 线的阻尼回路参数

线路	限流电抗器		阻尼电阻器		阻尼回路 MOV		
	电压（kV）	电流（kA）	电流（kA）	能量（MJ）	电流（kA）	能量（MJ）	残压（kV）
LP–BS Ⅰ线	262	104.2	50.7	6.2	50.7	1.2	16.64
MW–BS 线	241	113.0	35.3	4.8	35.3	0.9	16.68

五、计算结果汇总

电容器、MOV、限流阻尼设备、保护火花间隙主要参数如下。

（一）电容器过电压参数

电容器过电压参数见表 4-28。

表 4-28　　电容器过电压参数

项目	LP-BS Ⅰ线	MW-BS 线
区内故障时电容器上最大过电压（p.u.）	2.22	2.25
区外故障时电容器上最大过电压（p.u.）	2.18	2.21
系统摇摆情况下电容器上的电压（p.u.）	1.7	1.0

（二）MOV 基本参数

MOV 基本参数见表 4-29。

表 4-29　　MOA 基本参数

项目	LP-BS Ⅰ线	MW-BS 线
额定电压（kV）	141	129
保护水平（kV）	268.7	244.9
额定吸收能量（不包含热备用，MJ）	44.9	71.5
额定吸收能量（包含热备用，MJ）	51.3	83.4
MOV 单元的数量（不包含热备用，只）	7	12
MOV 单元的数量（包含热备用，只）	8	14
MOV 单元阀片的并联柱数	4	4
每柱阀片的串联片数	42	39
每柱阀片并联片数	28	48

（三）限流阻尼设备基本参数

限流电抗器基本参数见表 4-30。

表 4-30　　限流电抗器基本参数

项目	LP-BS Ⅰ线	MW-BS 线
电感值（μH）	450	400
额定电流（kA）	2.7	2.4

阻尼电阻器基本参数见表4－31。

表4－31 阻尼电阻器基本参数

项目	LP－BS Ⅰ线	MW－BS线
电阻值（Ω）	5	5
最大放电电流（kA）	50.7	35.3
能量（MJ）	6.2	4.8

阻尼回路MOV基本参数见表4－32。

表4－32 阻尼回路MOV基本参数

项目	LP－BS Ⅰ线	MW－BS线
额定电压（kV）	10	10
最高残压（kV）	16.647	16.68
额定能量（MJ）	1.2	0.9

（四）保护火花间隙基本参数

保护火花间隙基本参数见表4－33。

表4－33 保护火花间隙基本参数

项目	LP－BS Ⅰ线	MW－BS线
额定电流（kA）	2.7	2.4
MOV放电电流启动值（kA）	12.2	12.2
MOV累积能量启动值（MJ）	43.45	65
自放电电压（kV）	296	269
触发允许电压（kV）	210	192
放电电流承载能力（kA）	100.8	99.2

（五）控制保护策略

（1）间隙动作的原则是：在区外故障及故障清除后的系统摇摆过程中，保护火花间隙不动作；在区内故障时，保护火花间隙应动作。确定MOV的启动保护火花间隙能量和电流的定值时应兼顾考虑区内、外故障的统计结果。

（2）保护火花间隙启动方式包括 MOV 放电电流和 MOV 积累能量启动。

LP－BS Ⅰ线串补允许保护火花间隙旁路条件是 MOV 电流启动值为 12.2kA，能量启动值为 43.45MJ。MW－BS 线串补允许保护火花间隙旁路条件是 MOV 电流启动值为 12.2kA，能量启动值为 65MJ。

（3）线路保护与串补保护联动措施：凡是线路继电保护判断区内故障，在两侧断路器分闸前，给保护火花间隙发触发信号，给旁路开关发合闸命令，在旁路电容器后，故障线路两端线路断路器才跳开，旁路开关的合闸时间小于 35ms。

第五章 绝 缘 配 合

第一节 串补平台绝缘水平计算

一、绝缘水平分布

串补平台上各处绝缘水平区域划分为三类：A 点（串补平台—地面）、B 点（串补平台—低压母线）、C 点（串补平台—高压母线）。固定串补平台上各类绝缘水平分布点示意如图 5-1 所示，可控串补平台上各类绝缘水平分布点示意如图 5-2 所示。

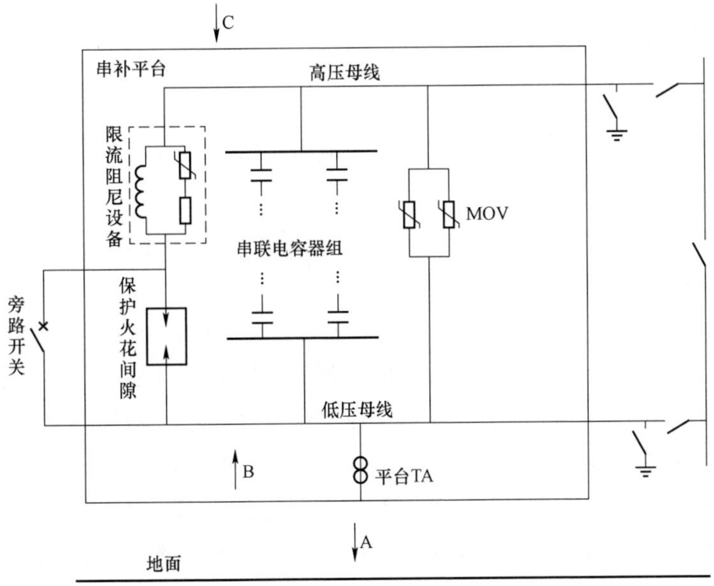

图 5-1 固定串补平台上各类绝缘水平分布点示意图

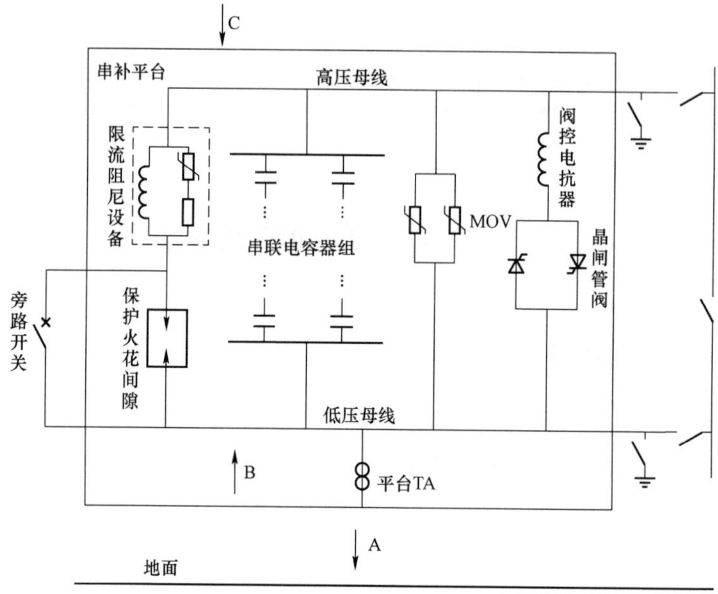

图 5-2　可控串补平台上各类绝缘水平分布点示意图

二、各点的绝缘水平

（一）绝缘耐受电压

A 点（串补平台—地面）的绝缘耐受电压按串补装置所在线路的电压等级对应的绝缘水平。

B 点和 C 点的绝缘耐受电压根据最大工频耐受电压计算值，查表 5-1 标准绝缘水平靠档确定其对应的绝缘水平。

B 点（串补平台—低压母线）的最大工频耐受电压按 B 点可能出现的最大故障电压考虑。串补平台与低压母线之间仅通过平台保护 TA 一点连接，正常情况下 B 点电压为 0。只有当高压母线对串补平台发生闪络故障时，电容器放电电流流过平台保护 TA，B 点才有可能出现事故电压。考虑最极端情况，串联电容器组端电压达到最大值时高压母线对串补平台发生闪络，通过高压母线、串补平台、低压母线和保护 TA 构成放电回路，即 B 点出现最大故障电压。此时，流过保护 TA 的电容器放电电流和 B 点的故障电压由放电回路杂散电感决定。

C 点（串补平台—高压母线）的最大工频耐受电压根据串联电容器组的过电压保护水平确定。

表 5-1　　标准绝缘水平

系统标称电压（方均根值，kV）	设备最高电压 U_m（方均根值，kV）	额定雷电冲击耐受电压（峰值，kV）	额定操作冲击耐受电压（峰值，kV）	额定短时工频耐受电压（湿试/干试，方均根值，kV）
3	3.6	40	—	18/25
6	7.2	60	—	23/30
10	12	75	—	30/42
15	18	105	—	40/55
20	24	125	—	50/65
35	40.5	185	—	80/95
66	72.5	325	—	140
		350	—	160
110	126	450	—	185/200
		550	—	
220	252	850	—	360
		950	—	395
330	363	1050	850	460
		1175	950	510
500	550	1425	1050	630
		1550	1175	680
		1675	1300	740
750	800	1950	1425	900
		2100	1550	960
1000	1100	2250	—	1100
		2400	1800	

注　1. 对同一设备最高电压给出两个以上绝缘水平者，在选用时应考虑到电网结构及过电压水平，过电压保护装置的配置及其性能、可接受的绝缘故障率等。

2. 斜划线后的数据为外绝缘的干耐受电压。

（二）爬电距离

爬电距离为：

$$L=\lambda U_m/\sqrt{3} \tag{5-1}$$

式中　λ——统一爬电比距（*USCD*），该值的计算需在参考统一爬电比距（RUSCD）的基础上考虑绝缘子尺寸、外形和安装位置等因素进行校正，mm/kV；

U_m ——系统最高运行电压，kV。

参考统一爬电比距（*RUSCD*）的取值与现场污秽度（*SPS*）有关，如图 5–3 所示。

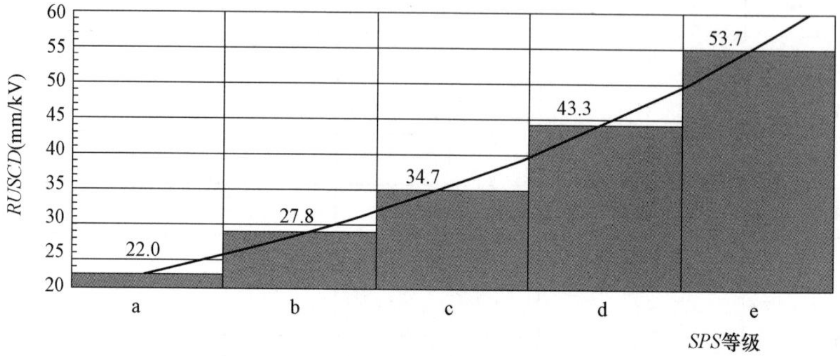

图 5–3　*RUSCD* 与 *SPS* 等级的关系

（三）空气净距

A 点（串补平台—地面）的空气净距按串补装置所在线路的电压等级对应的空气净距值确定。

B 点（串补平台—低压母线）和 C 点（串补平台—高压母线）的空气净距可基于 GB/T 311.2—2013《绝缘配合　第 2 部分：使用导则》中空气间隙对工频电压的绝缘响应特性计算。

根据 GB/T 311.2—2013《绝缘配合　第 2 部分：使用导则》附录 F.2，对于工频电压下空气间隙的击穿，棒—板间隙的 50%击穿电压与空气间隙近似满足：

$$U_{50RP} = 750\sqrt{2}\ln(1+0.55d^{1.2}) \tag{5-2}$$

式中　d——空气间隙，m；

U_{50RP} ——棒—板间隙的 50%击穿电压峰值，kV。

式（5–2）适用于空气间隙 $d \leqslant 3$m 时的工况。

对于 1m 以内的间隙，由于间隙结构对电气强度的影响很小，认为 U_{50RP} 与自恢复绝缘的 50%放电电压 U_{50} 近似相等。

间隙距离为 1～2m 时，U_{50RP} 与 U_{50} 计算为：

$$U_{50} = U_{50RP}(1.35K - 0.35K^2) \tag{5-3}$$

式中　K——间隙系数，可由 GB/T 311.2—2013《绝缘配合　第 2 部分：使用导则》表 F.2 查取。

根据 GB/T 311《绝缘配合》，考虑设定的标准偏差为 U_{50} 的 3%，则可在 U_{50}

的 90%下耐受。

工程计算时，U_{50} 可取交流工频耐受电压的 1.1 倍，基于式（5－2）～式（5－3）计算空气净距值，也可结合工频耐受电压计算结果，据图 5－4 查取最小空气净距值，两者相比，查表得到的空气净距值略大。

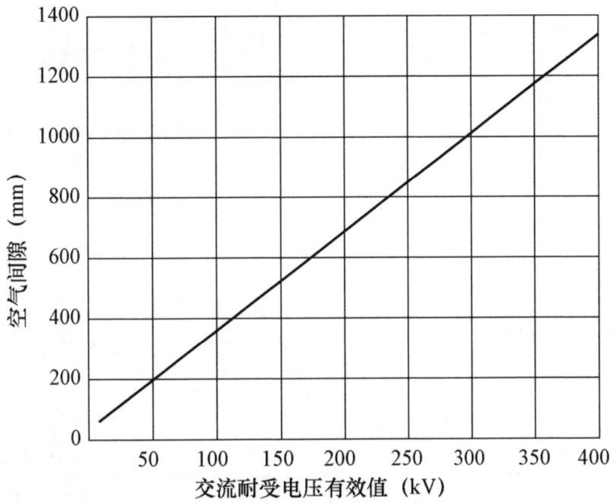

图 5－4　空气间隙与交流工频耐受电压间的关系曲线

对于海拔大于 1000m 的工程，需参考相关规范对空气净距值进行海拔修正。

第二节　主设备绝缘水平计算

串补装置主设备绝缘水平计算的对象，对于固定串补装置有串联电容器组、MOV、保护火花间隙、限流阻尼设备、旁路开关，对于可控串补装置，除以上设备外，还有晶闸管阀和阀控电抗器。串补装置主设备的绝缘耐受电压基于最大工频耐受电压计算值根据相关规范中规定的标准过电压水平进行靠档查取。

一、串联电容器组绝缘计算

串联电容器组有分支型接线和 H 型接线两种接线方式，其布置示意如图 5－5、图 5－6 所示。

两种接线方式下电容器组绝缘水平的计算并无本质区别，本节仅以图 5－6 中示意的分支型接线电容器组为例说明其绝缘水平的计算方法。该电容器组共由 n 个电容器单元串联而成，分 m 层布置在串补平台上，电容器框架与框架内串联电容器中间电位接线端子等电位连接。

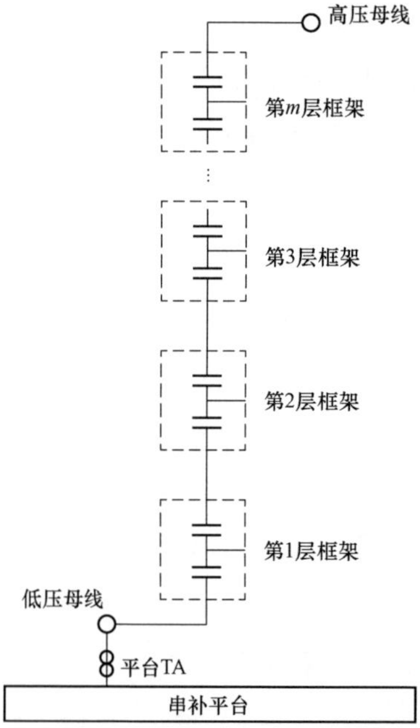

图 5-5　串联电容器组分支型接线方式布置示意图

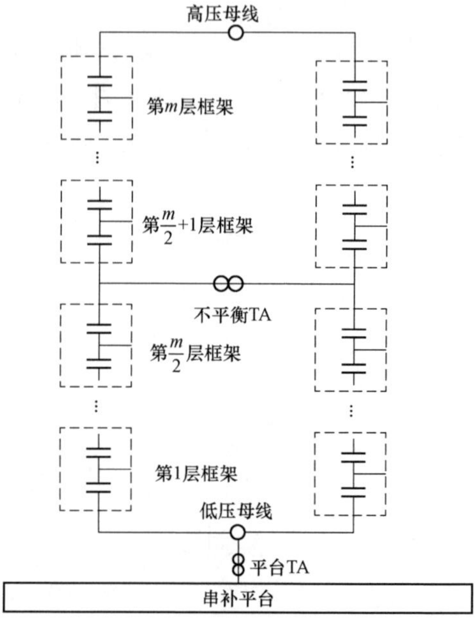

图 5-6　串联电容组 H 型接线方式布置示意图

电容器组绝缘计算包含电容器单元绝缘水平、各层电容器框架间绝缘水平及电容器组框架对串补平台绝缘水平三部分内容。

1. 电容器单元绝缘水平

（1）绝缘耐受电压。串联电容器组总共由 n 个电容器单元串联而成，则电容器单元的绝缘耐受电压为串联电容器组整体的 1/n。电容器单元的工频耐受电压 U_{ipf_c} 为：

$$U_{ipf\_c}=K_c\times 1/n\times U_{PL}/\sqrt{2}=K_c\times 1/n\times (pu)U_N \tag{5-4}$$

式中　U_{PL}——保护水平，根据过电压仿真结果确定；

pu——保护水平标幺值，根据过电压仿真结果确定；

U_N——电容器额定电压，kV；

K_c——绝缘配合裕度系数，取 1.2，该系数已计及确定性配合系数和安全系数的影响。

电容器单元的绝缘水平根据工频耐受电压计算值，查表 5-1 靠档确定其对应的绝缘水平。

（2）爬电距离。电容器单元的套管爬电距离 L_c 为：

$$L_c = \lambda U_N / n \tag{5-5}$$

（3）空气净距。结合电容器单元的工频耐受电压计算值，据式（5－2）、式（5－3）计算得到电容器单元高压端子对框架的空气净距。

2. 各层电容器框架间绝缘水平

（1）绝缘耐受电压。各层电容器框架间的绝缘耐受电压为串联电容器组整体的 $1/m$。各层电容器框架间工频耐受电压 U_{ipf_cc} 为：

$$U_{ipf\_cc} = K_c \times 1/m \times U_{PL}/\sqrt{2} = K_c \times 1/m \times (pu)U_N \tag{5-6}$$

各层电容器框架间的绝缘水平根据工频耐受电压计算值，查表 5－1 靠档确定其对应的绝缘水平。

（2）爬电距离。各层电容器框架间的爬电距离 L_{cc} 为：

$$L_{cc} = \lambda U_N / m \tag{5-7}$$

（3）空气净距。结合各层电容器框架间的工频耐受电压计算值，据式（5－2）、式（5－3）计算得到框架之间的空气净距。

3. 电容器组框架对串补平台绝缘水平

电容器组框架底部对串补平台绝缘水平等同于电容器单元的绝缘水平，其绝缘耐受电压、爬电距离和最小空气净距的计算参照电容器单元。

二、MOV 绝缘计算

MOV 并联在串联电容器组两侧，分别连接高压和低压母线。MOV 绝缘水平包含设备自身外绝缘水平和对串补平台的绝缘水平两部分内容。

1. 设备自身外绝缘水平

MOV 的绝缘耐受电压等于串联电容器组两端的最大电压，可等同于 C 点（串补平台—高压母线）的绝缘耐受要求。

MOV 自身的外绝缘爬电距离和空气净距的计算同 C 点。

2. 对串补平台的绝缘水平

MOV 低压侧端子低压母线相连，其对串补平台绝缘水平可等同于 B 点（串补平台—低压母线）的绝缘水平。

MOV 对串补平台的爬电距离和空气净距的计算同 B 点。

三、保护火花间隙绝缘计算

保护火花间隙并联接于串补平台高、低压母线之间，其外壳接于高压母线，保护火花间隙的绝缘水平可等同于C点（串补平台—高压母线）的绝缘水平。

保护火花间隙的爬电距离和空气净距的计算同C点。

四、限流阻尼设备绝缘计算

限流阻尼设备绝缘水平包含设备自身外绝缘水平和对串补平台的绝缘水平两部分内容。

1. 设备自身外绝缘水平

限流阻尼设备与保护火花间隙或旁路开关构成电容器放电回路，只有当保护火花间隙导通或旁路开关合闸时，限流阻尼设备上才有可能出现电压作用。考虑最严格工况，当电容器两端电压达到最大值时，保护火花间隙被触发或断路器闭合，此时，限流阻尼设备上瞬时电压值最大，该电压值等于电容器两端最大电压。因此，限流阻尼设备外绝缘水平等同于C点（串补平台—高压母线）的绝缘水平。

限流阻尼设备自身的外绝缘爬电距离和空气净距的计算同C点。

2. 对串补平台的绝缘水平

限流阻尼设备低压侧端子与保护火花间隙高压端相连，其低压侧对串补平台绝缘水平可等同于保护火花间隙的绝缘水平，即同C点（串补平台—高压母线）的绝缘水平。

限流阻尼设备对串补平台的爬电距离和空气净距的计算同C点。

五、旁路开关绝缘水平计算

旁路开关装设在串补平台下方，其绝缘水平包含断口间绝缘水平和对地绝缘水平两部分内容。

1. 断口间绝缘水平

断口间绝缘水平与保护火花间隙绝缘水平一致，可等同于C点（串补平台—高压母线）的绝缘水平。

旁路开关断口间的爬电距离和空气净距的计算同C点。

2. 对地绝缘水平

旁路开关对地绝缘水平等同于A点（串补平台—地面）的绝缘水平。

旁路开关对地的爬电距离和空气净距的计算同A点。

六、晶闸管阀绝缘水平计算

晶闸管阀关断时，晶闸管阀两端承受串联电容器组两端的最大电压，可等同于C点（串补平台—高压母线）的绝缘耐受要求。

晶闸管阀对平台爬电距离和空气净距的计算同C点。

七、阀控电抗器绝缘水平计算

晶闸管阀导通时，阀控电抗器的绝缘耐受电压不超过串联电容器组两端的最大电压，阀控电抗器的绝缘水平可等同于C点（串补平台—高压母线）的绝缘水平。

阀控电抗器对平台的爬电距离和空气净距的计算同C点。

第三节 工 程 计 算 示 例

本节基于第四章第三节的计算示例，以LP－BSⅠ线和MW－BS线的过电压保护及主回路设计的计算结果，对MW和LP两套固定串补装置进行绝缘配合计算。

一、输入条件

已知MW串补装置电容器组两端额定电压为75.3kV，LP串补装置电容器组两端额定电压为82.6kV。根据500kV BS串补站LP－BSⅠ线和MW－BS线的过电压电磁暂态计算结果（详见第四章表4－28），电容器的过电压保护水平标幺值取2.3。

工程站址污秽度取*d*级，λ取43.3mm/kV。

站址海拔低于1000m，空气净距的计算不考虑海拔修正。

二、串补平台绝缘水平计算

（一）A点（串补平台—地面）绝缘计算

1. 绝缘耐受电压

串补平台对地面绝缘水平按其所在线路电压等级500kV考虑。A点绝缘水平见表5－2。

表5－2　A点绝缘水平　kV

串补位置	电压等级	最高运行电压	工频耐压（1min干）	雷电冲击	操作冲击
MW串补	500	550	680	1550	1175
LP串补	500	550	680	1550	1175

2. 爬电距离

现场污秽度 d，统一爬电比距 43.3mm/kV，A 点对应的爬电距离为：

$$L_A=\lambda U_{m\_A}/\sqrt{3}=43.3\times550/\sqrt{3}=13\ 750\text{mm}$$

3. 空气净距

A 点的空气净距取其所在线路电压等级 500kV 相应的空气净距 3800mm。

（二）B 点（串补平台—低压母线）绝缘计算

1. 绝缘耐受电压

考虑最极端情况，串联电容器组端电压达到最大值时高压母线对串补平台发生闪络，通过高压母线、串补平台、低压母线和保护 TA 构成放电回路，根据放电回路导体参数及长度估计，B 点最大故障电压按串联电容器组过电压保护水平的 1/10。

对于 MW 串补装置，B 点工频耐受电压为：

$$U_{ipf\_B\_mw}=K_c\times0.1\times(pu)U_{N\_pw}=1.2\times0.1\times2.3\times75.3=20.8\text{kV}$$

对于 LP 串补装置，B 点工频耐受电压为：

$$U_{ipf\_B\_lp}=K_c\times0.1\times(pu)U_{N\_lp}=1.2\times0.1\times2.3\times82.6=22.8\text{kV}$$

B 点绝缘水平见表 5-3。

表 5-3　B 点 绝 缘 水 平　kV

串补装置	电压等级	最高运行电压	工频耐压（1min 干）	雷电冲击
MW 串补装置	10	12	42	75
LP 串补装置	10	12	42	75

2. 爬电距离

B 点的爬电距离按表 5-3 中给出的最高运行电压计算：

$$L_B=\lambda U_{m\_B}/\sqrt{3}=43.3\times12/\sqrt{3}=300\text{mm}$$

3. 空气净距

根据式（5-2）、式（5-3）计算得到 MW 串补装置、LP 串补装置的 B 点空气净距要求值为 100mm。

（三）C 点（串补平台—高压母线）绝缘计算

1. 绝缘耐受电压

对于 MW 串补装置，C 点工频耐受电压为：

$$U_{ipf\_C\_mw}=K_c\times(pu)U_{N\_mw}=1.2\times2.3\times75.3=207.8\text{kV}$$

对于 LP 串补装置，C 点工频耐受电压为：

$$U_{ipf\_C\_lp}=K_c\times(pu)U_{N\_lp}=1.2\times2.3\times82.6=228.0\text{kV}$$

C 点绝缘水平见表 5－4。

表 5－4　　C 点绝缘水平　　kV

串补装置	电压等级	最高运行电压	工频耐压（1min 干）	雷电冲击
MW 串补装置	220	252	360	850
LP 串补装置	220	252	360	850

2. 爬电距离

C 点的爬电距离根据实际运行时可能出现的最高运行电压计算，由于串联电容器组低压侧和串补平台连接，最高运行电压即为电容器额定电压。

对于 MW 串补装置，C 点爬电距离为：

$$L_{C\_mw}=\lambda U_{N\_mw}=43.3\times75.3=3260\text{mm}$$

对于 LP 串补装置，C 点爬电距离为：

$$L_{C\_lp}=\lambda U_{N\_lp}=43.3\times82.6=3577\text{mm}$$

3. 空气净距

根据式（5－2）、式（5－3）计算得到 MW 串补装置 C 点的空气净距要求值为 703mm，LP 串补装置 C 点的空气净距要求值为 770mm。

三、主设备绝缘水平计算

（一）串联容器组绝缘计算

串联电容器组布置示意如图 5－7 所示。串补电容器组框架分为 4 层布置在串补平台上，每层电容器框架内串联 2 个电容器单元，电容器框架与框架内串联电容器中间电位接线端子等电位连接。

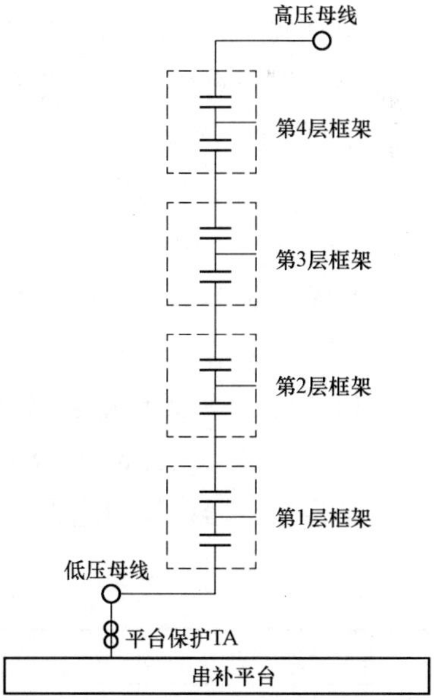

图 5－7　串联电容器组布置示意图

1. 电容器单元绝缘水平

（1）绝缘耐受电压。电容器单元的绝缘耐受电压为串联电容器组整体的 1/8。

对于 MW 串补装置，单台电容器的绝缘水平为：

$$U_{ipf\_c\_mw}=K_c\times 1/n\times(pu)U_{N\_mw}=1.2\times 1/8\times 2.3\times 75.3=26.0\text{kV}$$

对于 LP 串补装置来说，单台电容器的绝缘水平为：

$$U_{ipf\_c\_lp}=K_c\times 1/n\times(pu)U_{N\_lp}=1.2\times 1/8\times 2.3\times 82.6=28.5\text{kV}$$

电容器单元的绝缘水平见表 5－5。

表 5－5　电容器单元的绝缘水平　kV

串补装置	电压等级	最高运行电压	工频耐压（1min 干）	雷电冲击
MW 串补装置	10	12	42	75
LP 串补装置	10	12	42	75

（2）爬电距离。

MW 串补装置电容器单元套管爬电距离为：

$$L_{c\_mw}=\lambda U_{N\_mw}/n=43.3\times 75.3/8=408\text{mm}$$

LP 串补装置电容器单元套管爬电距离为：

$$L_{c\_lp}=\lambda U_{N\_lp}/n=43.3\times 82.6/8=447\text{mm}$$

（3）空气净距。

根据式（5－2）、式（5－3）计算得到 MW 串补装置、LP 串补装置的电容器单元高压端子对框架的空气净距分别为 111、120mm。

2. 各层电容器框架间绝缘水平

（1）绝缘耐受电压。各层电容器框架间的绝缘耐受电压为串联电容器组整体的 1/4。

MW 串补装置各层电容器框架间的绝缘水平为：

$$U_{ipf\_cc\_mw}=K_c\times 1/m\times(pu)U_{N\_mw}=1.2\times 1/4\times 2.3\times 75.3=52.0\text{kV}$$

LP 串补装置各层电容器框架间的绝缘水平为：

$$U_{ipf\_cc\_lp}=K_c\times 1/m\times(pu)U_{N\_lp}=1.2\times 1/4\times 2.3\times 82.6=57.0\text{kV}$$

各层电容器框架间绝缘水平见表 5－6。

表 5－6　各层电容器框架间绝缘水平　kV

串补装置	电压等级	最高运行电压	工频耐压（1min 干）	雷电冲击
MW 串补装置	35	40.5	95	185
LP 串补装置	35	40.5	95	185

（2）爬电距离。

MW 串补装置各层电容器框架间爬电距离为：

$$L_{cc\_mw}=\lambda U_{N\_mw}/n=43.3\times 75.3/4=815\text{mm}$$

LP 串补装置各层电容器框架间爬电距离为：

$$L_{cc\_lp}=\lambda U_{N\_lp}/n=43.3\times 82.6/4=894\text{mm}$$

（3）空气净距。

根据式（5–2）、式（5–3）计算得到 MW 串补装置、LP 串补装置的各层电容器框架间的空气净距分别为 201、218mm。

3. 电容器组框架对串补平台绝缘水平

电容器组框架底部对串补平台绝缘水平等同于电容器单元的绝缘水平，其绝缘耐受电压、爬电距离和最小空气净距参照单台电容器的相关计算。

（二）MOV 绝缘计算

MOV 自身外绝缘水平，等同于 C 点（串补平台—高压母线）的绝缘水平。

MOV 对串补平台的绝缘水平，等同于 B 点（串补平台—低压母线）的绝缘水平。

（三）保护火花间隙绝缘计算

保护火花间隙并联接于串补平台高、低压母线之间，其外壳接于高压母线，保护火花间隙的绝缘水平，可等同于 C 点（串补平台—高压母线）的绝缘水平。

（四）限流阻尼设备绝缘计算

限流阻尼设备自身外绝缘水平，等同于 C 点（串补平台—高压母线）的绝缘水平。

限流阻尼设备对串补平台的绝缘水平，等同于 C 点（串补平台—高压母线）的绝缘水平。

（五）旁路开关绝缘水平计算

旁路开关断口间绝缘水平与保护火花间隙绝缘水平一致，等同于 C 点（串补平台—高压母线）的绝缘水平。

旁路开关对地绝缘水平，等同于 A 点（串补平台—地面）的绝缘水平。

四、绝缘水平计算结果

MW 串补装置和 LP 串联装置绝缘水平计算结果分别见表 5–7、表 5–8。

表 5-7　　MW 串补装置绝缘水平计算结果

设备	电压等级（kV）	工频耐压（1min 干，kV）	雷电冲击（kV）	空气净距（mm）	最小爬距（mm）
A 点（串补平台—地面）	500	680	1550	3800	13750
B 点（串补平台—低压母线）	10	42	75	100	300
C 点（串补平台—高压母线）	220	360	850	703	3260
电容器单元	10	42	75	111	408
各层电容器框架间	35	95	185	201	815
电容器组框架对串补平台	10	42	75	111	408
MOV 外绝缘	220	360	850	703	3260
MOV 对串补平台	10	42	75	100	300
保护火花间隙	220	360	850	703	3260
限流阻尼设备外绝缘	220	360	850	703	3260
限流阻尼设备对串补平台	220	360	850	703	3260
旁路开关断口间	220	360	850	703	3260
旁路开关对地	500	680	1550	3800	13750

表 5-8　　LP 串补装置绝缘水平计算结果

设备	电压等级（kV）	工频耐压（1min 干，kV）	雷电冲击（kV）	空气净距（mm）	最小爬距（mm）
A 点（串补平台—地面）	500	680	1550	3800	13750
B 点（串补平台—低压母线）	10	42	75	100	300
C 点（串补平台—高压母线）	220	360	850	770	3577
电容器单元	10	42	75	120	447
各层电容器框架间	35	95	185	218	894
电容器组框架对串补平台	10	42	75	120	447
MOV 外绝缘	220	360	850	770	3577
MOV 对串补平台	10	42	75	100	300
保护火花间隙	220	360	850	770	3577
限流阻尼设备外绝缘	220	360	850	770	3577
限流阻尼设备对串补平台	220	360	850	770	3577
旁路开关断口间	220	360	850	770	3577
旁路开关对地	500	680	1550	3800	13750

五、空气净距选择

串补装置平台及设备最小空气净距见表 5-9。

表 5-9　　串补装置平台及设备最小空气净距

项目	空气净距（mm）	
	MW 串补装置	LP 串补装置
（1）串补平台至地面； （2）旁路开关至地面	3800	3800
（1）串补平台至低压母线； （2）MOV 至串补平台	100	100
（1）串补平台至高压母线； （2）MOV 至其他带电体； （3）保护火花间隙至其他带电体； （4）限流阻尼设备至其他带电体； （5）限流阻尼设备至串补平台； （6）旁路开关断口间	703	770
（1）电容器单元端子至框架； （2）电容器框架对串补平台	111	120
电容器框架层间	201	218

第六章 串补装置的主设备

本章阐述串补装置主设备的一般技术要求和主要技术参数，包括电容器、金属氧化物限压器、保护火花间隙、限流阻尼设备、电流互感器、绝缘子和光纤柱、旁路开关、隔离开关，以及用于可控串补装置的晶闸管阀、阀控电抗器和阀冷却设备，对于串补站的出线设备，参考《电力工程设计手册　变电站设计》相关部分要求。

第一节 电 容 器

一、一般技术要求

串联电容器组是串补装置的核心设备，采用分相布置安装在串补平台上。串联电容器组由若干个电容器单元以串、并联方式组成，电容器单元则是由若干个电容元件经串、并联组装在一个箱壳内。一般技术要求如下：

（1）电容器组额定电流应满足线路最大连续输送容量。

（2）电容器组的过电流能力应根据系统要求确定，应能承受系统摇摆电流、过负荷、系统故障及某些运行条件下的谐波电流。

（3）电容器组的过电压保护水平应大于系统最大摇摆电流时的过电压，并结合设备制造能力及综合造价等因素确定，一般在 2.3 倍标幺值左右。

（4）电容与额定电容的偏差，电容器组的容抗偏差应不大于±3.0%，电容器单元的容抗偏差应不大于±3.0%。电容器组任何两相之间的容抗偏差应不大于1.0%。

（5）电容器单元采用全膜介质结构，全密封防腐防锈不锈钢箱壳，以保证寿命期内不会发生泄漏，适应户外露天运行。

（6）电容器单元内部应配有放电电阻，保证在 10min 内将电容器的剩余电压自额定电压峰值降低到 75V 或者更低。

（7）电容器单元的损耗，在环境温度 20℃、额定电压下，不应超过 0.02%。

（8）电容器单元宜采用双套管结构。

（9）电容器单元的额定耐受爆裂能量不应小于 15kJ。

（10）电容器单元绝缘介质的平均电场强度宜不高于 57kV/mm。

（11）电容器的技术要求应参考 GB/T 6115.1《电力系统用串联电容器 第 1 部分：总则》相关内容。

二、技术参数及选型

（一）电容器的过负荷能力

串联电容器组串联在线路中运行，其端电压由线路的工作电流决定。由于电力系统的负荷变化很大，其传输电流变化也很大，所以正常运行时串联电容器组串联接入输电线路之后会承受一个波动范围较宽的电流。同时，串联电容器应能承受运行中反复出现的暂态过电压，例如：

（1）系统故障 $N-1$ 运行时，会承受过负荷电流并承受过负荷电压。

（2）在系统振荡、摇摆及事故情况下，其两端会出现严重过电压。

（3）在系统发生接地故障时，电容器两端会出现极高的过电压。

（4）在电容器单元缺台运行时，串联电容器的端电压会因阻抗增大而升高。

GB/T 6115.1—2008（IEC 60143-1：2004，MOD）《电力系统用串联电容器 第 1 部分》中明确规定了串联电容器组典型的耐受过负荷和摇摆电流的能力，见表 6-1。

表 6-1　串联电容器组典型的耐受过负荷和摇摆电流的能力

电流	持续时间	典型范围（p.u.）	最常见的值（p.u.）
额定电流	连续	1.0	1.0
1.1 倍额定电流	每 12h 中 8h	1.1	1.1
过负荷电流	30min	1.2～1.6	1.35～1.50
摇摆电流	1～10s	1.7～2.5	1.7～2.0

注　p.u.为保护水平的标幺值。

综合考虑系统故障条件、运行可靠性和设备制造成本等多种因素后，串补站工程串联电容器组的过电流能力见表 6-2。

表 6-2　串联电容器组的过电流能力

电流	持续时间	典型过负荷值（p.u.）
额定电流	连续	1.0
1.10 倍额定电流	每 12h 中 8h	1.10

续表

电流	持续时间	典型过负荷值（p.u.）
1.20 倍额定电流	每 8h 中 2h	1.20
1.35 倍额定电流	每 6h 中 30min	1.35
1.50 倍额定电流	每 2h 中 10min	1.50
1.80 倍额定电流	10s	1.80

（二）电容器的熔丝配置

电容器的熔丝可分为内熔丝和无熔丝两种类型，具体选用哪种类型与电容器组的电压和容量大小有关。

1. 内熔丝

（1）连接方式：由多个熔丝保护的电容器单元串、并联连接，使电容器组达到额定值。为检测电容器的不平衡电流，将电容器组分为两个或两个以上的平行串。在段或相中电容器单元和电容器单元内部元件典型连接方式分别如图 6–1、图 6–2 所示。

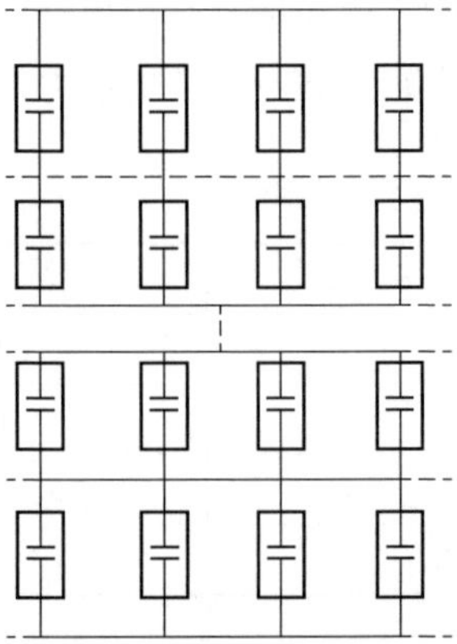

图 6–1　在段或相中电容器单元典型连接方式

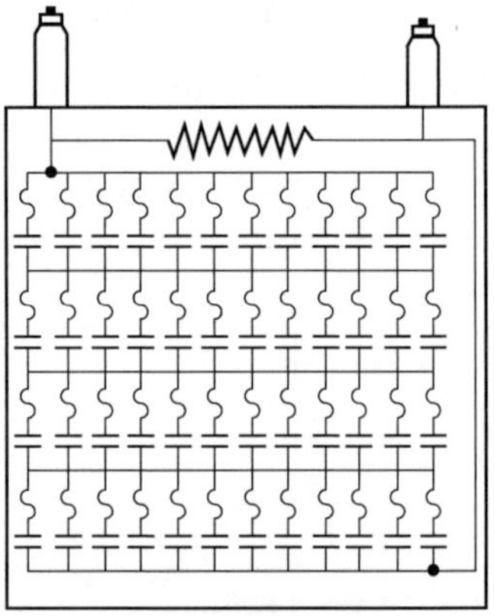

图 6–2　电容器单元内部元件典型连接方式

内熔丝的电容器元件出现故障后，熔丝熔断，故障元件退出运行，电流从其他并联元件流过，导致流过其他并联元件的电流增加，电压升高，为降低对非故障电容器元件造成了不利影响，从结构设计上，尽量采用较多的并联元件，且在电容器组的接线方式上应采用逐级并联方式，避免电容器崩溃。

电容器单元应采用双套管结构，避免出线套管闪络或内部引出线对壳击穿造成的电容器极间短路。内熔丝熔断电流的选择要保证元件击穿后被可靠隔离，同时电容器在工作电流、短路电流及电容器放电电流时熔丝不至于损坏。

（2）优点：结构紧凑，安装尺寸较小；当少量内部元件损坏后，由内熔丝动作切除，不会造成整台电容器单元退出运行，可靠性和稳定性较好。适用于各种电压等级和容量的电容器组，具备较成熟的运行经验。

（3）缺点：由于熔丝在内部，不平衡保护动作后，需要对电容器单元逐台进行检查，查寻故障电容器的工作量很大；对于对称性单元电容器故障，不平衡保护无法正确动作，只有通过每年测试每台电容器的电容量，才能发现问题以消除隐患。

2. 无熔丝

（1）连接方式：由多个无熔丝的电容器单元串联连接，串联数根据电容器的承受电压能力来确定，再将多串联段相并联，以满足电容器组的额定电流和额定阻抗。在段或相中电容器单元和电容器单元内部元件典型连接方式分别如图 6–3、图 6–4 所示。

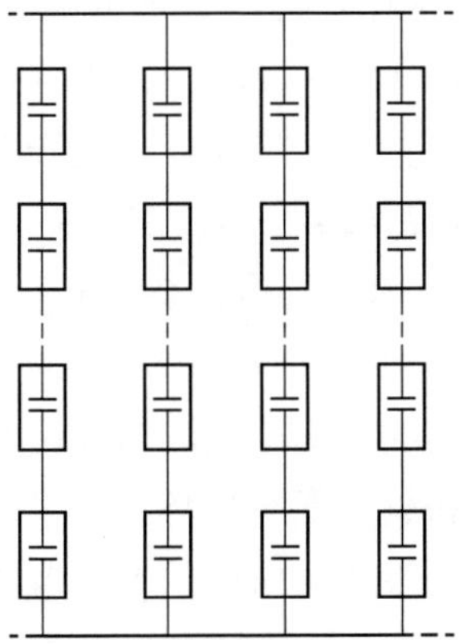

图 6–3 在段或相中电容器单元典型连接方式

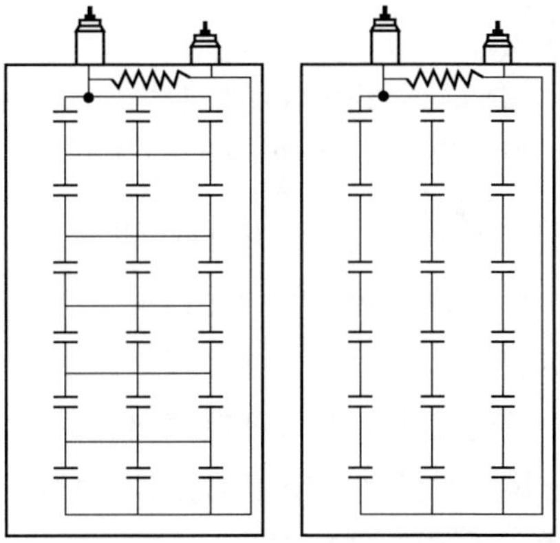

图 6–4 电容器单元内部元件典型连接方式

无熔丝的电容器元件损坏后，元件故障点的薄膜击穿，故障元件被短路，电压加载到相应串联支路的其他正常电容器元件上，导致正常电容器元件电压升高。因此，无熔丝电容器串联的元件数要足够多，以降低元件故障时对本串联支路的其他正常元件上的过电压影响，相应单元的容量较大。

电容器单元应采用双套管结构，避免出线套管闪络或内部引出线对壳击穿造成的电容器极间短路。

（2）优点：电容器单元和内部元件并联储能较小，元件击穿时不易损伤临近元件或对壳绝缘，有利于防止故障的扩大或外壳的爆炸；不存在熔丝损耗，其整体损耗较低。适用于电压和容量较高的电容器组。

（3）缺点：无熔丝电容器组的内部故障保护依赖于特殊的单台电容器结构和灵敏的不平衡继电保护，单台电容器通常要求内部元件串联数较多，其使用范围受到电容器组容量和电容器单元参数限制。

（三）电容器组的接线

当串联电容器组的内部元件故障后，会影响电容器单元的安全运行，故需要配置电容器不平衡保护，测量电容器的不平衡电流，检测电容器单元内部元件故障情况，防止故障扩大引起事故，保证电容器组的安全运行。

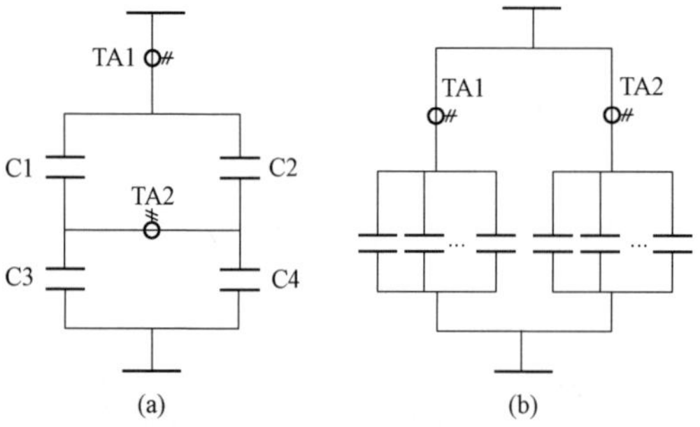

图 6－5　电容器组接线方式

（a）H 形接线方式；（b）分支接线方式

根据不平衡电流的不同测量方式，电容器组可采用 H 形接线和分支接线两种方式，如图 6－5 所示。

（1）H 形接线方式。电容器单元分布在四个桥臂支路上，电容器总电流由电流互感器 TA1 测量；桥臂间不平衡电流由电流互感器 TA2 测量。通过桥臂间不平衡电流的大小，来判断电容器组内部电容器元件的故障情况。当电容器组内部电容器元件完好无损时，在不考虑电容器元件参数差异、测量系统误差时，桥臂间的不平衡电流的理论值应该为零。当电容器组内部有电容器元件退出运行时，桥臂平衡被破坏，不平衡电流随之出现，而且会随电容器元件损坏的个数的增加而变大。内熔丝电容器的单元接线适合采用 H 形接线。

（2）分支接线方式。电容器单元分布在两个支路上，电流互感器 TA1 和 TA2 分别测量分支电流，电容器总电流和不平衡电流可通过计算得到。电容器组两列并联，每列末端连接的电流互感器的二次绕组反向串联，二次绕组间加装电阻。当电容器组内部电容器元件正常、电流互感器 TA1 和 TA2 的变比及二次阻抗相同时，两个电流互感器二次电流大小相等、方向相反，流过电阻的差流为零，电阻上的电压也为零。当电容器组内部电容器元件故障后，差流变化导致电阻上电压的变化，通过监测电阻的电压来判断电容器的状况。无熔丝电容器的单元接线适合采用分支接线。

（四）电容器单元的串、并联组合方案

1. 计算原则

电容器组由若干电容器单元串、并联组合而成，电容器单元的串联数由电容器组的额定电压决定，并联数由电容器组的额定容量决定。

电容器单元的串联数量 n 为：

$$n=\frac{U_{\mathrm{N}}}{U_{\mathrm{ce}}}=\frac{I_{\mathrm{N}}X_{\mathrm{N}}}{U_{\mathrm{ce}}} \tag{6-1}$$

式中 U_{N}——电容器额定电压，kV；

I_{N}——电容器额定电流，kA；

X_{N}——电容器额定容抗，Ω；

U_{ce}——电容器单元的额定电压，kV。

求得 n 值后，取整数，即串联的电容器单元台数。

电容器单元的并联数量 m 为：

$$m=\frac{Q_{\mathrm{N}}}{3Q_{\mathrm{ce}}n} \tag{6-2}$$

式中 Q_{N}——电容器的额定容量，kvar；

Qce——电容器单元的额定容量，kvar；

求得 m 值后，取整数，即并联的电容器单元台数。

2. 算例

已知电容器的额定容量为670Mvar，额定电流为2.7kA，额定容抗为30.61Ω，依据制造厂提供的电容器单元的技术参数，设计电容器串、并联组合方案。

（1）采用内熔丝电容器的串、并联组合。某制造厂提供的内熔丝电容器单元的技术参数见表6–3。

表6–3 内容丝电容器单元技术参数

序号	项目	参数
1	额定容量 Q_{ce}（kvar）	582
2	额定电压 U_{ce}（kV）	5.165
3	额定电流 I_{ce}（A）	112.68
4	20℃、50Hz时的阻抗 X_{ce}（Ω）	45.84
5	并联元件数 n_{p}	18
6	串联元件数 n_{s}	3

根据式（6–1），可得：

$$n=\frac{U_{\mathrm{N}}}{U_{\mathrm{ce}}}=\frac{I_{\mathrm{N}}X_{\mathrm{N}}}{U_{\mathrm{ce}}}=\frac{2.7\times30.61}{5.165}=16$$

根据式（6–2），可得：

$$m=\frac{Q_{\mathrm{N}}}{3Q_{\mathrm{ce}}n}=\frac{670\ 000}{3\times582\times16}=24$$

内熔丝电容器单元的串、并联组合方案设计如下：

电容器组采用 H 形接线，每相电容器组由 4 个臂组成，每个臂由 12 并 8 串的电容器单元组成，具体设计方案如图 6–6、图 6–7 所示。

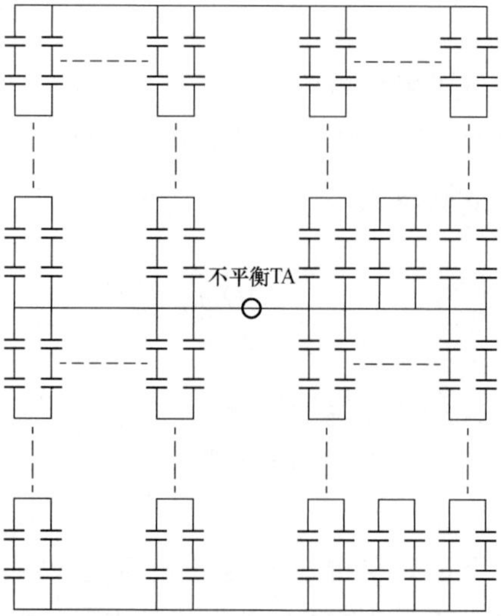

图 6–6　内熔丝方案每相的组成

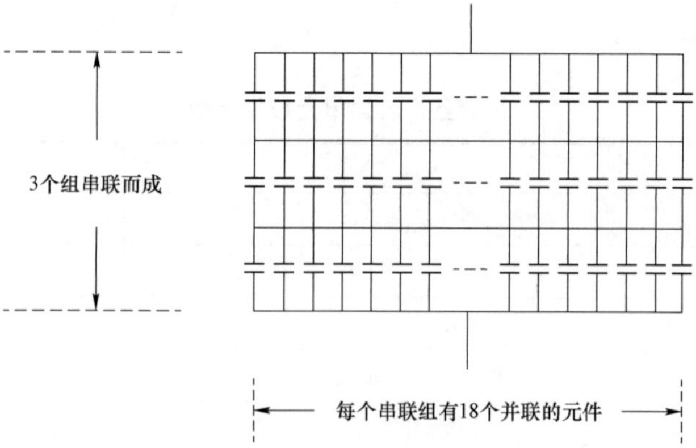

图 6–7　内熔丝方案每个电容器单元的内部组成

（2）采用无熔丝电容器的串、并联组合。某制造厂提供的无熔丝电容器单元技术参数见表 6–4。

表 6–4　　无熔丝电容器单元技术参数

序号	项目	参数
1	额定容量 Q_{ce}（kvar）	332.06
2	额定电压 U_{ce}（kV）	10.33
3	额定电流 I_{ce}（A）	32.1
4	20℃、50Hz 时的阻抗 X_{ce}（Ω）	321.41
5	并联元件数 n_p	2
6	串联元件数 n_s	6

根据式（6–1），可得：

$$n=\frac{U_N}{U_{ce}}=\frac{I_N X_N}{U_{ce}}=\frac{2.7\times 30.61}{10.33}=8$$

根据式（6–2），可得：

$$m=\frac{Q_N}{3Q_{ce}n}=\frac{670\ 000}{3\times 332.06\times 8}=84$$

无熔丝电容器单元的串、并联组合方案设计如下：

电容器组采用分支接线，每相电容器组由 2 个分支构成，每个分支由 42 并 8 串的电容器单元串、并联组成，具体设计方案如图 6–8、图 6–9 所示。

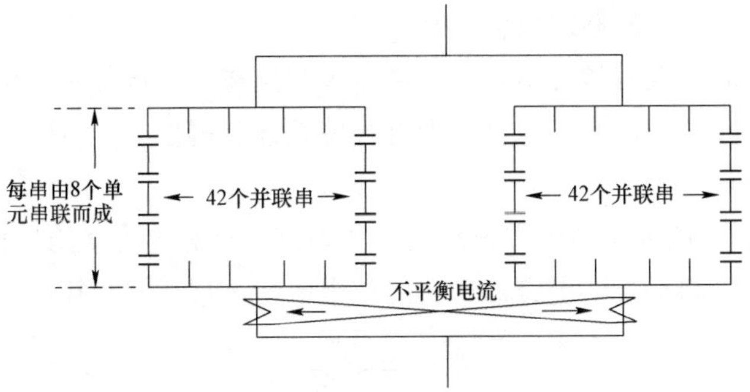

图 6–8　无熔丝方案每相的组成

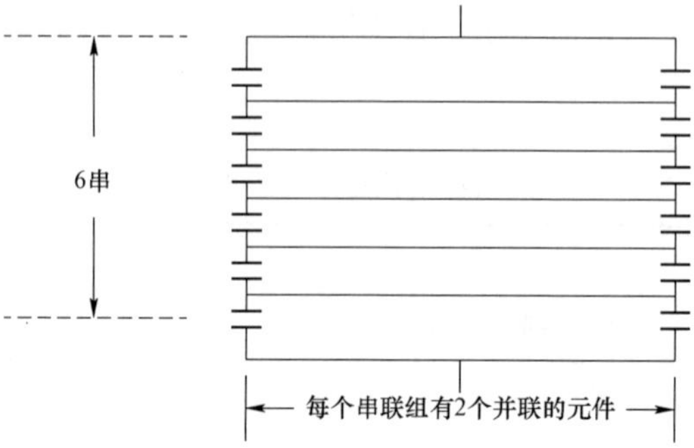

图 6-9　无熔丝方案每个电容器单元的内部组成

（五）电容器损耗计算

1. 计算原则

电容器的损耗主要由放电电阻损耗、内熔丝（仅对内熔丝电容器）损耗、绝缘介质损耗及连接导体损耗三部分组成。

（1）放电电阻损耗。放电电阻并联在电容器单元两端，在工作电压下产生的损耗可用下式计算：

$$\tan\delta_R = \frac{1}{2\pi f C_N R} \tag{6-3}$$

式中　R——放电电阻的阻值，MΩ；

C_N——电容器的额定电容，μF。

（2）内熔丝损耗。内熔丝串联在电容器元件中，在工作电流下产生的损耗可用下式计算：

$$\tan\delta_s = 2\pi f C_N R_s \tag{6-4}$$

式中　R_s——熔丝总电阻，根据元件的串、并联数及熔丝的规格计算，MΩ；

C_N——电容器的额定电容，μF。

（3）绝缘介质及连接导体损耗。由薄膜与绝缘油在运行时产生的损耗组成，根据材料特性，对不同介质建立模型进行等效计算得出。

2. 算例

以表 6-3 中的内熔丝电容器单元参数为例，计算电容器的损耗。

（1）放电电阻损耗。电容器单元的放电电阻，按下式计算：

$$R \leqslant \frac{\tau}{C\ln\dfrac{\sqrt{2}U_{ce}}{U_R}} \tag{6-5}$$

式中 R——放电电阻阻值，MΩ；

t——从$\sqrt{2}U_{ce}$放电到U_R的时间，s；

C——电容器单元的额定电容，μF；

U_{ce}——电容器单元额定电压，V；

U_R——允许剩余电压，V。

由于电容器的放电电阻需要保证在 10min 内将电容器的剩余电压自额定电压峰值降低到75V或者更低，所以式（6-5）中，t取600s，U_R取75V，根据无熔丝电容器参数，$U_{ce}=5165V$，$C=69.5\mu F$，经计算：

$$R \leqslant \frac{600}{69.5\times\ln\dfrac{\sqrt{2}\times5165}{75}}=1.89M\Omega$$

按式（6-3）计算放电电阻损耗为：

$$\tan\delta_R=\frac{1}{2\pi\times50\times69.5\times1.89}=0.002\ 42\%$$

（2）内熔丝损耗。单根内熔丝约为 0.02Ω，按 3 串 18 并计算电容器单元熔丝总电阻为：

$$R_S=0.02\times3\div18=3.33\times10^{-3}\Omega$$

按式（6-4）计算内熔丝损耗为：

$$\tan\delta_S=2\pi\times50\times69.5\times3.33\times10^{-9}=0.007\ 3\%$$

（3）绝缘介质及连接导体损耗。根据厂家提供的测试数据，电容器单元长期稳定的介质损耗$\tan\delta_D=0.007\%$，电容器单元导线损耗$\tan\delta_L=0.003\%$。

由上可得，电容器单元损耗为：

$$\begin{aligned}\tan\delta&=\tan\delta_R+\tan\delta_S+\tan\delta_D+\tan\delta_L\\&=0.002\ 42\%+0.007\ 3\%+0.007\%+0.003\%=0.02\%\end{aligned}$$

（六）实际工程应用情况

国内部分串补工程电容器设计参数示例见表6-5。

表6-5　国内部分串补工程电容器设计参数示例

串补站名称	贺州	通榆	沽源	平果	河池	奉节	百色	忻都	桂林	玉林
额定电流（A）	2400	2700	3000	2000	2400	2400	2700	2700	3000	2400
额定容抗（Ω/相）	22.57	16.34	24.57	29.2	27.54	35.3	30.61	13.6	15.4	16.55
额定容量（Mvar/三相）	390	358	663.39	350.4	476	610	670	297.44	415	286

续表

串补站名称	贺州	通榆	沽源	平果	河池	奉节	百色	忻都	桂林	玉林
额定电容（μF/相）	141.03	194.8	129.55	109	115.6	90.17	104	234.05	206.7	192.33
额定电压（kV/相）	54.2	44.17	73.71	58.4	66.1	84.72	82.6	36.72	46.2	39.7
电容器单元总串联数	8	8	12	8	10	6	8	7	12	6
电容器单元总并联数	48	28	32	22	22	80	84	22	28	22
补偿度（%）	40	40	40	35	48	35	50	35	25	42
过电压保护水平	2.3	2.14	2.3	2.3	2.37	2.3	2.3	2.3	2.3	2.37
接线方式	分支形	H 形	H 形	H 形	H 形	分支形	分支形	H 形	H 形	H 形
单元的额定电压（kV）	6.78	5.521	6.143	7.3	6.615	14.12	10.331	5.246	3.85	6.615
单元的额定容量（kvar）	339	533	576	859	722	424	332.06	644	412	722
单元的额定电容（μF）	23.49	55.66	48.59	51.299	52.68	6.76	9.91	74.47	88.59	52.68
单元内元件串联数	4	3	3	4	3	2	6	3	2	3
单元内元件并联数	9	17	19	16	18	8	2	18	28	18
熔丝形式	无熔丝	内熔丝	内熔丝	内熔丝	内熔丝	无熔丝	无熔丝	内熔丝	内熔丝	内熔丝

第二节　金属氧化物限压器

一、一般技术要求

金属氧化物限压器（metal oxide varistor，MOV）是串联电容器组的主保护元件，并联在串联电容器组两端，在线路故障或非正常运行情况下，防止过电压直接作用在电容器上，以保护串联电容器组。一般技术要求如下：

（1）MOV 单元由非线性金属氧化物电阻片串联组成的电阻片柱、单柱或多柱并联密封在瓷外套或复合外套内构成，多个 MOV 单元匹配后并联构成 MOV

组，以满足吸收能量的要求；

（2）MOV 应能承受串补装置正常及过负荷运行条件下的电压，其过电压水平要考虑串联电容组在电力系统各种故障条件下出现的最高峰值电压；

（3）MOV 的能耗计算应考虑系统发生区内和区外故障以及故障后线路摇摆电流流过串补装置过程中 MOV 积累的能量，还应当计及线路保护的动作时间与重合闸时间对 MOV 能量积累的影响；

（4）每柱 MOV 的伏安特性应一致，以保证电流平衡分布，同相每柱 MOV 之间的不平衡系数不应超过 10%；

（5）为保证所有 MOV 始终具有相同的特性和寿命，MOV 热备用的容量裕度不应少于 10%，按每相 1～3 个 MOV 单元配置；

（6）MOV 应配置压力释放装置，以释放由于 MOV 电阻片故障所产生的内部压力，避免引起外壳爆裂，大电流压力释放能力不低于 63kA/0.2s；

（7）MOV 的技术要求应参考 GB/T 6115.2《电力系统用串联电容器 第 2 部分：串联电容器组用保护设备》、GB/T 34869《串联补偿装置电容器组保护用金属氧化物限压器》相关内容。

二、主要技术参数

（一）MOV 额定电压

MOV 额定电压 U_r 是施加到 MOV 端子间的最大允许工频电压有效值，一般情况下，等于或大于电容器组流过摇摆电流和紧急过负荷电流时 MOV 两端暂态过电压的较大值。MOV 额定电压在工程上一般取接近 10s 摇摆电流时的电压值，按下式计算：

$$U_r = 0.95 \times 1.8 \times I_N \times X_N \tag{6-6}$$

式中 U_r——MOV 的额定电压，kV；

I_N——电容器的额定电流，kA；

X_N——电容器的额定电抗，Ω/相。

（二）MOV 的持续运行电压

MOV 持续运行电压 U_{cov} 是允许持久地施加在 MOV 端子间的工频电压的有效值，一般情况下，等于或大于电容器组紧急情况下流过过负荷电流时 MOV 两端的工频电压。

（三）保护水平

保护水平是指在旁路间隙动作前的瞬间或动作过程中，或在规定的暂态电流流过 MOV 时，出现在串联电容器组上的工频电压的最大峰值，即电力系统发生故障期间出现在过电压保护装置上的工频电压的最大峰值。过电压保护装置的典型保护水平在 2.0～2.5 倍标幺值，工程上一般在 2.3 倍标幺值左右。串补装置的保护水平的电压值与电容器额定电压之间关系满足：

$$U_{pl}=(pu)U_N\sqrt{2} \tag{6-7}$$

式中 U_{pl}——保护水平的电压峰值，kV；

U_N——电容器额定电压，kV；

pu——保护水平的标幺值。

（四）伏安特性曲线

MOV 的非线性伏安特性曲线是 MOV 能耗计算的基本输入条件，曲线拟合的精准度直接影响 MOV 能耗计算结果的准确性。

伏安特性曲线的拟合方式为：根据单电阻片的伏安特性曲线及其相对应的拟合点数据，进行串、并联组合来形成 MOV 伏安特性曲线，单电阻片伏安特性曲线中的电压值乘以串联数得到总的电压值，其对应的电流值乘以并联数得到总的电流值，用总的电压值及电流值拟合出 MOV 的伏安特性曲线。

某工程串补装置 MOV 的单电阻片及拟合后的 MOV 伏安特性曲线示例如图 6-10 和图 6-11 所示。

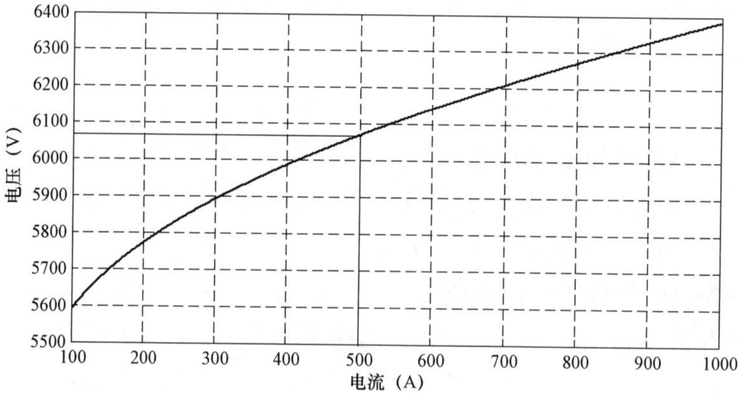

图 6-10　单电阻片伏安特性曲线

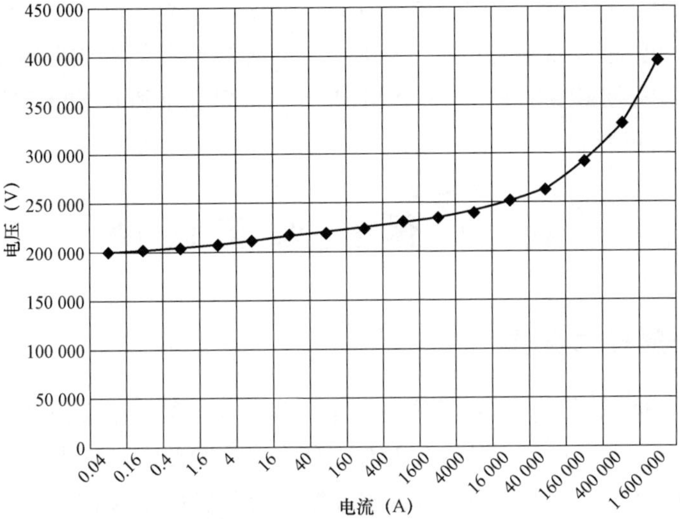

图 6－11 MOV 伏安特性曲线

（五）MOV 能耗计算

（1）MOV 的能耗计算应考虑系统发生区内和区外故障以及故障后线路摇摆电流流过 MOV 过程中积累的能量，还应当计及线路保护的动作时间与重合闸时间对 MOV 能量积累的影响。

（2）计算区外各种类型故障及故障后摇摆过程中流过 MOV 的最大电流和吸收能量，从而确定火花间隙的触发条件。

（3）计算区内各种类型故障及其过程中 MOV 的最大电流和吸收能量，从而校核电容器的过电压水平是否在 MOV 的保护水平之内。

（4）在发生区内故障时，串补装置的控制保护系统根据 MOV 的电流、能量、能量上升速度以及温度等信号启动火花间隙与旁路开关动作以旁路电容器，TCSC 的控制保护系统除采取上述措施外，还会启动晶闸管旁路串联电容器模式。在确定 MOV 能量值与相关技术参数时，应计及上述控制措施的影响。

（5）根据区外和区内故障下的计算值，确定 MOV 的最大电流和吸收能量。考虑到 MOV 电阻片在制造和装配过程中，环境温度、测量误差、不平衡电流、利用率等因素对 MOV 容量值的影响，MOV 容量应在理论计算值的基础上，考虑一定的裕度。根据工程经验，温度系数取 10%～15%、测量误差取 5%、不平衡系数取 10%、利用率取 100%。因此，在设计 MOV 装配容量时，应在吸收能量理论计算值的基础上考虑20%～30%的裕度。

（6）MOV 在运行过程中，电阻片有可能损坏，考虑到更换的新电阻片很难保证其特性和性能与现有运行的电阻片一致，则以热备用方式考虑10%的 MOV 冗余容量，按每相最少配置1～3个 MOV 单元，以保证所有 MOV 始终具有相同的特性、性能和寿命。

第三节 保护火花间隙

一、一般技术要求

保护火花间隙采用强制触发型的连续电弧火花间隙，用于在区内故障下，旁路串联电容器组和 MOV，以降低 MOV 吸收能量的要求，防止串联电容器组和 MOV 因过热而损坏。火花间隙作为电容器的后备保护和 MOV 的主保护，是重要的过电压保护装置。

一般技术要求如下：

（1）火花间隙的性能应与工程远景年最大故障电流、故障最长切除时间、电容器最大放电电流以及保护水平相适应。

（2）火花间隙的触发动作不应受温度、湿度、大气压力、电磁干扰等外界环境因素的影响，在拉合隔离开关时不应误触发。

（3）每个间隙应配备两套完全独立的间隙触发回路，设一套典型的间隙定值。为适应不同的运行工况，满足不同的保护整定值和故障情况，火花间隙的距离应可调。

（4）火花间隙应能够可靠动作，启动间隙保护动作时间、信号传输时间、触发回路触发间隙击穿时间的总和不大于1.0ms。

（5）火花间隙的故障电流承载能力应满足在持续时间500ms的63kA工频电流通过间隙1次后，或者在200ms的63kA工频电流通过间隙5次后，电极没有明显烧损。

（6）火花间隙的绝缘恢复性能应满足通过50ms的63kA故障电流后，间隔500ms，间隙应至少能耐受1.8倍的间隙的运行电压。

（7）保护火花间隙的技术要求应参考GB/T 6115.2《电力系统用串联电容器 第2部分：串联电容器组用保护设备》、DL/T 1295《串联补偿装置用火花间隙》相关内容。

二、主要技术参数

（一）工作原理

下面以单间隙为例说明保护火花间隙的工作原理，双间隙与之类似。单间隙由主间隙 G1、G2、均压电容器 C1、C2、密封间隙 TRIG、限流电阻器 R 以及脉冲变压器 T1、T2 构成，其原理接线如图 6－12 所示。

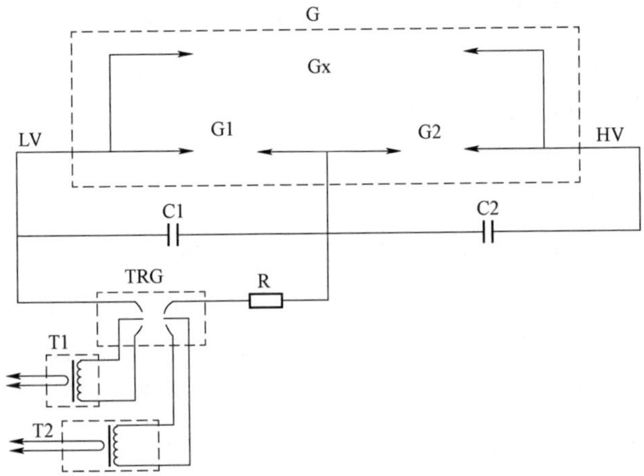

图 6－12 单间隙原理接线图

在串补装置以额定值正常运行时，两个串联连接的主间隙（G1、G2）各承担电容器组额定电压值的一半。线路故障时，由 MOV 将电容器组的电压限制在过电压保护水平，在未接收到触发命令前，两个串联的主间隙（G1 和 G2）各承担过电压保护水平值的一半。

当间隙的控制电路接收到触发信号后，触发控制系统同时向脉冲变压器 T1 和 T2 的初级绕组发出脉冲电流。通过感应，在脉冲变压器的二次绕组将产生高压脉冲，并通过绝缘电缆将此高压脉冲送往密封间隙 TRG 两球面电极上的火花塞，使火花塞放电。火花塞的放电火花将促使密封间隙迅速放电。

密封间隙 TRG 放电后，均压电容器 C1 将通过限流电阻泄放电荷，导致闪络间隙 G1 的过电压迅速降低，而闪络间隙 G2 的过电压迅速升高，达到自放电电压时，G2 将出现自放电。G2 的自放电又将导致 G1 的过电压迅速升高而出现自放电。G1 和 G2 均放电后使得串补电容器组旁路。

（二）触发动作原则

火花间隙动作的基本要求：区外故障不动作，区内故障动作。

区内故障时，火花间隙有以下四种触发启动方式：

（1）MOV 放电电流超过限定值；

（2）MOV 累积吸收能量超过限定值；

（3）MOV 的温度超过限定值；

（4）MOV 吸收能量的速度（dE/dt）超过限定值。

为了降低火花间隙在区外故障过程中的误触发概率，火花间隙触发条件中的MOV吸收能量限定值应大于区外故障及其后摇摆过程中MOV吸收的最大能量，触发条件中的放电电流限定值大于各种区外故障情况下流过 MOV 的最大电流。

（三）间隙的自放电电压

为使火花间隙能够安全运行、不误触发，火花间隙在工频电压下无触发时的自放电电压应高于 MOV 过电压保护水平，且安全裕度不低于 1.1。自放电电压的取值留有适当安全裕度：一是为了减小误放电的危险，间隙自放电电压受气压、温度、电压波形等影响而会有所变化；二是为了间隙在流过故障电流，旁路开关闭合后，迅速去游离，恢复介质强度。

（四）间隙的触发允许电压

火花间隙的触发允许电压和自放电电压相关，前者随后者的增减而增减。为了使强制触发成功，触发允许电压应更低一些，但受到间隙的自放电电压的牵制，一般自放电电压与触发允许电压的比值不大于 1.8。

在确定触发允许电压时，需要兼顾考虑躲开电容器的摇摆电流，保证电容器通过摇摆电流时不动作，同时还要降低串补线路两端断路器的暂态恢复电压。由于串补线路一般采用线路保护动作联动旁路串补装置的措施，即线路两端断路器跳闸清除接地故障前，触发火花间隙，同时合闸旁路开关，因此，火花间隙的触发允许电压应与线路断路器恢复电压相匹配，应不大于 1.8 倍标幺值。

（五）间隙的放电电流承载能力

火花间隙应具备耐受规定电流峰值的放电电流承载能力。火花间隙的最大放电电流为最大工频故障电流和电容器高频放电电流瞬时值的叠加，可根据仿真计算中区内故障的统计结果得到。

第四节 限流阻尼设备

一、一般技术要求

限流阻尼设备的作用是当火花间隙动作或旁路开关合闸时，限制串联电容器组的放电电流和系统故障电流的幅值和频率，减少放电过程对电容器、旁路开关和火花间隙的影响，同时释放电容器组残余电荷，避免残余电荷对线路断路器恢复电压、操作过电压、线路潜供电流以及对系统的过电压产生不利的影响。

限流阻尼设备的主体设备是限流电抗器和阻尼电阻器。限流电抗器，用于限制电容器组放电电流和系统故障电流的幅值和频率。阻尼电阻器，用于吸收电容器组放电能量，加快放电电流的衰减速度。

一般技术要求如下：

（1）电抗器为单相、干式空心、自冷型；

（2）电抗器电感值允许偏差不超过±5%，75℃时额定电流下损耗不超5%；

（3）电阻器为单相、空气绝缘、自冷型；

（4）电阻器电阻值允许偏差不超过±5%；

（5）电阻器及其附件封装在防爆型瓷套内，瓷套充干燥氮气并密封；

（6）限流阻尼设备的技术要求应参考 GB/T 6115.2《电力系统用串联电容器 第 2 部分：串联电容器组用保护设备》相关内容。

二、技术参数及选型

（一）设备接线

限流阻尼设备接线有以下四种类型，如图 6－13 所示。

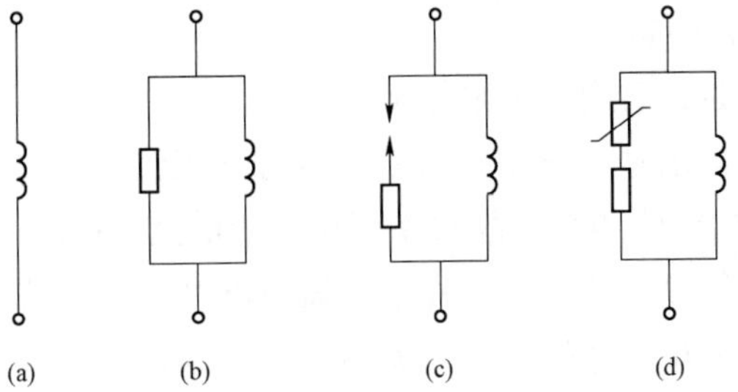

图 6－13 限流阻尼设备接线示意图

（a）电抗型；（b）电抗并联电阻型；（c）电抗并联电阻带串联间隙型；（d）电抗并联电阻带串联 MOV 型

不同类型接线的限流阻尼设备的特点如下：

（1）电抗型。阻尼回路由单台电抗器构成，该电抗器的品质因数比较低，可以加速放电电流的衰减。这种类型的阻尼装置结构简单、造价低，但放电电流衰减缓慢，当系统短路电流较大时，电抗器需要吸收的能量较大。

（2）电抗并联电阻型。阻尼电路由空心电抗并联电阻器构成，其特点是放电电流衰减特性比较好，但长时间运行时，电阻器的损耗较大，对电阻的热容量要求较高。

（3）电抗并联电阻带串联间隙型。阻尼回路由空心电抗器与带间隙的电阻器并联构成，其特点是电容器放电时，间隙被击穿，并联电阻器接入放电回路，其电流衰减特性比较好，同时避免线路电流流过线性电阻引起的损耗。

（4）电抗并联电阻带串联 MOV 型。阻尼回路由空心电抗器与带 MOV 的电阻器并联构成。与前三种类型相比，该类型阻尼装置的电阻器热容量进一步减小，从而尺寸和质量更小。

目前国内串补工程主要采用电抗并联电阻带串联间隙型和电抗并联电阻带串联 MOV 型两种方式。

电抗并联电阻带串联间隙型，可避免电阻持续吸收能量，其串联间隙应能耐受线路正常和过负荷工频电流在电抗器上产生的电压降。当旁路开关和火花间隙动作时，串联间隙动作投入电阻，阻尼高频振荡；放电结束后，串联间隙熄弧，切除电阻。该方式的特点是电容器高频放电电流通过阻尼电阻器迅速衰减，而随后的工频故障电流只流过电抗器。

电抗并联电阻带串联 MOV 型，其特点与带串联间隙型类似。MOV 的额定电压应高于线路正常和过负荷工频电流在电抗器上产生的电压降。MOV 相对间隙更不易受到环境条件的影响。相对来讲，电抗并联电阻带串联 MOV 型更适用于系统短路电流和电容器组容量都较大的情况。

（二）设备参数确定条件

限流阻尼设备的参数确定原则如下：

（1）限制电容器的放电电流，使其峰值放电电流不超过电容器额定电流的 100 倍，放电电流的幅值和频率的乘积不超过 100kA·kHz。

（2）限制最大的线路故障电流与电容器组高频放电电流之和低于 170kA，使得通过旁路开关和火花间隙的关合电流小于其允许值。

（3）对衰减速率要求为：电容器放电电流第二个周波幅值衰减到第一个周波同极性幅值的 50%以内，电容器放电电流在 4ms 内衰减到第一个周波幅值的 10%。

（4）限流阻尼设备应能承受线路额定电流和过负荷电流，在串联电容器组被旁路后，还应能耐受线路故障电流和电容器组的放电电流的共同作用，具有良好的动、热稳定性。

（5）与电阻器串联的间隙和 MOV 应满足，间隙的通流能力以及 MOV 的吸收能量达到在保护水平下连续两次放电的要求。

第五节 电 流 互 感 器

一、一般技术要求

电流互感器是用于保护和测量的主要设备。电流互感器采用光信号输出技术，绝缘平台上的电子设备将电流互感器测定的电信号转换为数字光信号，通过光纤传送到地面的接线箱内，并继续通过光纤电缆将光信号传送到控制室/就地继电器室的保护和控制设备。反之，触发控制信号经光纤传送到绝缘平台，经电光转换后传送到平台上的火花间隙和晶闸管阀（仅对可控串补），用于将其触发。电流互感器主要对以下电流量进行测量：

（1）线路电流；

（2）电容器组电流；

（3）电容器组不平衡电流；

（4）MOV 电流；

（5）火花间隙电流；

（6）平台电流；

（7）阀控支路电流（仅对于可控串补）。

同时，电流互感器也可以为装设在串补平台上的保护和控制设备提供辅助供电电源。

电流互感器的技术要求应参考 GB/T 6115.2《电力系统用串联电容器 第 2 部分：串联电容器组用保护设备》、GB1208《电流互感器》相关内容。

二、主要技术参数

装于串补平台上的电流互感器的技术参数要求如下：

（1）各支路电流互感器的参数及配置应满足串补保护、测量、监视的要求，能精确测量串补装置运行时的动态电流值，并考虑正常电流与故障电流和放电电流值的差异；

（2）电流互感器应能承受线路故障电流和电容器组放电产生的冲击电流的共同作用；

（3）测量用电流互感器的精度不宜低于 0.2 级；

（4）保护用电流互感器的精度不宜低于 5P；

（5）取能用电流互感器的精度不宜低于 5P；

（6）对电容器组采用 H 形接线的不平衡电流互感器，测量精度还应与保护灵敏度相匹配；

（7）对电容器组采用分支形接线的电流互感器，还应考虑一致性；

（8）取能用电流互感器的额定输出的标准值应确保在规定条件下满足能量供给的要求。

第六节　晶　闸　管　阀

一、一般技术要求

晶闸管阀用于可控串补装置，晶闸管阀与阀控电抗器串联后并联接入主电容器电路中，通过对晶闸管阀回路进行电流的相角控制，使该受控电流注入到电容器回路中，实现系统的容抗可调和串补装置容量的可控。晶闸管阀由反向并联的阀组件串联构成，包括散热器、均压和保护电路、触发和取能电路、控制和监视信号通道等附件。一般技术要求如下：

（1）晶闸管阀应根据系统故障和操作引起的最大过电压和过电流进行设计；

（2）在正常额定电流和短时过负荷下，晶闸管阀应能实现全相角可控；

（3）晶闸管阀的两端采用 MOV 或其他保护装置实现过电压保护；

（4）晶闸管阀的结构设计，应方便对其近距离巡视、日常维护、故障处理与元件更换；

（5）晶闸管阀应安装在串补平台上并封闭在外壳内，外壳的设计应考虑绝缘配合、环境条件和可维护性；

（6）晶闸管阀的外壳上必须有通风口，通风口上设置必要的护板，以防昆虫进入，防止灰尘和污物造成的内部污染；

（7）晶闸管电压分布具有不均匀性，应确保串联晶闸管级的最小冗余数为 1；

（8）晶闸管阀应配有连续监视系统，以检测发生故障的晶闸管阀并指示各故障及其在阀中的位置，当检测出发生故障的晶闸管数量超过冗余数，则TCSC将被旁路开关旁路；

（9）晶闸管阀具有正常触发和强制触发两个独立的触发系统，并具备防止或耐受误通冲击的能力；

（10）晶闸管阀应设置动态均压与静态均压回路；

（11）晶闸管阀的技术要求应参考GB/T 6115.4《电力系统用串联电容器　第4部分：晶闸管控制的串联电容器》、GB/T 15291《半导体器件　第6部分：晶闸管》相关内容。

二、主要技术参数

（一）通流设计能力

1. 一般原则

晶闸管阀通流能力的要求，应综合考虑容性提升模式和旁路模式，保证在不同负荷水平与故障类型下，晶闸管阀的结温处于允许的范围之内。

2. 区内故障对通流能力的要求

在设计中应确保晶闸管阀能够承受各种故障类型下的线路电流。如果在发生线路故障的过程中导通，则晶闸管阀应能够同时承受线路故障电流和电容器放电电流的双重考验。晶闸管阀的性能要求与具体设计方案有关：

（1）当线路故障时用晶闸管阀旁路电容器组。设计时应确保晶闸管阀在故障发生后可靠地进入并维持在旁通模式，即故障期间晶闸管阀持续导通，并能够在旁路开关合闸前承受故障电流的冲击。处于导通状态时的晶闸管阀能够承受的最大涌流是由其能够承受的最高结温所决定的，应确保系统故障发生最严重过载的情况下，晶闸管的结温仍然不超过允许值。

（2）当线路故障时用火花间隙旁路电容器组。在设计中应确保晶闸管阀能够承受持续半个工频周期的故障电流。为可靠触发旁路间隙，晶闸管阀应能承受相应电压和电流的作用，使得串联电容器电压上升至可靠触发旁路间隙的水平。通过晶闸管阀的涌流应限定在相应水平之下，以确保可在晶闸管两端施加反向阻断电压。

3. 区外故障对通流能力的要求

区外故障会导致线路电流超出TCSC正常运行范围，在故障期间通过晶闸管阀旁路串联电容器组，当线路电流下降到TCSC正常运行范围后应尽快将其重投。晶闸管阀的设计，应确保晶闸管阀能够承受故障持续时间的旁路电流，且在电力系统故障清除后晶闸管结温不超过允许值，以实现 TCSC 的快速重投。还应注意，晶闸管阀触发旁路时除承受线路的故障电流之外，还要承受串联电容器组的放电电流。

（二）耐压能力设计

1. 一般原则

低频振荡 POD 和次同步谐振 SSR TCSC 的运行曲线如图 6-14 所示，由图可得到晶闸管阀在 TCSC 处于连续运行、短时过载以及暂态过载状态时所承受的电流、电压水平。在闭锁状态下，晶闸管阀承受的电压是耐压能力设计中重要的参考依据，由于 MOV 的保护作用，晶闸管阀在闭锁状态下两端电压不超过保护水平 U_{PL}。U_{PL} 通常为电容器在连续运行状态下电压峰值的 2.0～2.5 倍，在对电容器短时过负荷或暂态过负荷能力的要求较高时，U_{PL} 会相应提高。

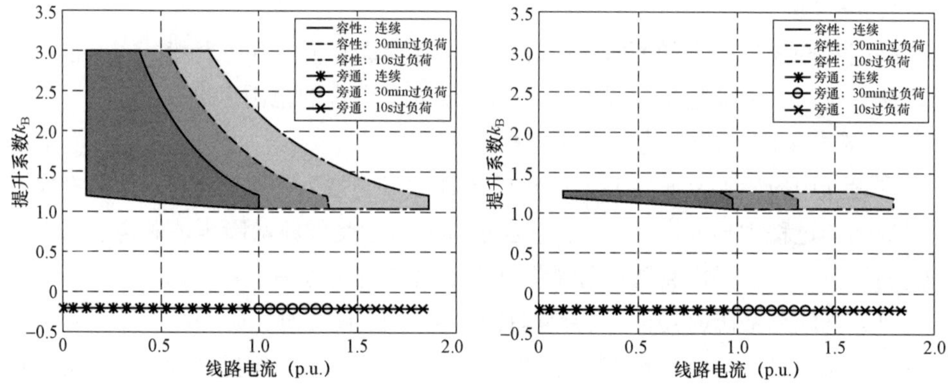

(a) (b)

图 6-14　低频振荡 POD 和次同步谐振 SSR TCSC 的运行曲线图

（a）低频振荡 POD；（b）次同步谐振 SSR

晶闸管阀在关断时所承受的电压过冲也是设计晶闸管阀耐压水平的重要考虑因素。TCSC 运行在容性提升模式下的晶闸管阀电压随电角度变化的波形图如图 6-15 所示，晶闸管阀所承受的电压过冲主要取决于其关断时刻的电流变化率和阀控电抗器的电感值。

TCSC 处于连续运行、短时过负荷和暂态过负荷区域时，分别对应串联电容器不同的耐压水平。对于给定的串联电容器耐压水平，晶闸管的关断电压最大值出现在提升系数最大的运行点上。在晶闸管阀设计中，应确定晶闸管阀的最大关断电压，其值应大于 TCSC 在其运行范围内任意运行点的稳态关断电压。在控制器的设计中，应当避免产生导致关断电压超过最大关断电压的控制命令。

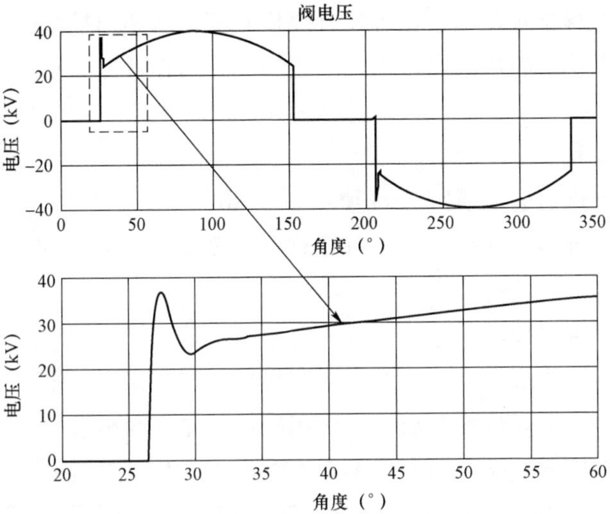

图 6－15　TCSC 运行在容性提升模式下的晶闸管阀电压随电角度变化的波形图

2. 正常运行时晶闸管阀电压

按上述原则确定晶闸管阀关断电压的最大值是晶闸管阀耐压能力设计的基础。选择晶闸管的级数与电压额定值时，应考虑下列因素：

（1）计及关断电压过冲在内的晶闸管阀承受的最高电压水平；

（2）串联晶闸管级间的均压设计；

（3）晶闸管级冗余配置。

3. 故障时晶闸管阀电压

由于火花间隙导通时需要较大的闪络电压，因此，当 TCSC 采用旁路间隙进行过电压保护时，应考虑晶闸管阀通过涌流之后的电压耐受能力。如果保护系统采用旁路开关的连续旁路方案，则对晶闸管阀通过涌流之后的电压耐受能力没有特殊要求。

第七节　阀 控 电 抗 器

一、一般技术要求

阀控电抗器与晶闸管阀串联，由晶闸管阀控制其通过的电流，跨接在电容器组两端，在电容器组上叠加一个可控的附加电流，实现对 TCSC 等效基波容抗的控制。一般技术要求如下：

（1）阀控电抗器应在电容器容抗升高模式下，与相角控制的要求相匹配；

（2）阀控电抗器的额定电流应计及工频分量与谐波分量；

（3）阀控电抗器容量的确定应综合考虑 TCSC 的运行特性曲线、谐波电流和过负荷能力等因素；

（4）阀控电抗器的品质因数 Q 值不小于 80；

（5）阀控电抗器的感抗偏差，每相总电抗值偏差应小于 3%，三相之间偏差应小于 2%；

（6）阀控电抗器采用单相、干式、空心型，适用于户外安装；

（7）阀控电抗器端子间的绝缘水平应根据 TCSC 保护水平确定；

（8）对噪声水平有特殊要求时，应明确最大允许噪声水平；

（9）阀控电抗器的技术要求应参考 GB/T 6115.4《电力系统用串联电容器 第 4 部分：晶闸管控制的串联电容器》、GB/T 1094.6《电力变压器 第 6 部分：电抗器》相关内容。

二、主要技术参数

（一）电感值

阀控电抗器的电感值应避免 TCSC 在旁路模式时出现工频、二次及三次等高次谐波谐振。一般可取 LC 回路的自振频率 $f_0=\dfrac{1}{2\pi\sqrt{LC}}$ =（2.3～2.7）×50Hz。

为灵活调节 TCSC 的等值容抗，提高系统的稳定性，TCSC 等值容抗随晶闸管阀触发角变化的斜率应控制在合理范围内，以避免控制调节过程中等效基波容抗的剧烈波动。

（二）耐受电流值

阀控电抗器应能承受各种工作和故障情况下可能出现的最大峰值电流。在故障情况下，利用晶闸管旁路电容器时，阀控电抗器应能承受电容器的放电电流和线路故障电流的共同作用，并有足够的动、热稳定性。

第八节　绝缘子和光纤柱

一、一般技术要求

串补装置中的绝缘子包括地面上支撑串补平台用的支柱绝缘子、斜拉绝缘子，以及串补平台上支撑导线用的支持绝缘子。

光纤柱的用途是将地面的控制信号以及光能量送到串补平台上，并将串补平台上测到的信号送到地面的控制柜中，起到地面控制柜与高压平台之间的测控信息和能量的传递通路作用。

一般技术要求如下：

（1）绝缘子应按爬电距离、机械荷载等技术条件进行选择和设计；

（2）支柱绝缘子宜采用大小伞结构，最小抗压强度为600～1200kN；

（3）斜拉绝缘子的最小失效荷载拉力为300～600kN；

（4）光纤柱采用复合型外绝缘，垂直悬吊安装于串补平台；

（5）光缆与光纤柱应采用熔接的方式进行连接，以降低光损耗，提高装置的可靠性。

（6）绝缘子和光纤柱的技术要求应参考GB/T 6115.2《电力系统用串联电容器 第2部分：串联电容器组用保护设备》相关内容。

二、主要技术参数

绝缘子和光纤柱的技术参数要求如下：

（1）支柱绝缘子和斜拉绝缘子的机械特性应能满足各种工况下串补平台荷载的要求；

（2）支柱绝缘子和斜拉绝缘子的额定电压跟线路额定电压水平一致；

（3）支持绝缘子的额定电压及绝缘水平，根据设备所处的平台的位置，经过绝缘配合计算确定；

（4）送能光纤和数据光纤宜选用多模通信光纤，以降低光缆和光纤柱的制造成本；

（5）光纤数的冗余度不应低于100%；

（6）光纤两端之间的光损耗不应大于0.5dB。

第九节 旁 路 开 关

一、一般技术要求

旁路开关作为电容器组的过电压保护设备，用于在正常或事故情况下将电容器组旁路或重新投入，同时也为火花间隙灭弧及去游离提供必要条件。

一般技术要求如下：

（1）旁路开关宜选用瓷柱式；

（2）旁路开关具有在正常或事故时短接电容器组的过电压保护装置以及重新投入电容器组的能力，并要求熄弧后不应重燃；

（3）在系统正常运行和故障情况下，当旁路开关处于分闸位置时，断口间电压达到串补装置最大保护水平时，不应发生闪络；

（4）旁路开关的合闸时间应与火花间隙性能相匹配，同时满足线路保护动作联动旁路串补装置的要求，一般要求小于 50ms 甚至更短到 30ms；

（5）旁路开关应具有较高的分、合闸可靠性，能实现快速自动重分闸及防止分闸跳跃，操动机构具有两个独立的电动合闸回路和两个独立的合闸线圈；

（6）旁路开关的操作顺序宜为 C—0.3s—OC—3min—OC，其中，C 表示一次合闸操作，OC 表示一次分闸操作后立即进行合闸操作；

（7）旁路开关的技术要求应参考 GB/T 6115.2《电力系统用串联电容器 第 2 部分：串联电容器组用保护设备》、GB/T 28565《高压交流串联电容器用旁路开关》相关内容。

二、主要技术参数

与常规断路器不同，旁路开关用于投切电容器组，不开断线路的故障电流，只在合闸状态开断线路的负荷电流以投入电容器组，开断容量要求较低；但应耐受线路的短路电流和关合各种工况下的流过旁路开关的电流，关合能力要求较高。

旁路开关参数计算原则如下：

（1）额定电流按线路的额定工作电流选取。

（2）额定对地电压按系统电压选取。

（3）额定断口间电压由电容器的端电压决定。

（4）额定短时耐受电流根据系统短路水平确定。

（5）额定断口间绝缘水平由电容器的过电压保护水平决定。

（6）额定旁路关合电流：在系统正常情况下，旁路关合电流为线路负荷电流与电容器组放电电流之和；在系统故障情况下，若发生区内短路，当火花间隙正常动作，旁路关合电流不超过系统短路冲击电流；若间隙不动作，旁路关合电流为电容器组极限电压下通过阻尼装置的放电电流与系统短路电流的叠加。

第十节 隔 离 开 关

一、一般技术要求

串联隔离开关和旁路隔离开关，用于隔离和旁路串补装置，实现串补装置在检修和故障时的投运和退出，同时保证线路的连续供电。

一般技术要求如下：

（1）隔离开关选用水平伸缩型式结构；

（2）串联隔离开关的平台侧应装设接地开关，以便于对串补平台及设备进行检修和维护；

（3）旁路隔离开关的线路侧是否装设接地开关，应结合运行单位的习惯和要求来确定，当旁路隔离开关装有接地开关，只有在检测到线路无电压时，才能将该接地开关合上，且当接地开关合上时，该线路处于停运状态；

（4）旁路隔离开关应具有足够的转换电流开合能力；

（5）隔离开关的技术要求应参考 GB/T 6115.2《电力系统用串联电容器 第 2 部分：串联电容器组用保护设备》相关内容。

二、主要技术参数

（一）隔离开关的使用条件

串联隔离开关和旁路隔离开关的主要用于串联电容器组的投入和退出。串联电容器组投入运行时，旁路开关断开、旁路隔离开关断开、串联隔离开关闭合，串联电容器组通过线路电流。串联电容器组退出运行时，旁路开关闭合，旁路隔离开关闭合，串联隔离开关断开，旁路隔离开关通过线路电流。

1. 电容器投入运行

串联电容器组从检修状态到投入运行状态的操作顺序如下：

（1）串联电容器组处于检修状态，旁路隔离开关 G1 在合位，旁路开关 QF1 在合位，串联隔离开关 G2、G3 在分位，接地开关 G5、G6 在合位，平台不带电，如图 6－16（a）所示。

（2）分串联隔离开关接地开关 G5、G6，如图 6－16（b）所示。

（3）合串联隔离开关 G2、G3，如图 6－16（c）所示。

（4）旁路开关 QF1 分闸，分旁路隔离开关 G1，电容器组投入运行，如

图6-16（d）所示。

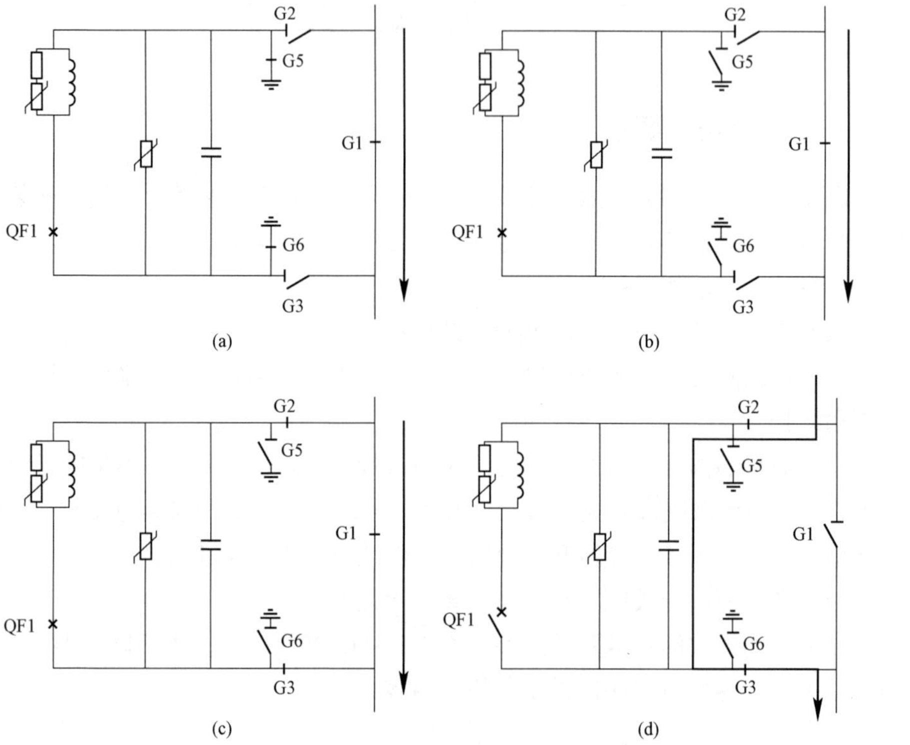

图6-16　串补投入运行操作顺序示意图

（a）检修状态；（b）分接接地开关；（c）合串联隔离开关；（d）旁路开关分闸

2. 电容器退出运行

在区内故障下，串联电容器组从正常运行状态到退出运行状态的动作顺序如下：

（1）串补处于正常运行状态。旁路隔离开关G1在分位，旁路开关QF1在分位，串联隔离开关G2、G3在合位，接地开关G5、G6在分位，平台带电，如图6-17（a）所示。

（2）线路区内故障，MOV动作，如图6-17（b）所示。

（3）火花间隙触发导通，如图6-17（c）所示。

（4）旁路开关快速合闸，电容器退出运行，如图6-17（d）所示。

（5）合旁路隔离开关G1，分串联隔离开关G2、G3，合接地开关G5、G6，如图6-17（e）所示。

（二）隔离开关的参数计算

隔离开关主要参数计算原则如下：

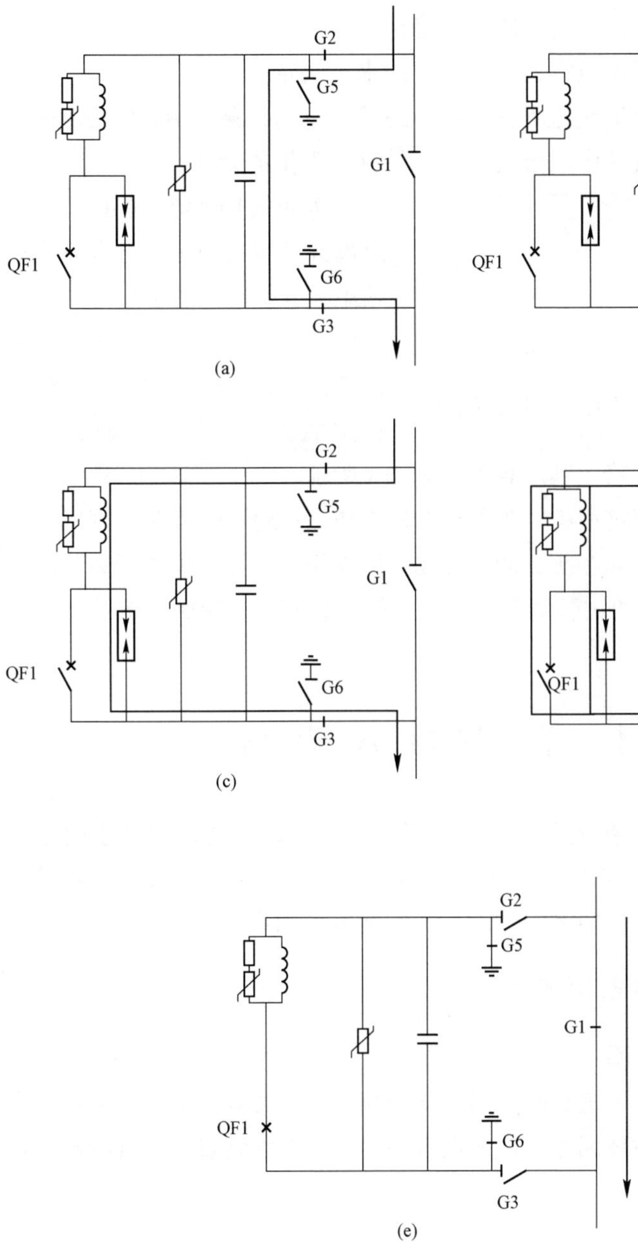

图 6－17　串补退出运行动作顺序示意图

（a）正常运行；（b）MOV 动作；（c）火花间隙导通；（d）旁路开关合闸；（e）退出运行

（1）额定电流按线路的额定工作电流选取；

（2）额定电压按系统电压选取；

（3）短时耐受电流根据系统短路水平确定；

（4）断口的耐受电压由电容器的最大保护水平决定；

（5）转换电流不低于串联电容器组被旁路情况下的线路电流，转换电压不低于转换电流与限流阻尼设备中的限流电抗器的额定阻抗的乘积。

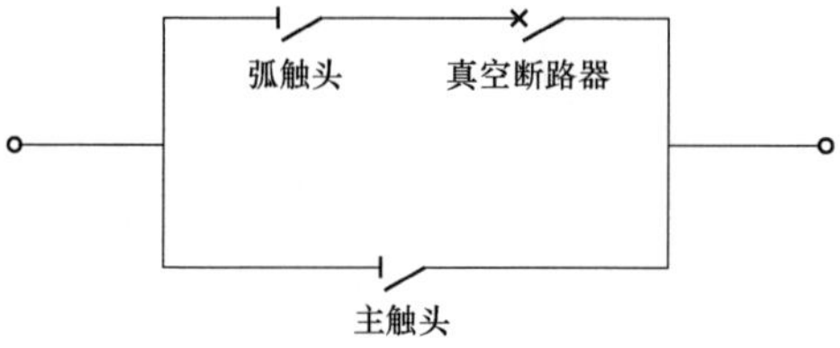

图 6－18　1000kV 旁路隔离开关并联支路示意图

例如，1000kV 串补工程旁路隔离开关转换电流开合要求为：转换电流 6300A、转换电压 7000V（有效值）、开断次数 100 次 C—O 操作循环。为提高转换电流开合能力，在主触头上加装由弧触头和真空断路器串联组成的并联支路，其示意如图 6－18 所示。

在旁路隔离开关合闸过程中，在主导电杆操作下，通过弧触头合闸—真空断路器合闸—主触头合闸—弧触头分闸，完成合闸操作；在旁路隔离开关分闸过程中，在主导电杆操作下，通过弧触头合闸—主触头分闸—真空断路器分闸—弧触头分闸，完成分闸操作。

第十一节　阀冷却设备

阀冷却设备是可控串补装置的一个重要组成部分，其通过冷却水的循环流动，不断吸收晶闸管阀因功率损耗产生的热量，再利用外部冷却设备将热量传递至大气，确保可控串补装置的晶闸管阀在正常温度范围内可靠运行。

一、冷却流程与设备组成

（一）阀冷却工艺流程

目前，国内可控串补装置晶闸管阀冷却系统工艺流程如图 6－19 所示。阀冷却系统主要由冷却水主循环回路、水处理旁路、定压补水装置、空气冷却器，以及相互连接的管路等组成。

1. 主循环回路

冷却水进入晶闸管阀，吸收晶闸管的热量升温后，由主循环泵驱动进入空气冷却器中的换热管束，在换热管束内与空气进行间接换热，降温后的冷却水再返回晶闸管阀，如此周而复始的密闭循环，将晶闸管阀的运行温度维持在设备允许范围内。

2. 水处理旁路

水处理旁路与主循环回路并联，一部分从主循环回路分流出来的冷却水（旁流水）经混合离子交换器处理后，再返回主循环回路，通过对旁流水持续不断地处理，保证冷却水的水质满足晶闸管阀对电导率小于等于 0.5μS/cm 的要求。旁路中的高压氮气瓶经过减压阀与膨胀罐底部连接，通过向膨胀罐底部注入氮气并使之与冷却水混合接触，使溶解在水中的氧气析出并通过膨胀罐顶部的自动排气阀排出，避免溶解氧对阀冷却系统造成氧化腐蚀。

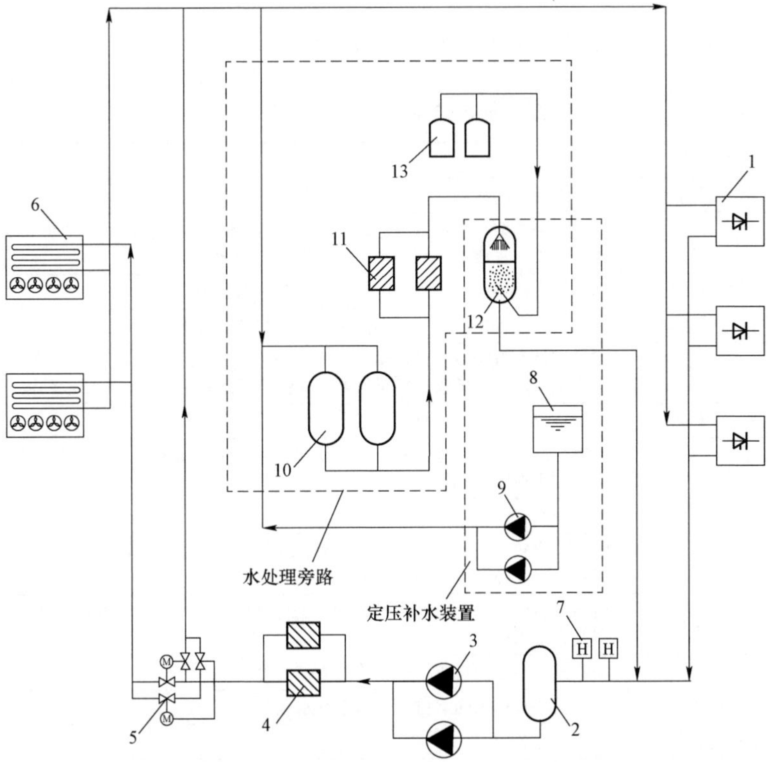

图 6-19　阀冷却系统工艺流程示意图

1—晶闸管阀；2—脱气罐；3—主循环泵；4—过滤器；5—电动三通阀；6—空气冷却器；7—电加热器；8—补水箱；9—补水泵；10—混合离子交换器；11—过滤器；12—膨胀罐；13—氮气瓶

3. 定压补水装置

系统采用带氮气密封的膨胀罐进行定压。当冷却水温度上升，导致体积膨胀、压力增大时，膨胀罐顶部的电磁阀将自动开启，排出一部分氮气使阀冷却系统压力下降；当冷却水温度下降，导致体积缩小、压力降低时，氮气稳压回路的补气电磁阀自动开启，高压氮气瓶向膨胀罐补充氮气使阀冷却系统压力上升，以维持阀冷却系统压力的稳定。

系统补水主要通过监测膨胀罐液位来实现，当液位下降至低水位时，开启补水泵向系统补水，液位上升至高水位时，关泵停止补水。补水过程中膨胀罐压力上升达到设定值时，膨胀罐顶部电磁阀将自动开启，排出一部分氮气而泄压。补充水先进入水处理旁路，经混合离子交换器处理后再进入主循环回路，避免补充的原水引起循环冷却水电导率的波动。

（二）设备组成及作用

阀冷却系统主要设备组成及作用见表 6－6。

表 6－6　　阀冷却系统主要设备组成及作用

序号	设备名称	作用
1	晶闸管阀	冷却水通过阀体内的换热器与晶闸管进行换热
2	脱气罐	降低水中溶解氧含量，预防晶闸管冷却器出现氧化腐蚀，排除系统中残留的气体，避免系统发生管道气阻和振动，影响系统安全运行
3	主循环水泵	为冷却水提供动力，强迫冷却水在阀冷却系统中循环流动
4	主回路过滤器	清除系统运行中产生的污物，防止颗粒状杂质进入晶闸管阀
5	三通调节阀	调节流经空气冷却器的水量和进入系统的旁通水量，以控制晶闸管阀循环冷却水的进水温度，避免低温环境及晶闸管阀低负荷运行时水温过低或波动过大
6	空气冷却器	利用空气将冷却水的热量传递至大气
7	电加热器	对循环冷却水进行加热，保证流进晶闸管阀的冷却水温度不低于露点温度；寒冷地区，防止内冷却水管道冻裂
8	补水箱	贮存原水
9	补水泵	吸取补水箱中的水，加压后送入旁流水回路，经混合阴阳离子交换器处理后进入主循环回路，补充系统的水损失
10	混合离子交换器	对系统旁流水和补充水进行处理，去除水中离子态杂质，维持循环冷却水的电导率在允许范围内
11	过滤器	清除破碎的交换树脂，防止其进入晶闸管阀
12	膨胀罐	吸收受热时膨胀的水量，平衡系统水量及压力
13	氮气瓶	定压、除氧
14	就地控制盘	监控装置运行和循环冷却水的情况，并向串补站控制保护系统发出故障报警信号

晶闸管阀安装在串补平台上。阀冷却装置由安装在公用底座上的冷却设备和就地控制盘构成，其结构如图 6－20 所示。阀冷却装置整体放置在串补平台下方空地上的阀冷却设备间内。空气冷却器靠近阀冷却设备间布置在室外。

二、一般技术要求

每套串补装置应配置独立的阀冷却系统，适应晶闸管阀的各种运行工况，一般要求如下：

（1）阀冷却采用全闭式循环水冷却系统；

（2）主循环水泵、混合离子交换器、主回路过滤器、在线仪表等均按一运一备配置，并可在线检修和更换；

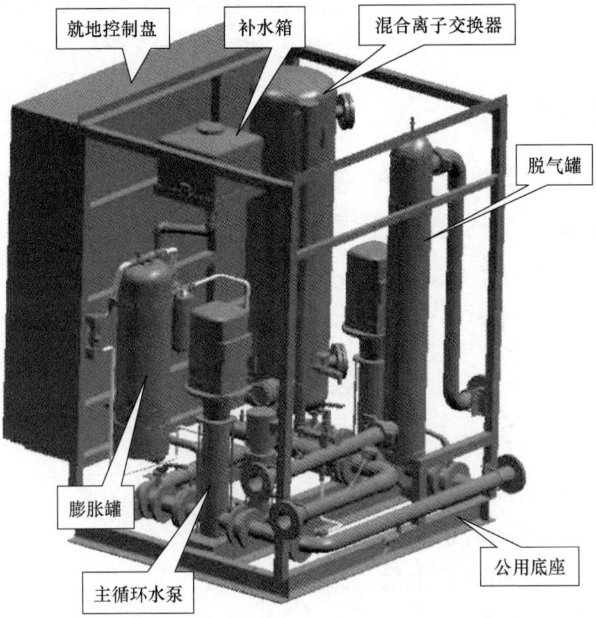

图 6－20 阀冷却装置结构图

（3）主循环水泵应保证冷却水以恒定的流速流过晶闸管阀。两台水泵应自动定期轮流工作，当运行泵故障时，系统应能无扰动切换至备用泵，且其切换时间不大于 0.5s，切换过程中，循环冷却水流量和压力不应低于最低限值；

（4）系统的膨胀罐应具有氮气自动调压、水位检测与低位报警、自动泄水以及防止空气进入水系统等功能；

（5）阀冷却系统管路的设计，应保证其沿程水阻最小，低点应设置事故泄水阀，高点应设置通气设施；补充水管道宜按 4～6h 充满系统设计；

（6）串补平台的冷却水管道，应采用具有良好介电性、耐高温性、耐氧化性、耐候性、耐射线辐射性能的非金属管材；

（7）循环冷却水电导率应小于等于 0.5μS/cm，pH 值为 6.5～8.5，含氧量小于等于 100PPM；旁流水采用混合阴阳离子交换器进行处理，离子交换器出水电导率应小于等于 0.3μS/cm；补充水应采用电导率小于等于 0.5μS/cm 的纯水，并应经混合阴阳离子交换器进行处理后再进入冷却水主回路，补充水设计流量宜为循环水量的 0.5%～1%；

（8）阀冷却设备间的室内温度宜为 5～40℃；寒冷地区阀冷却系统应采取防冻与防结露措施；

（9）阀冷却系统的控制设备，应能监控自身运行和循环冷却水的情况，并与串补站控制保护系统进行可靠通信，发出故障报警信号。

三、参数计算

阀冷却系统的参数计算主要包括循环冷却水流量、旁流水处理流量、循环水系统管道水力计算和空气冷却器计算等。

1. 循环冷却水流量

循环冷却水流量计算为：

$$Q_S = \frac{P_T}{\Delta T \times C} \tag{6-8}$$

式中 Q_S——循环冷却水流量，kg/s；

P_T——阀总散热功耗，由阀厂提供，W；

ΔT——阀冷却水进、出口温度差，K；

C——冷却水的比热常数，J/（kg·K）。

2. 旁流水处理流量

旁流水处理流量按 2h 将系统水容积的水量全部处理一遍确定。

系统水容积按式（6–9）计算：

$$V = V_e + V_r + V_k \tag{6-9}$$

式中 V——系统水容积，m^3；

V_e——循环水泵、换热器、水处理设备等设备中的水容积，由设备厂提供，m^3；

V_r——循环冷却水管道容积，计算确定，m^3；

V_k——膨胀罐的水容积，可按式（6–15）计算确定，m^3。

3. 循环水系统管道水力计算

（1）管道沿程水头损失，可分别按式（6–10）和式（6–11）计算。

1）不锈钢管计算式为：

$$h_y = (105 C_h^{-1.085} d_j^{-4.87} q_g^{1.85}) \cdot L \tag{6-10}$$

式中 h_y——系统管路沿程水头损失，kPa；

C_h——海澄·威廉系数，不锈钢管取 130；

d_j——管道计算内径，m；

q_g——管道内的水流量，m^3/s；

L——系统管道长度，m。

2）塑料管计算式为：

$$h_y = \lambda \cdot \frac{L}{d_j} \cdot \frac{v^2}{2g} \tag{6-11}$$

式中 λ——沿程阻力系数；

d_j——管道计算内径，m；

v——管道断面水流平均流速，m/s；

g——重力加速度，m/s^2。

（2）管道局部水头损失宜采用当量长度法计算。循环水系统总损失，可按式（6－12）计算：

$$\sum h = h_s + h_y + h_j \tag{6-12}$$

式中 h_s——换热设备水头损失，由设备厂提供，kPa；

h_j——管道局部水头损失，计算确定，kPa。

4. 空气冷却器计算

空气冷却器选型计算主要是在当地气象参数下，验算空冷器的出水温度和选定空冷器的台数是否满足晶闸管阀对冷却水进水温度的要求。

四、设备选型

阀冷却系统设备，应能保证晶闸管阀在最大设计条件和极端使用条件下的正常运行，且应充分考虑冷却容量的裕度。设备及管道应选择具有高耐腐蚀、高防锈性和高洁净度的材料，与冷却水接触的材料性能等级不宜低于不锈钢（1Cr18Ni9Ti）。

（一）主循环回路设备

1. 主循环水泵

主循环水泵应根据阀冷却系统循环水流量及循环水系统所需要的总扬程进行选型。

（1）循环水泵的流量按下式计算：

$$Q = \kappa Q_S \tag{6-13}$$

式中 Q——循环水泵流量，kg/s；

κ——安全系数，宜取 1.1～1.3；

Q_S——循环冷却水流量，按式（6－8）计算确定，kg/s。

（2）循环水泵的扬程，可按下式计算：

$$H = \kappa \sum h \quad (6-14)$$

式中 H——循环水泵的扬程，kPa；

κ——安全系数，宜取 1.05～1.2；

$\sum h$——循环冷却水系统总水头损失，按式（6-12）计算确定，kPa。

（3）水泵选型宜采用不锈钢立式离心泵或管道泵，满足晶闸管阀循环冷却水系统所需流量和压力的要求，水泵工况点应处于特性曲线高效段。

2. 主回路过滤器

主循环回路过滤器的过水能力应与循环水量一致，应能在不中断运行的情况下清洗。

过滤器应选用阻力小、易于清洗或更换的定型产品。宜选用管道式过滤器，滤网孔经应小于等于 200μm，滤芯应具有足够的机械强度以防在冷却水冲刷下损伤。

3. 电动三通调节阀

三通调节阀安装在空冷器进水总管上，应选用一进二出的分流型不锈钢三通阀。

阀门的开度应能够根据晶闸管阀冷却水进水温度的变化进行及时的调节。

4. 空气冷却器

空气冷却器选型根据晶闸管阀散热量、冷却水流量、进阀水温、出阀水温等要求，按照当地环境气象条件，保证晶闸管阀在各种运行工况下的进口水温要求，并应有充足的裕度；应设置至少一组备用单元，备用单元的切除不应影响晶闸管阀的正常运行。

5. 脱气罐

脱气罐应具有自动气水分离及排气的功能。罐体的设计应保证微气泡在上升过程中不被水流带走，且能顺利上升至罐顶经自动排气阀排出，即水流速度应小于微气泡上升速度。

6. 电加热器

电加热器所提供的热量应能补偿阀外冷却系统室外水管及室外换热设备的自然散热损失，包括辐射和对流散热损失。

电加热器宜采用不锈钢材质，并可在线检修。

（二）水处理旁路设备

1. 混合离子交换器

混合离子交换器的处理水量宜按 2h 将循环水系统容积处理一遍确定。每个交换器中的交换树脂的使用寿命至少应为一年。

2. 旁路过滤器

水处理旁路过滤器宜选用更换滤芯的精密过滤器。滤芯的过滤精度宜小于等于 10μm。

3. 氮气除氧装置

氮气除氧装置由高压氮气瓶、膨胀罐、减压阀、电磁阀、压力传感器、安全阀等组成。氮气应采用符合国家有关标准规定的高纯氮。

高压氮气瓶通过减压阀与膨胀罐底部连接，通过向膨胀罐底部注入氮气并使之与冷却水混合接触，使溶解在水中的氧气析出，并通过顶部的自动排气阀排出。

（三）定压补水设备

1. 补水泵

补水泵应根据阀冷却系统补充水设计流量及补充水回路所需要的总扬程进行选型，参见本节主循环水泵选型相关内容。

2. 补水箱

补水箱的有效容积，宜根据阀冷却系统补充水量确定，且不得小于补水泵 3min 的出水量。

3. 膨胀罐

膨胀罐采用氮气密封，应能吸收阀冷却系统因水温升高而引起的体积膨胀，并具有氮气自动调压、液位检测、自动补水与泄水以及防止空气进入水系统等功能。

膨胀罐气水容积的比值宜为 0.75～1.00，水容积宜按式（6－15）计算确定。

$$\Delta V = \kappa(v_1 - v_2)V \cdot \rho \tag{6-15}$$

式中 ΔV——膨胀罐水容积，即冷却水的容积增量，m^3；

κ——安全系数，取 1.15；

v_1——4℃水温时水的比容，m^3/kg；

v_2——最高设计水温时水的比容，m^3/kg；

V——阀冷却系统容积，m^3，按式（6－9）计算确定；

ρ——水的平均密度，kg/m^3。

（四）阀冷却控制保护系统

可控串补的晶闸管阀配置1套冗余的阀冷却控制保护系统。

阀冷却控制系统应能对主循环泵、冷却风扇、电动旁路阀、水处理回路（膨胀箱、补给水箱）等重要设备进行监控，测量并记录下列参数：阀进、出口冷却介质温度、主回路冷却介质电导率、阀进出水回路及水处理回路流量、主回路及膨胀箱压力、膨胀箱水位等。

阀冷却保护系统应能对冷却系统的冷却介质和回路进行保护，配置冷却介质温度高保护、冷却介质电导率高保护、阀进出水回路及水处理回路流量低保护、主回路及膨胀箱压力低保护及膨胀箱水位低保护等。

第七章　串补配电装置及电气总布置

第一节　设计原则与要求

一、设计原则

串补站配电装置的设计，应根据电力系统条件、自然环境特点，因地制宜、节约用地，并结合运行、检修和安装的要求，通过技术经济比较，合理选用布置型式，制订技术方案，使得串补配电装置的设计技术进步、经济合理、运行可靠、维护方便。

串补站配电装置的设计按串补平台电气设计、线路开断设计、配电装置的设计、串补平台引接设计及电气总平面布置设计五个步骤进行，设计基本流程及主要任务见表 7-1。

表 7-1　　串补站配电装置设计基本流程及主要任务

序号	设计基本流程	主要任务
1	串补平台电气设计 ↓	确定平台上设备的电气布置方案、平台外廓尺寸及平台高度
2	线路开断设计 ↓	确定线路的开断方式，采用单柱式铁塔或门型构架开断线路
3	配电装置的设计 ↓	确定串补平台围栏外廓尺寸、配电装置相间距离、上层导线的高度等布置方案
4	串补平台引接设计 ↓	确定串补平台至开断线路的引接方案和串补平台及设备的布置方案
5	电气总平面布置设计	确定串补站的电气平面布置方案

二、设计要求

配电装置的布置应结合接线方式、设备型式及串补站的总体布置综合考虑，应满足安全净距、施工、运行和检修的要求，同时还应考虑建（构）筑物和站区总平面布置的要求。

1. 满足安全净距的要求

屋外配电装置的安全净距满足相关规程规范的要求。

屋外电气设备外绝缘体最低部位距地小于 2.5m 时，应装设围栏。

屋外配电装置使用软导线时，带电部分至接地部分和不同相的带电部分之间的最小带电距离，应根据下列三种条件进行校验，并采用其中的最大数值：

（1）外过电压和风偏；

（2）内过电压和风偏；

（3）最大工作电压、短路摇摆和风偏。

配电装置相邻带电部分的额定电压不同时，应按较高的额定电压确定其安全净距。

2. 满足施工、运行和检修的要求

（1）配电装置的设计需保证设备的安全运行，考虑设备防冻、防风、抗震、耐污等性能。

（2）配电装置的设计应考虑分期建设和扩建过渡的便利，尽量做到过渡时少停电或不停电，为施工安全与方便提供有利条件。

（3）配电装置的设计需考虑设备安装检修时搬运及起吊的便利。屋外配电装置应设置满足消防车辆通行的环形道路，宜设置满足运行检修的相间通道。

（4）配电装置与建（构）筑物之间的距离和相对位置，应按远期规模统筹规划，充分考虑运行的安全和便利，合理设置操作和巡视用通道。

（5）根据配电装置型式及该地区的检修经验等情况，合理设置检修接地开关、预留检修场地等。

3. 满足噪声、静电感应及电晕无线电干扰水平等要求

（1）串补配电装置主要噪声源为电抗器、晶闸管阀及电晕放电。设计中应优先选用低噪声产品，并向制造厂提出噪声水平的要求。

（2）配电装置内静电感应场强水平（离地 1.5m 空间场强）不宜超过 10kV/m，少部分地区可允许达到 15kV/m。配电装置围墙外侧的非出线方向为居民区时，其静电感应场强水平（离地 1.5m 空间场强），不宜大于 5kV/m。

降低配电装置静电感应场强措施包括：

1）减少同相母线交叉与同相转角布置；

2）减少或避免同相的相邻布置；

3）必要时可适当加屏蔽线或设备屏蔽环；

4）当技术合理时，可适当提高电气设备及其引线的安装高度；

5）控制箱等操作设备宜布置在较低场强区。

（3）在 1.1 倍最高工作相电压下，屋外晴天夜晚应无可见电晕，无线电干扰电压不应大于 500μV。

为了增加载流量及限制无线电干扰，配电装置的跨线可采用扩径空芯导线或多分裂导线；配电装置的设备之间的连线可采用支持式管型母线。支持式管型母线在无冰无风状态下的挠度不宜大于 0.5D（D 为管型母线直径），并对端部效应、微风振动及热胀冷缩采取措施。

4. 通道要求

配电装置区通道布置应满足施工、搬运、运行检修、消防车辆通行的要求。

（1）屋外配电装置的主干道应设置环形通道和必要的巡视小道，如成环有困难时应具备回车条件。消防车道路路面宽度不小于 4.0m、转弯半径不小于 9.0m。相间道路路面宽度为 3～3.5m，转弯半径不小于 7m。

（2）配电装置内的巡视道路应根据运行巡视和操作需要设置，并充分利用地面电缆沟的布置作为巡视路线。

5. 建（构）筑物的要求

（1）串补站内建筑物的功能应满足运行的工艺要求及规划、环境、噪声、景观、节能等方面的要求。

（2）配电装置构（支）架应分别按承载能力极限状态和正常使用极限状态进行设计。构架应按大风、覆冰、安装、检修四种工况计算，支架应按运行工况计算。

6. 站区规划和总平面布置的要求

（1）串补站毗邻变电站同期合并建设时，串补站的总体规划应纳入变电站的总体规划范围；串补站毗邻已有变电站建设时，应根据站址自然条件和变电站的总体规划，充分利用变电站的公用设施进行统筹安排和合理布局。

（2）串补站单独建设时，应根据地形地貌、交通运输、防洪防涝、给排水等条件，进行串补站站址的总体规划。

（3）串补站的总平面布置，应根据自然地形、串补装置进出线、串补平台、进站道路和站内建（构）筑物的需要，确定站区布置方位、站内设备以及建（构）筑物的布置形式。

（4）串补站毗邻变电站建设时，应与变电站共用公用设施和设备，并应协调处理变电站、串补装置和线路塔位之间的平面布置，优化总平面布置。当受地形条件和线路塔位限制，串补站可脱开变电站布置，应设置独立对外的出口，同时可根据实际情况设置与变电站连接的通道。

第二节　串补平台设备的布置

一、一般要求

串补平台及设备的布置应首先满足实现串补装置的功能要求，即通过平台设备的合理布置及设备之间导体的连接来实现串补装置的接线。放置在串补平台上的电气设备主要有串联电容器组、保护火花间隙、MOV、晶闸管阀、限流阻尼设备、电流互感器等。放置在串补平台下的设备主要有隔离开关、旁路开关，对于可控串补的阀控电抗器，放置在平台上方还是下方，根据自身重量和平台荷载分布确定。串补平台上的光纤通过光纤绝缘柱引至平台下。串补平台宜采用支柱式绝缘平台，低位布置，周围应设置围栏。

串补平台上的电气设备布置应满足如下八项基本原则：

（1）在满足串补装置电气接线要求的基础上，电气设备应分类分区集中布置。

（2）电气设备的布置，还应结合各自重量和受风面积，尽量使得平台上的荷载分布均衡。

（3）设备之间的距离满足各设备间的空气净距要求，该空气净距要求根据绝缘配合计算确定。

（4）设备的布置应方便设备之间导线的连接：限流阻尼设备，包括限流电抗器、阻尼电阻器、阻尼回路 MOV（或间隙）相邻布置；用于可控串补的晶闸管阀和阀控电抗器相邻布置。

（5）保护火花间隙布置在平台端部，靠近平台下方的旁路开关侧，以便于实现旁路开关对保护火花间隙两端的跨接。

（6）电抗器附近设备满足对电抗器的磁场空间要求。

（7）串补平台上需留出停电时设备的运行检修所需的维护通道。

（8）串补平台的外缘或中间开孔处应设置护栏，护栏与带电设备外廓间应保持足够的电气安全净距，护栏内侧设巡视通道，通道宽度不小于 0.8m。

串补平台下的电气设备布置应满足如下六项基本原则：

（1）旁路开关、串联隔离开关和旁路隔离开关，分别布置在串补平台的端部。

（2）合理布置串联隔离开关和旁路隔离开关，使它们之间的连线以及与线路之间的连线方便。

（3）合理确定旁路开关的位置与高度，保证其与平台上高低压母线之间的连接顺畅，并使连接导线与串补平台上护栏距离满足带电距离的要求。

（4）旁路开关、旁路隔离开关、串联隔离开关以及需要放置在平台下方的用于可控串补的阀控电抗器布置在围栏外侧。串补平台带电运行时，围栏门闭锁。

（5）串补平台下方的围栏与平台的距离，应满足电气安全距离以及围栏外静电感应场强的要求。

（6）每个平台配置一台爬梯，以便于设备的安装和维护，爬梯可以转动，不用时卧放于围栏内、串补平台的下方，且应有电气闭锁。

二、平台尺寸的影响因素

串补平台尺寸主要取决于串补装置的额定容量，串补装置的额定容量大则串补平台的尺寸相对较大。除了装置的额定容量外，串补装置的端电压、MOV 的容量以及电容器的场强大小也是影响串补平台布置尺寸的重要因素。对于额定容量相同的串补装置，MOV 的额定容量较大，则串补平台的尺寸相对较大；电容器的场强值较低，则电容器的体积较大，相应平台尺寸也要相对较大；串补装置的端电压较高，则串补平台的尺寸也相对较大。

目前，我国串补工程中串补平台的宽度尺寸相对比较固定，500kV 串补平台宽度为 8～9m，1000kV 串补平台宽度为 12.5m，仅串补平台的长度随着串补平台尺寸的影响因素而改变。对于可控串补的平台，相比于同容量的固定串补，由于设备种类和数量的增加，平台长度相应增大。

串补平台的布置尺寸是串补配电装置设计的前提条件，因此，对于串补配电装置的布置，首先需要确定串补平台的布置尺寸，既要满足串补平台上设备的合理布置，同时又要满足串补站的工程实际条件的需要。

三、平台设备典型布置

目前，国内串补站工程主要采用固定串补和可控串补型式，以单回线加装串补装置为例说明串补平台上设备的布置。

（一）500kV 固定串补平台布置

XZ 串补站工程，单回线的固定串补装置容量为 297.4Mvar，串补额定电流为 2.7kA，串补度为 35%，每相 MOV 容量为 84MJ。500kV 固定串补平台布置图和断面图分别如图 7－1 和图 7－2 所示。

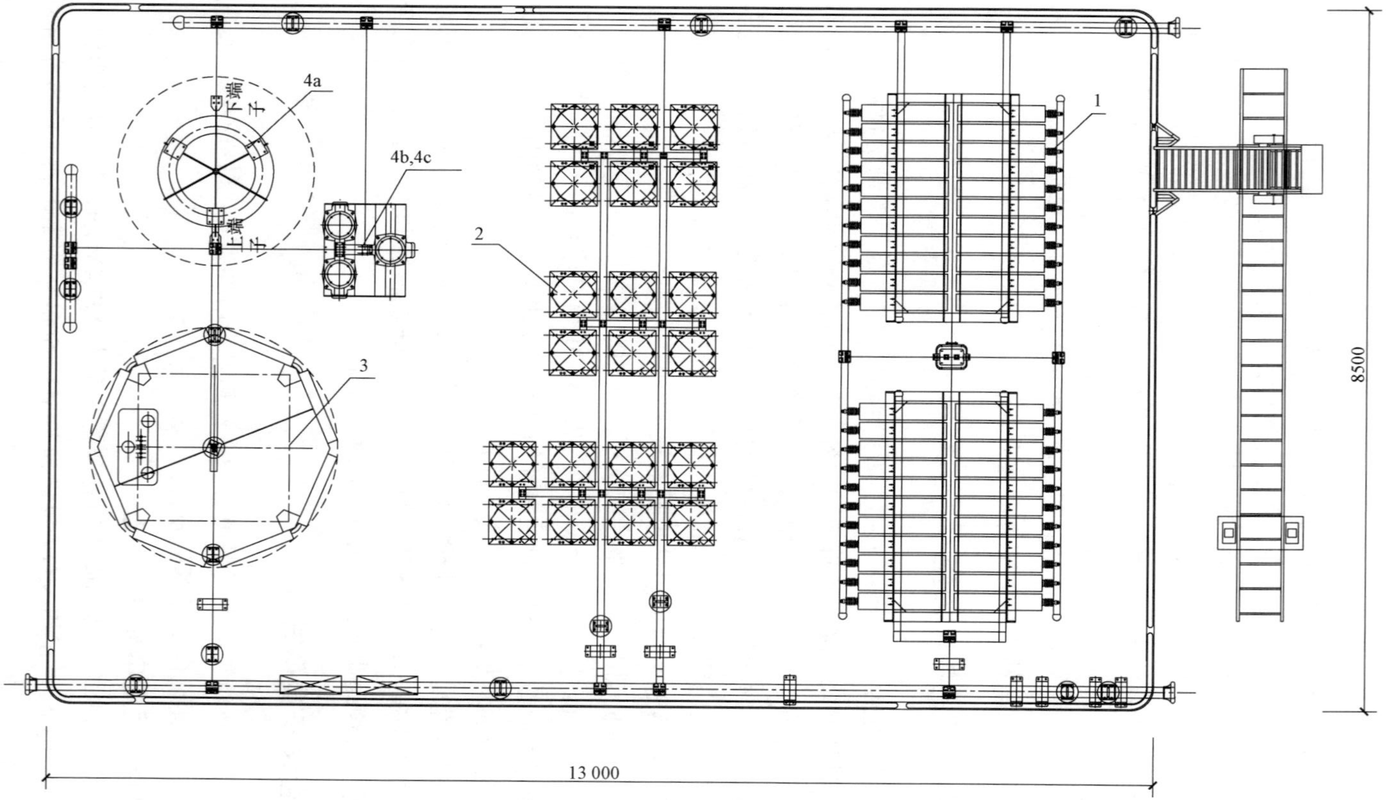

图 7－1　500kV 固定串补平台布置图（单位：mm）

1—串联电容器组；2—MOV；3—保护火花间隙；4a—限流电抗器；4b—阻尼电阻器；4c—阻尼 MOV

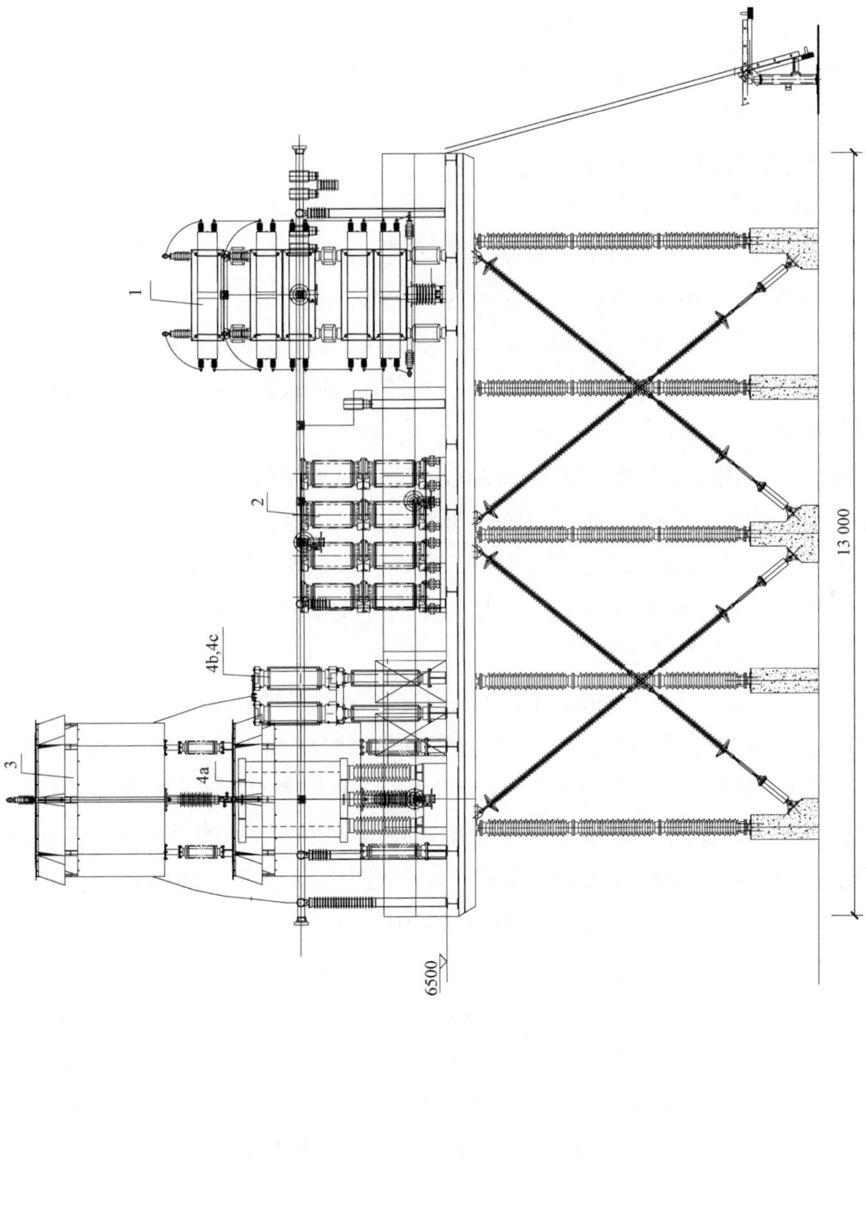

图 7-2 500kV 固定串补平台断面图（单位：mm）

1—串联电容器组；2—MOV；3—保护火花间隙；4a—限流电抗器；4b—阻尼电阻器；4c—阻尼 MOV

在平台上依次布置电容器组、MOV、限流阻尼设备和保护火花间隙。平台的布置尺寸长为13m、宽为8.5m，平台高度为6.5m。

（二）1000kV 固定串补平台布置

CZ 串补站工程，单回线的固定串补装置容量为1500Mvar，串补额定电流为5.08kA，串补度为20%，每相 MOV 容量为83MJ。1000kV 固定串补平台布置图和断面图分别如图 7-3 和图 7-4 所示。

在平台上依次布置电容器组、MOV、限流阻尼设备和保护火花间隙。平台的布置尺寸长为27m、宽为12.5m，平台高度为12m。

（三）500kV 可控串补平台布置

1. 固定和可控部分共用平台

PG 可控串补站，单回线的串补装置总容量为 400Mvar，串补额定电流为2.0kA，总的串补度为40%。固定部分容量为350Mvar，串补度为35%，每相 MOV 容量为30MJ。可控部分容量为50Mvar，串补度为5%，每相 MOV 容量为6MJ。串补装置的固定部分和可控部分布置在一个平台上。500kV 可控串补平台布置图和断面图分别如图 7-5 和图 7-6 所示。

固定部分和可控部分的电容器组和 MOV 设备均布置在平台中部，从平台中部向两端延伸，固定部分依次布置电容器组和 MOV、限流阻尼设备和保护火花间隙，可控部分依次布置电容器组、MOV、阀控电抗器、晶闸管阀和限流阻尼设备。平台的布置尺寸长为23.5m、宽为8m，平台高度为6.5m。

2. 固定和可控部分单独设平台

YF 可控串补站工程，单回线的串补装置总容量为 870Mvar，串补额定电流为 2.33kA，总的串补度为 45%。固定部分容量为 544Mvar，串补度为 30%，每相 MOV 容量为46MJ。可控部分容量为326Mvar，串补度为 15%，每相 MOV 容量为 38MJ。串补装置的固定部分和可控部分分别布置在单独的平台上。500kV 固定部分平台的布置图和断面图分别如图 7-7 和图 7-8 所示，500kV 可控部分平台的布置图和断面图分别如图 7-9 和图 7-10 所示。

固定部分平台上依次布置电容器组、MOV、限流阻尼设备和保护火花间隙。可控部分平台上依次布置晶闸管阀、电容器组、MOV、限流阻尼设备和保护火花间隙。由于可控部分容量相对较大，阀控电抗器的重量相对较大，因此放置在平台下方，晶闸管阀布置在平台端部靠近阀控电抗器侧，便于两者之间的连接。固定部分和可控部分的平台布置尺寸均为长 17m、宽 8m，平台高度为 6.5m。

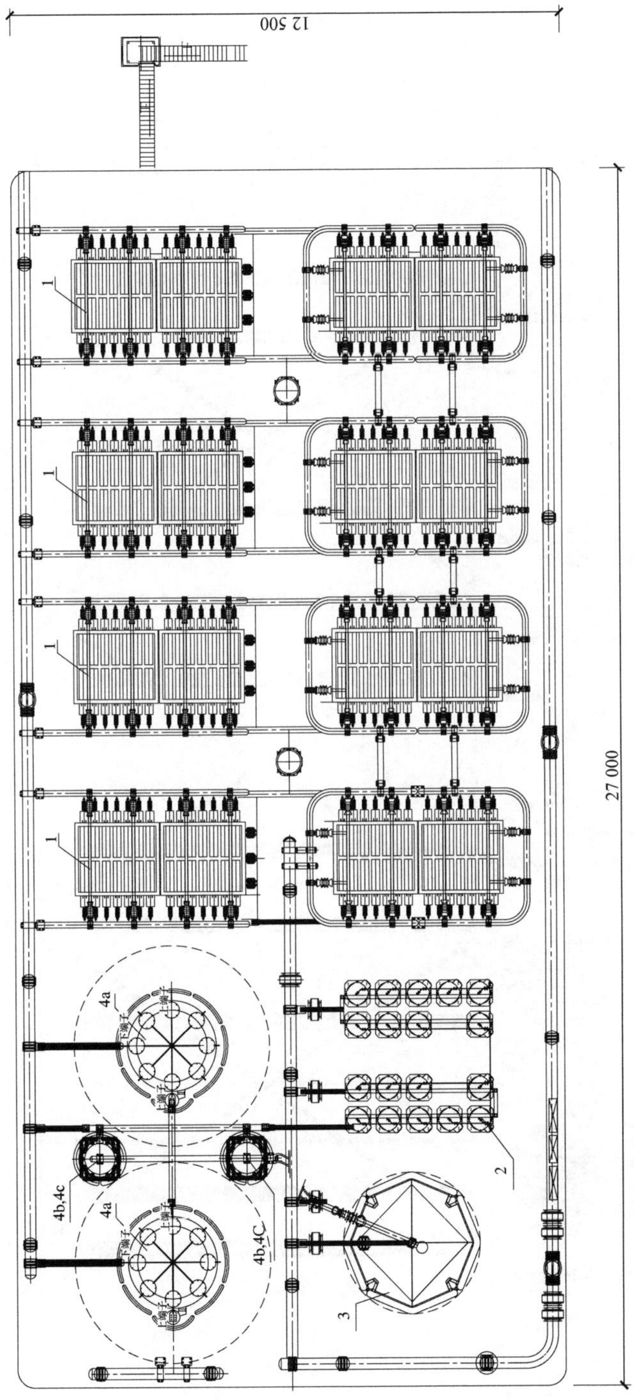

图 7-3　1000kV 固定串补平台布置图（单位：mm）

1—串联电容器组；2—MOV；3—保护火花间隙；4a—限流电抗器；4b—阻尼电阻器；4c—阻尼 MOV

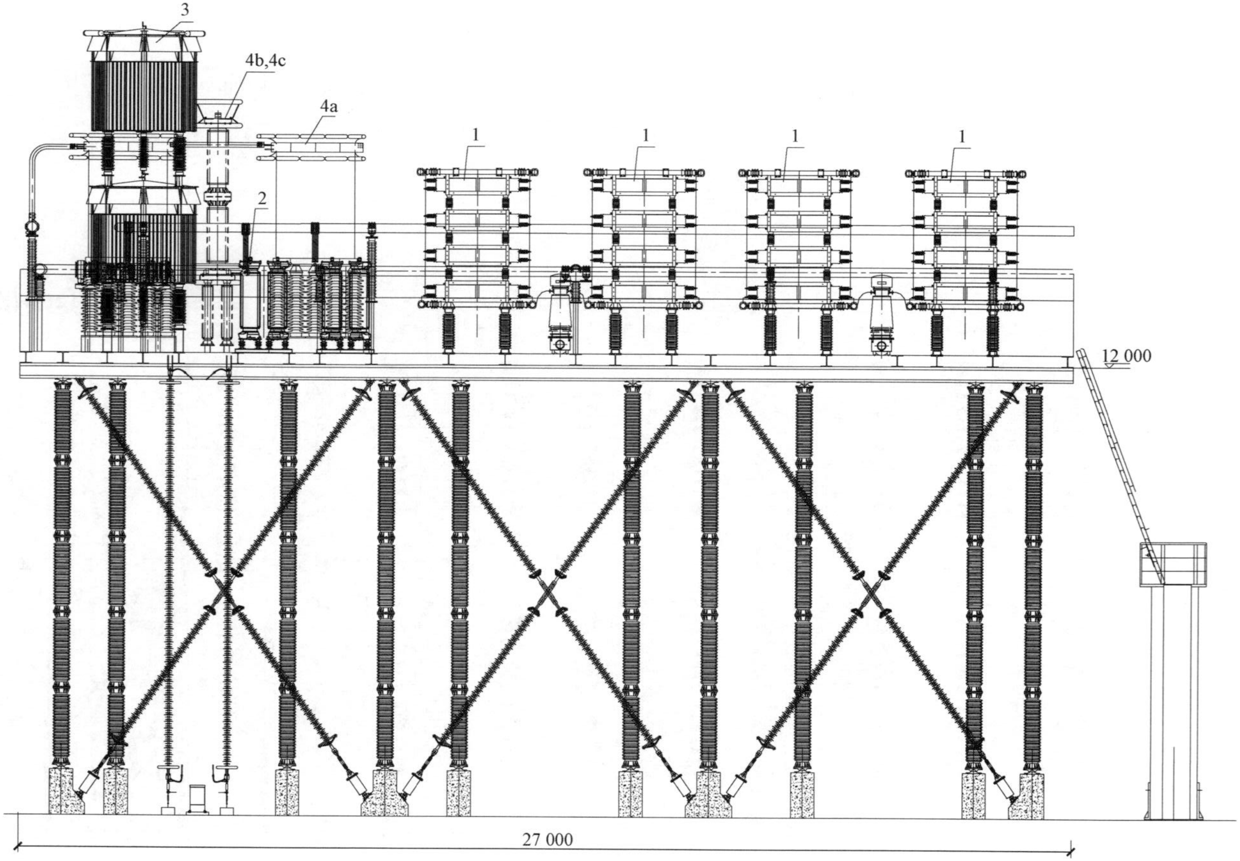

图 7-4　1000kV 固定串补平台断面图（单位：mm）

1—串联电容器组；2—MOV；3—保护火花间隙；4a—限流电抗器；4b—阻尼电阻器；4c—阻尼 MOV

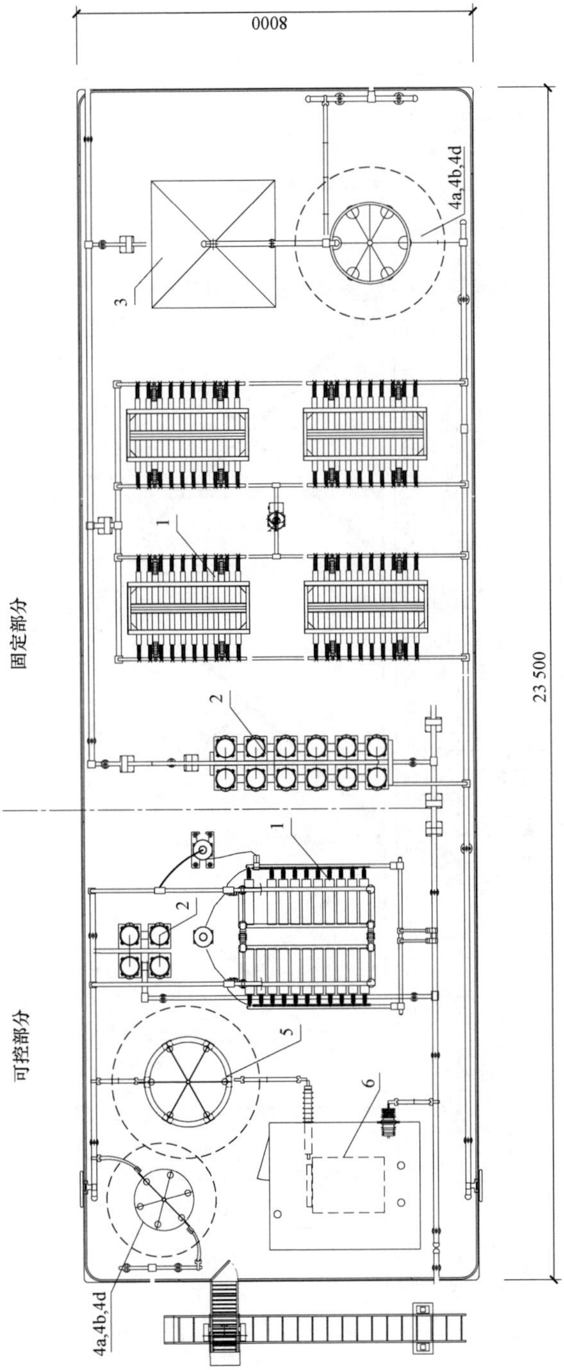

图 7－5　500kV 可控串补平台布置图（单位：mm）

1—串联电容器组；2—MOV；3—保护火花间隙；4a—限流电抗器；4b—阻尼电阻器；4d—阻尼间隙；5—阀控电抗器；6—晶闸管阀

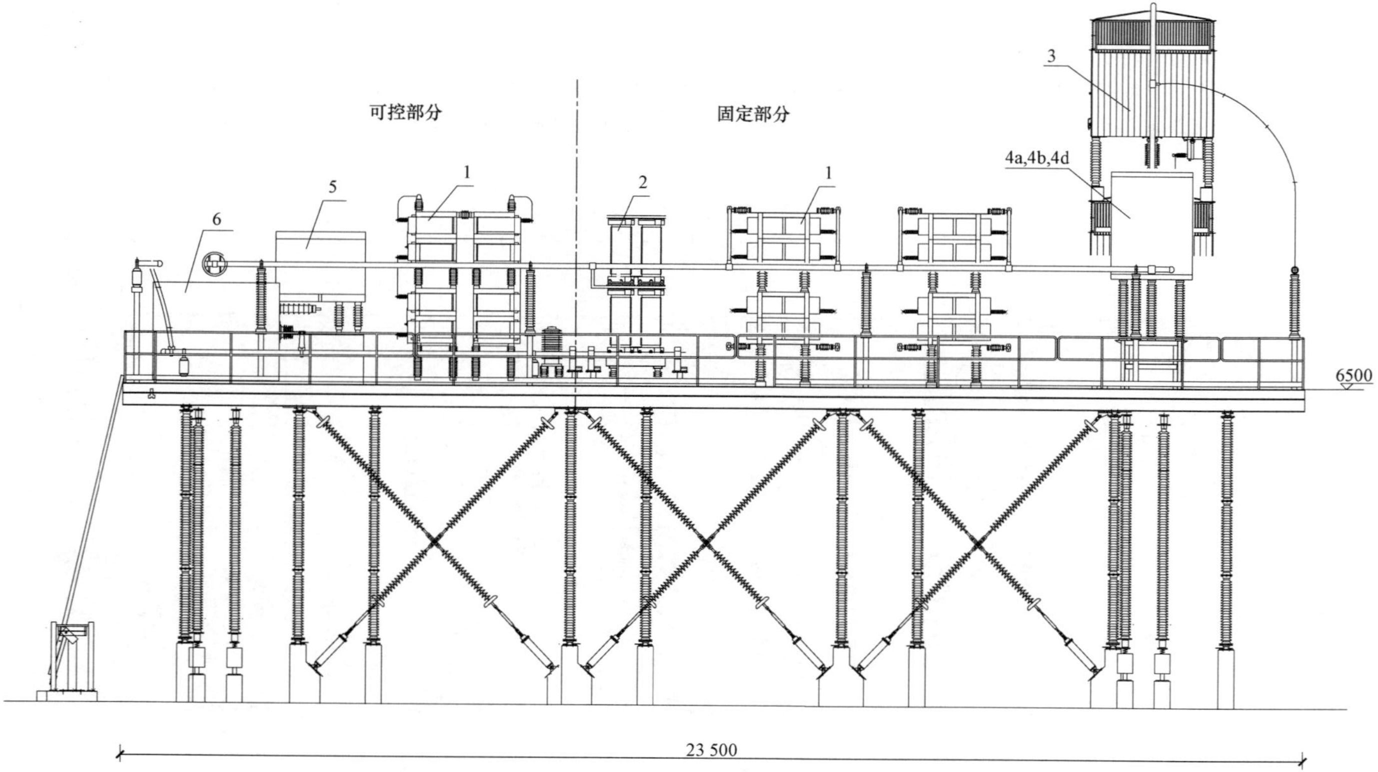

图 7-6　500kV 可控串补平台断面图（单位：mm）

1—串联电容器组；2—MOV；3—保护火花间隙；4a—限流电抗器；4b—阻尼电阻器；4d—阻尼间隙；5—阀控电抗器；6—晶闸管阀

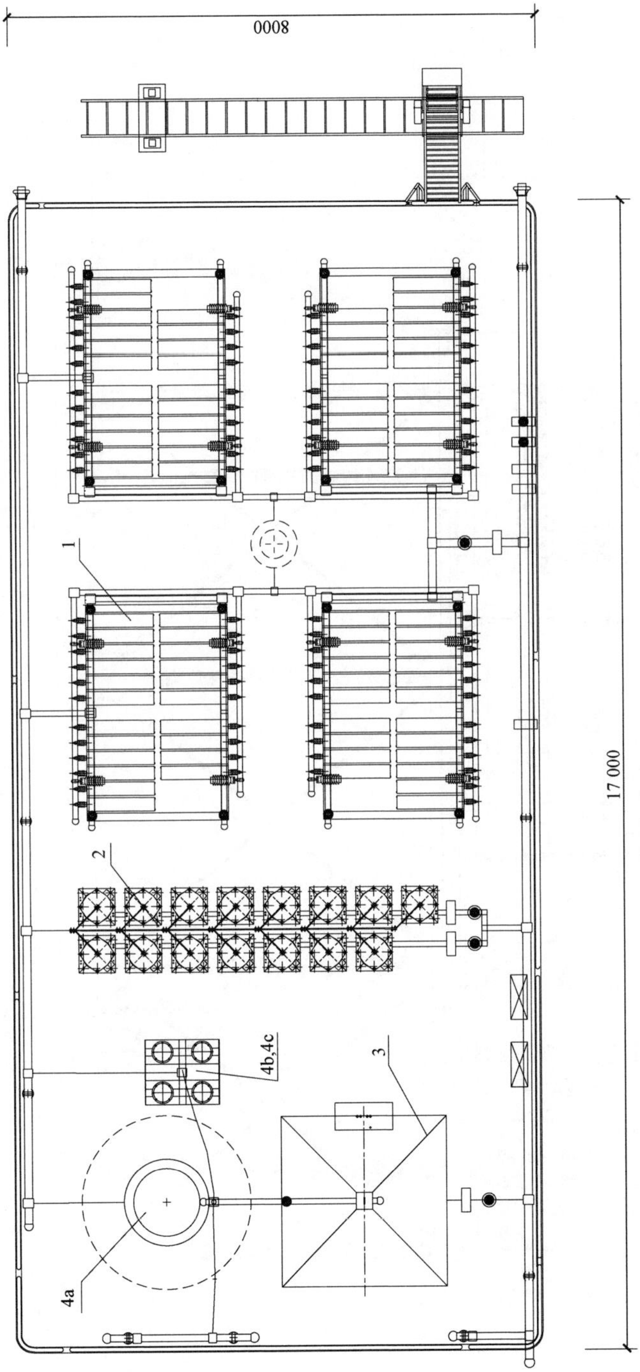

图 7-7 500kV 可控串补固定部分布置图（单位：mm）

1—串联电容器组；2—MOV；3—保护火花间隙；4a—限流电抗器；4b—阻尼电阻器；4c—阻尼 MOV

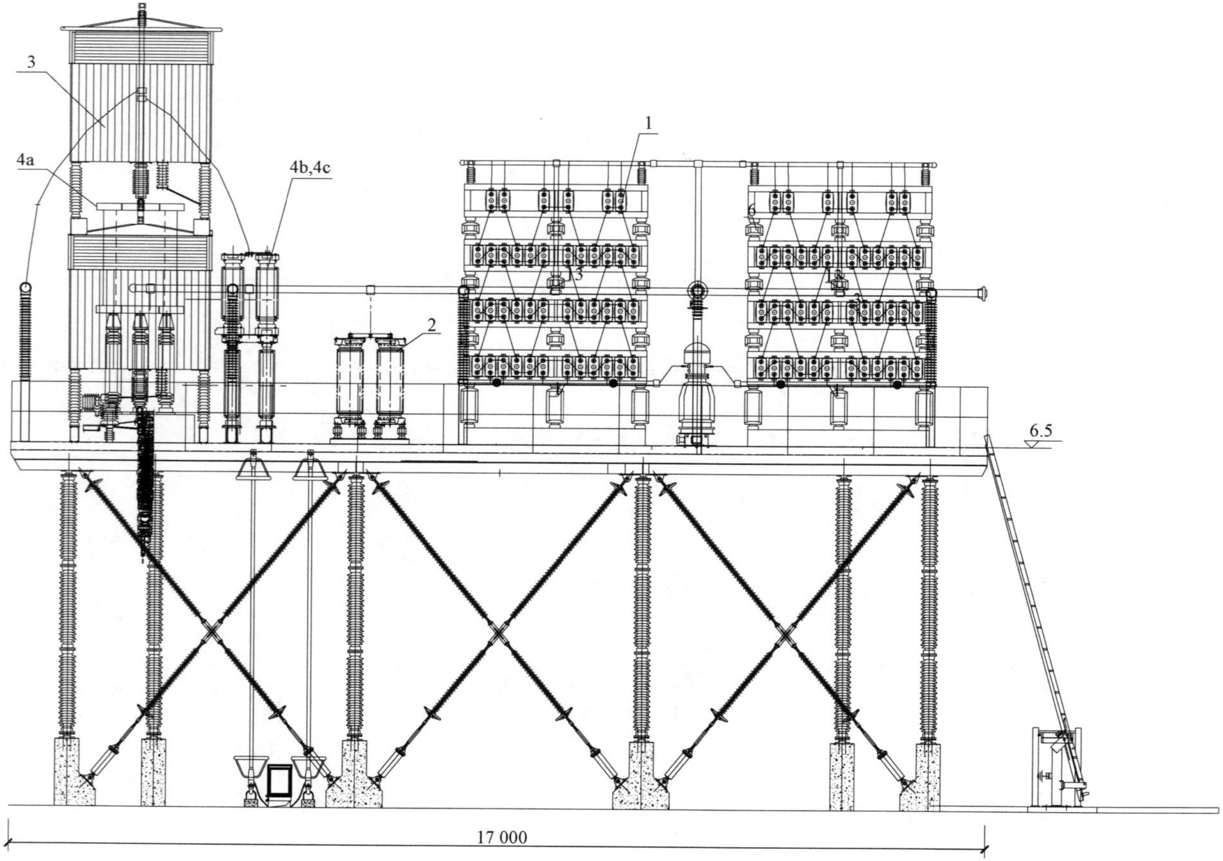

图 7－8　500kV 可控串补固定部分断面图（单位：mm）

1—串联电容器组；2—MOV；3—保护火花间隙；4a—限流电抗器；4b—阻尼电阻器；4c—阻尼 MOV

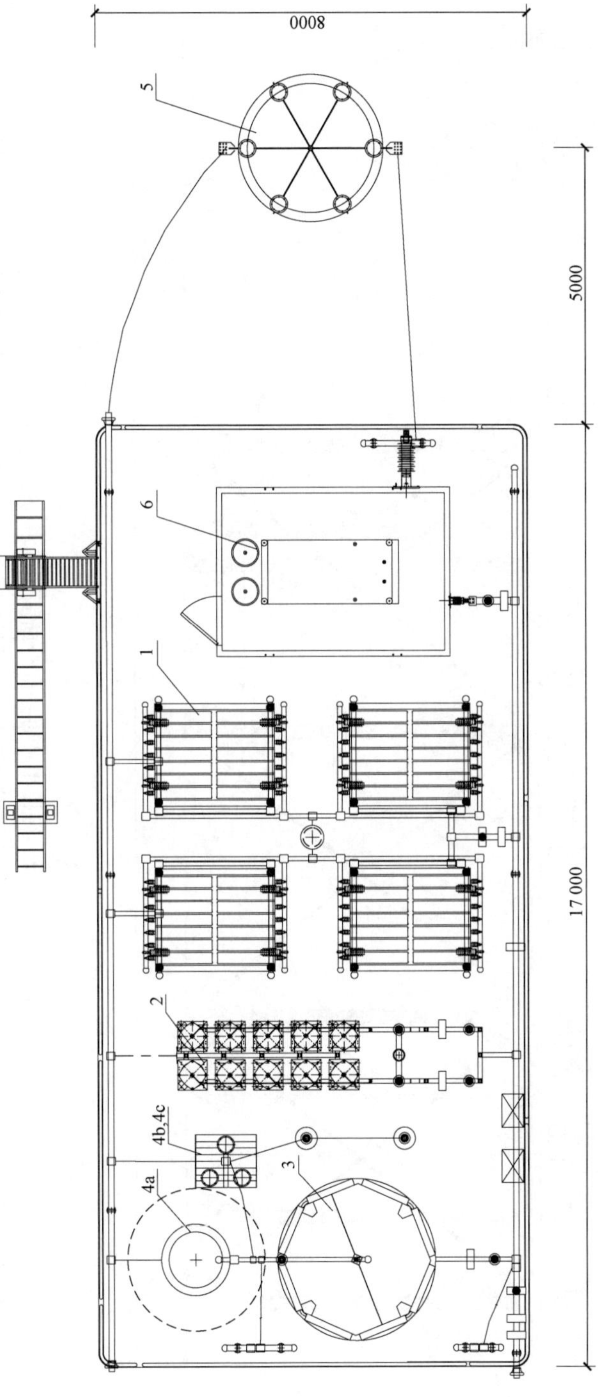

图 7－9　500kV 可控串补可控部分布置图（单位：mm）

1—串联电容器组；2—MOV；3—保护火花间隙；4a—限流电抗器；4b—阻尼电阻器；4c—阻尼 MOV；5—阀控电抗器；6—晶闸管阀

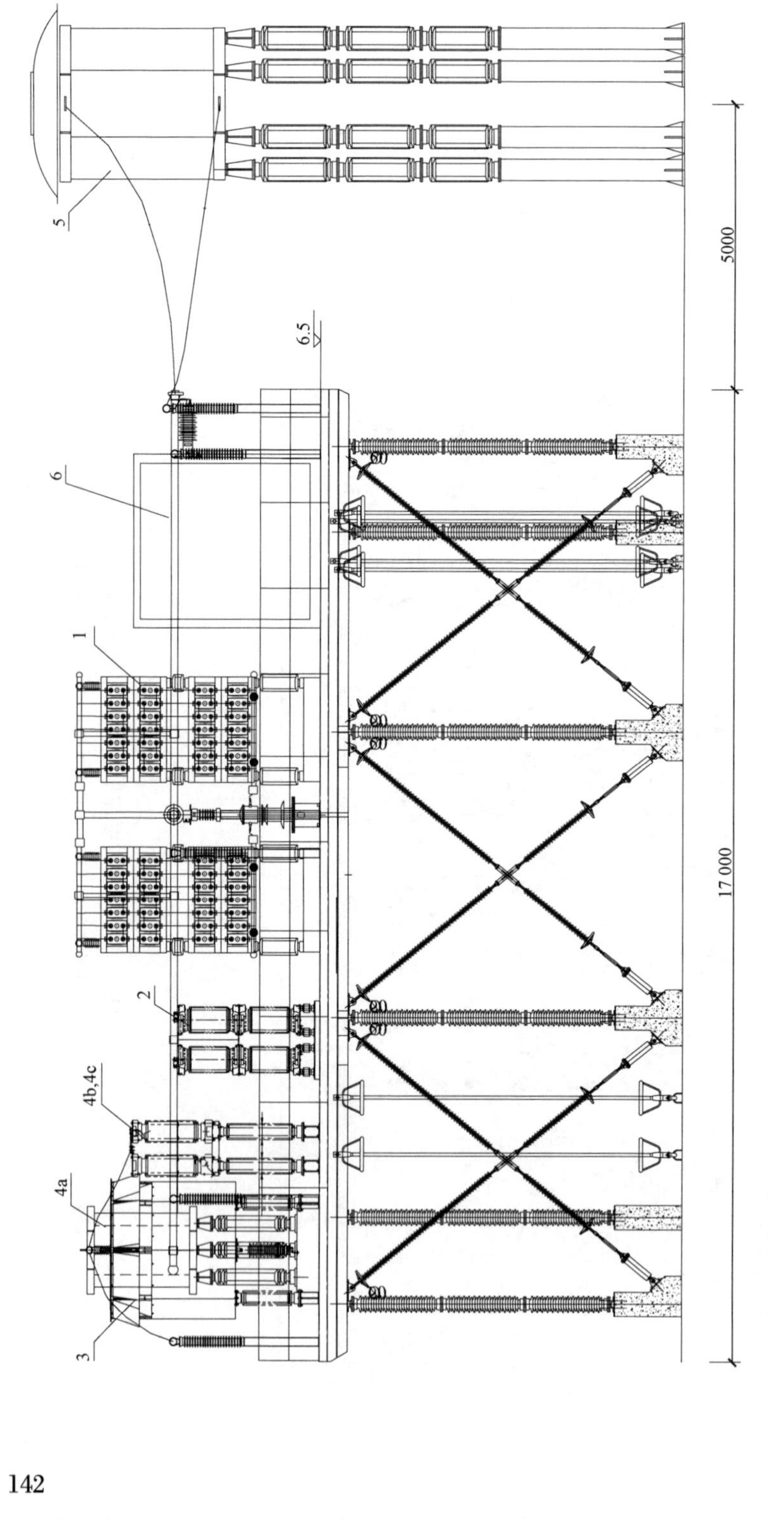

图 7-10　500kV 可控串补可控部分断面图（单位：mm）

1—串联电容器组；2—MOV；3—保护火花间隙；4a—限流电抗器；4b—阻尼电阻器；4c—阻尼 MOV；5—阀控电抗器；6—晶闸管阀

第三节 配电装置主要布置尺寸的确定

一、串补平台的围栏尺寸

串补平台低位布置，下方周围应设置围栏。围栏的外廓尺寸，应使得围栏至平台的距离满足电气安全距离及围栏外静电感应场强的要求。根据目前工程，330kV 及以上屋外配电装置场地内的静电感应场强水平（距地面 1.5m 空间场强）不宜超过 10kV/m，但少部分地区可允许达到 15kV/m 的要求，因此，串补平台的围栏处的静电感应场强水平控制在 10kV/m 以下。

（一）500kV 串补平台的围栏尺寸

500kV 串补平台高度一般为 6m 左右，围栏高度为 1.8m，为满足平台至围栏大于最小安全净距值 4.55m 的要求，平台至围栏的水平距离不小于 2m。

根据 500kV 串补配电装置场地内的静电感应场强研究计算结果：500kV 串补平台可分相设置围栏或三相设置 1 个大围栏，其中平台长、短轴方向至围栏的水平距离不宜小于 3m，围栏高度不宜小于 1.8m，可以满足围栏外静电感应场强的要求。500kV 串补平台分相围栏、三相大围栏与平台距离示意分别如图 7－11 和图 7－12 所示。

（二）1000kV 串补平台的围栏尺寸

1000kV 串补平台高度一般为 12m，围栏高度为 1.8m，其高差大于最小安全净距值 8.25m 的要求，因此，最小安全净距一般不作为 1000kV 串补围栏尺寸确定的控制条件。

根据 1000kV 串补配电装置场地内的静电感应场强研究计算结果：1000kV 串补三相平台共设置 1 个围栏，且平台至围栏的水平距离在短轴方向不宜小于 11m、长轴方向不宜小于 17m，围栏高度不宜小于 1.8m，可以满足围栏外静电感应场强的要求。1000kV 串补平台围栏示意图如图 7－13 所示。

二、相间距离

（一）相间距离确定原则

串补装置的相间距应满足安全净距要求，并便于施工安装、运行及检修。串补装置的相间距包括设备的相间距和串补平台的相间距。

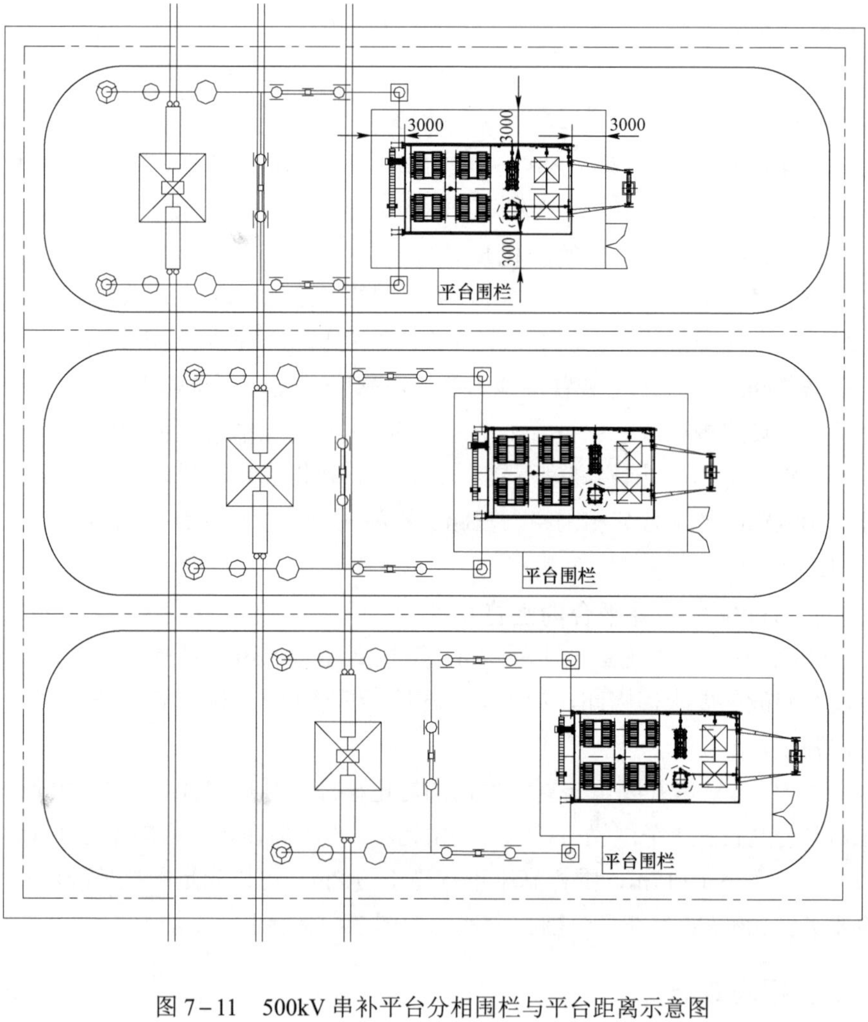

图 7-11　500kV 串补平台分相围栏与平台距离示意图

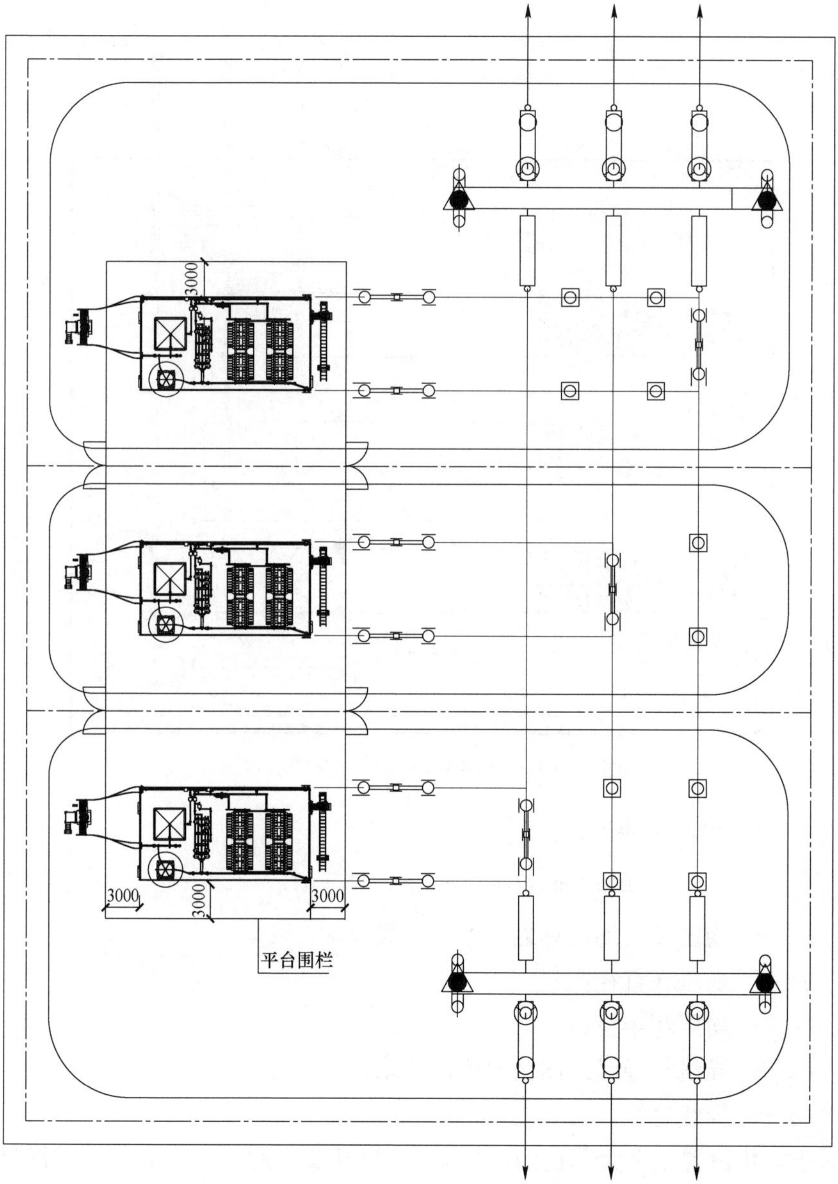

图 7-12 500kV 串补平台三相大围栏与平台距离示意图

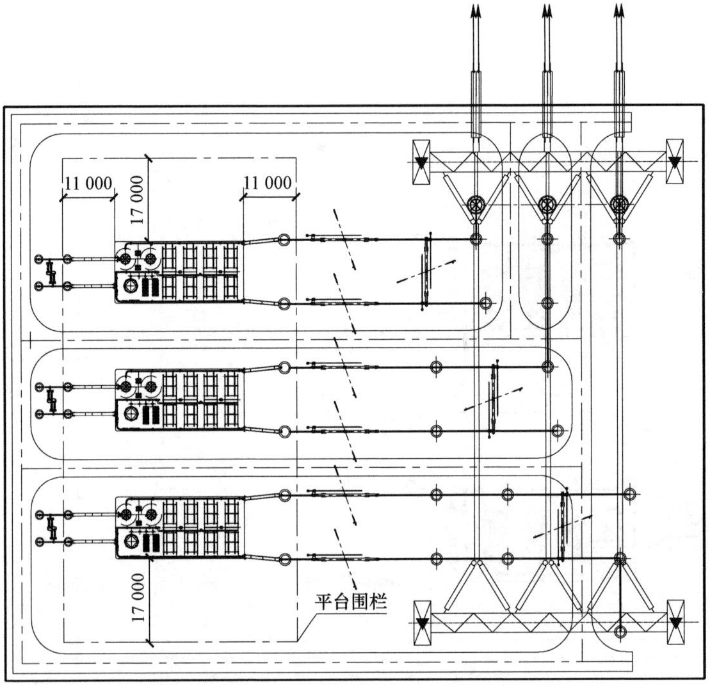

图 7－13　1000kV 串补平台围栏示意图

设备的相间距 W 应满足：

$$W \geqslant \max\{D_1 + D + 2r_s，D_2 + d\} \quad (7-1)$$

式中　D_1——均压环与均压环之间带电距离要求；

D——均压环直径；

r_s——均压环半径；

D_2——导线与导线之间带电距离要求；

d——导线直径。

对于三相设置 1 个大围栏的串补装置，串补平台的相间距 L 应同时满足相间最小安全净距及安装检修的要求。围栏内各相串补平台之间的最小间距，考虑带电时不同相串补平台上母线之间满足安全净距值以及停电时串补平台设备的吊装检修空间的距离要求。1000kV 串补平台相间距还应满足平台间冲击放电最小空气间隙及安装检修的要求。

（二）500kV 串补装置相间距算例

500kV 串补装置的相间距包括设备的相间距及串补平台的相间距，如图 7－14 所示。设备相间距 W 由 W_1、W_2 和 W_3 中的较大值确定，平台间距 L 由 W_4 和串补平台自身尺寸确定。

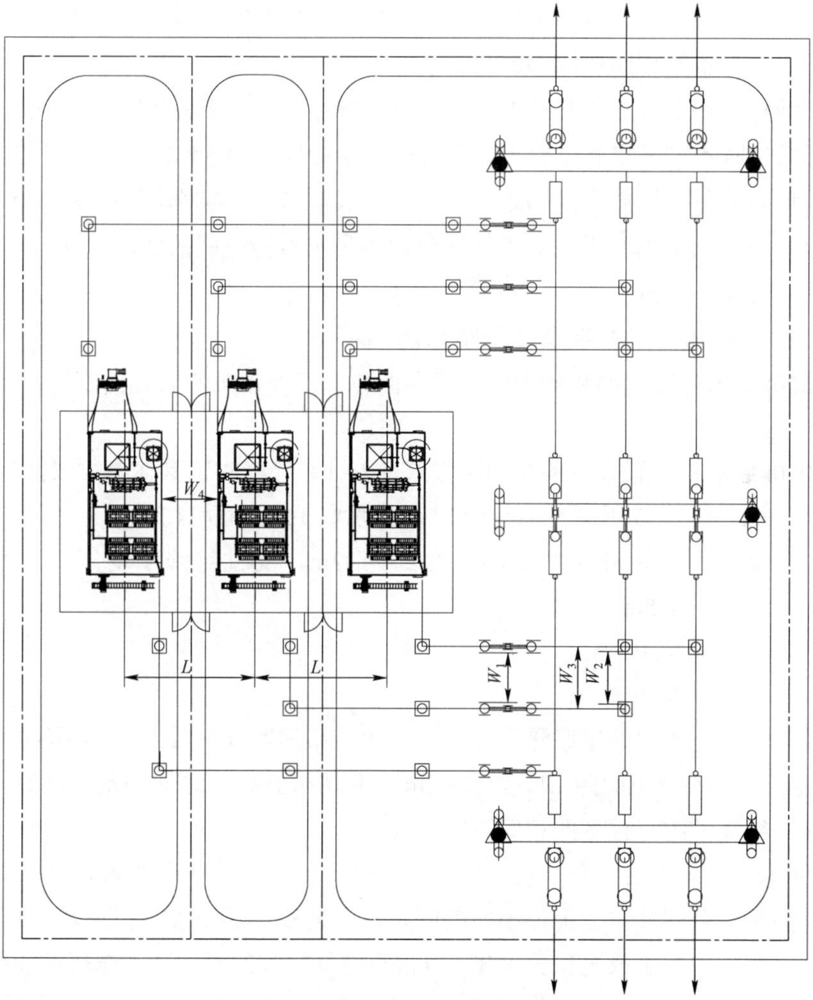

图 7－14　500kV 串补装置相间距的确定

500kV 串补装置设备的相间距按式（7－1）计算时，具体参数取值为：

D_1、D_2——500kV 取空气净距值 4.3m；

D——隔离开关均压环直径约为 1.2m，支柱绝缘子均压环直径约为 1m；

r_s——取 0.05m；

d——取 0.2m。

经计算，不同相的串联隔离开关之间的最小间距 W_1 为 5.6m；不同相的支柱绝缘子之间的最小间距 W_2 为 5.4m；不同相的导体之间的最小间距 W_3 为 4.5m；综合考虑，设备的相间距取 6m。

500kV 串补平台三相共设大围栏，围栏内各相串补平台之间的最小间距 W_4，应考虑带电时不同相串补平台上母线之间安全净距值 4.3m 的要求以及停电时串补平台设备的吊装检修空间的距离要求，一般取 6m。根据设备资料，500kV 串补平台宽为 8.5m，同时考虑对串补平台设备吊装检修空间的要求，500kV 串补平台相间距 L 取 14.5m。

（三）1000kV 串补装置相间距算例

1000kV 串补装置的相间距包括设备的相间距及串补平台相间距，如图 7－15 所示。

1000kV 串补装置设备的相间距按式（7－1）计算时，具体参数取值为：

D_1、D_2——海拔不高于 1000m 时，分别取 10.1m 和 11.3m。

D——隔离开关均压环直径约为 2m，支柱绝缘子均压环直径约为 2.5m；

r_s——取 0.1m；

d——取 0.25m。

经计算，不同相的串联隔离开关之间的最小间距 W_1 为 12.3m；不同相的支柱绝缘子之间的最小间距 W_2 为 12.8m；不同相的导体之间的最小间距 W_3 为 11.55m；综合考虑，设备的相间距取 13m。

1000kV 串补平台三相共设大围栏，围栏内各相串补平台之间的最小间距 W_4 应同时满足平台间冲击放电最小空气间隙及安装检修的要求。根据对 1000kV 串补平台相间操作冲击放电试验结果，当相间空气间隙的操作冲击电压波 50%放电电压要求值为 2920kV（2 倍避雷器操作冲击残压）时，串补平台相间最小空气间隙距离约为 9.7m。由于 1000kV 串补装置三相设置 1 个大围栏，在围栏内设置相间路用于不带电时对串补平台设备的吊装检修。根据设备厂家资料，1000kV 串补平台宽为 12.5m，同时考虑对串补平台设备吊装检修空间的要求，1000kV 串补平台相间距 L 取 26m。

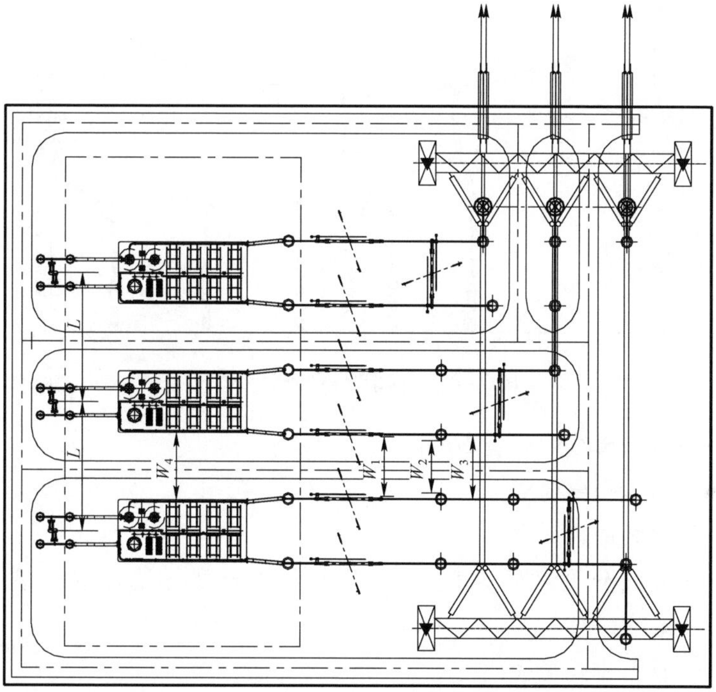

图 7-15　1000kV 串补装置相间距的确定

三、上层导线挂点高度

串补配电装置上层导线挂点高度的确定需考虑串补设备安装和检修的影响。

（一）导线挂点高度的确定原则

串补配电装置出线回路典型断面构架高度校验示意如图 7-16 所示。

由图 7-16 可知，构架挂点高度 H 的确定应满足下式

$$H \geqslant h_1 + h_2 + (1+5\%) \times f_{max} + d/2 + R + r \tag{7-2}$$

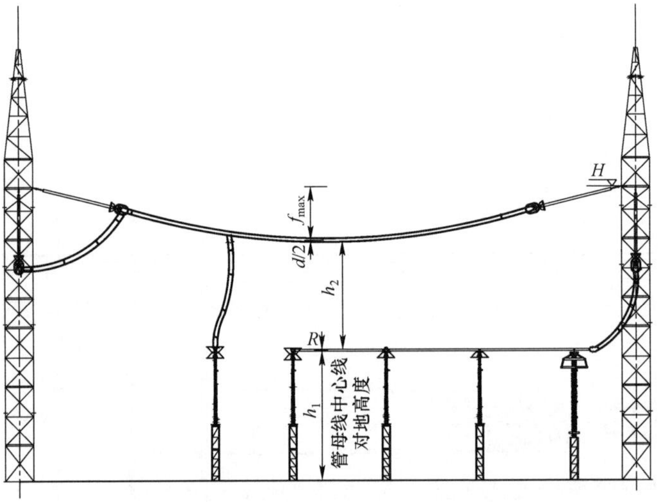

图 7-16　构架高度校验示意图

式中　h_1——管型母线中心线高度；

h_2——带电距离要求；

f_{max}——跨线最大弧垂；

d——跨线分裂间距，仅对于跨线为 4 分裂导线，双分裂导线不计此项；

R——管型母线半径；

r——跨线子导线半径。

以上长度变量的量纲一致。

（二）500kV 导线挂点高度算例

以某 500kV 串补站工程构架为例，则式（7-2）中串补配电装置构架高度值如下：

h_1——一般考虑与串补平台上管型母线的水平过渡连接，一般不低于 9.2m；

h_2——500kV 配电装置空气净距值取 4.3m；

f_{max}——跟实际跨线的长度相关，导线跨距 80m 对应的导线弧垂为 4.5m；

d——500kV 采用双分裂软导线不计此项；

R——采用外径为 170mm 管型母线，取 0.085m；

r——采用双分裂软导线 JLHN58K－1600，取 0.035m。

经计算，得出 500kV 软母线构架挂点计算高度为 18.12m，考虑适当裕度，500kV 串补配电装置构架挂点高度不低于 20m。

（三）1000kV 导线挂点高度的算例

以某 1000kV 串补站工程构架为例，则式（7－2）中串补配电装置构架高度值如下：

h_1——按 1000kV 配电装置空气净距 C 值 17.5m，考虑管型母线直径为 0.25m，计及管型母线挠度和施工误差后，取 18m；

h_2——1000kV 配电装置空气净距值取 11.3m；

f_{max}——跟实际跨线的长度相关。导线跨距 100m 对应的导线弧垂为 7.5m；

d——1000kV 采用 4 分裂软导线，取 0.6m；

R——采用外径为 250mm 管型母线，取 0.125m；

r——采用 4 分裂软导线 JLHN58K－1600，取 0.035m。

经计算，得出 1000kV 软母线构架挂点计算高度为 37.56m，考虑适当裕度，1000kV 串补配电装置构架挂点高度不低于 38m。

第四节　串补平台的引接及布置

一、引接布置方式的分类

串补平台的引接及布置，与串补平台相对被补偿线路的布置方式以及线路的开断方式密切相关。

串补平台相对被补偿线路的布置方式，主要有以下三种：

（1）串补平台垂直于线路布置；

（2）串补平台平行于线路布置；

（3）串补平台在线路正下方布置。

被补偿线路的开断方式，主要有以下三种：

（1）门型构架开断；

（2）单相单柱式铁塔开断；

（3）三相单柱式铁塔开断。

串补平台的引接及布置，包括被补偿线路的开断、串补平台的放置及其与被补偿线路的连接，应综合考虑加装串补装置的线路回路数、出线走廊、串补站场地实际情况以及运行习惯要求等多种因素，作技术经济比较确定。

二、平台垂直于线路布置

（一）门型构架引接方案

串补装置通过门型构架改接至线路，串补平台垂直于线路布置，旁路隔离开关沿出线方向布置在线路下方，如图 7－17 所示。串补装置一端引自上层跨线，另一端通过支柱绝缘子接至另一段跨线，为节省支柱绝缘子，在跳线处引接。旁路隔离开关分别与两侧的导体连接，经过支柱绝缘子、串联隔离开关等引接到串补平台。

串补装置分相布置，出线设备如避雷器、CVT、阻波器根据需要配置，布置安装在构架及跨线下方。串补平台按单相或三相设置平台围栏，在各相平台之间设置相间道路，以方便运行维护及检修。

（二）单相单柱式塔引接方案

串补装置通过单相单柱式塔改接线路，串补平台垂直于线路布置，如图 7－18 所示，从铁塔两侧的耐张绝缘子串处将导线引下，通过支柱绝缘子、串联隔离开关等，引接到串补装置。

串补装置分相布置，出线设备如避雷器、CVT、阻波器（需座式安装）按需要配置，布置在单柱式塔周围。单柱式塔占地较小，电气设备布置集中，省去了大量的引线用支柱绝缘子。串补平台按单相或三相设置平台围栏，在各相平台之间设置相间道路，以方便运行维护及检修。

（三）串补平台垂直于线路布置方案的特点

串补平台垂直线路布置，采用门型构架和单相单柱式塔引接方案，配电装置布置紧凑、功能分区明确，引接线简单清晰；相间通道容易设置，对平台设备的维护检修不受线路是否带电的限制。串补平台垂直线路布置，可减小横向宽度尺寸，对于变电站同侧相邻 2～3 回出线间隔需要加装串补装置，出线间隔横向宽度受限的布置情况，有较强的适应性。

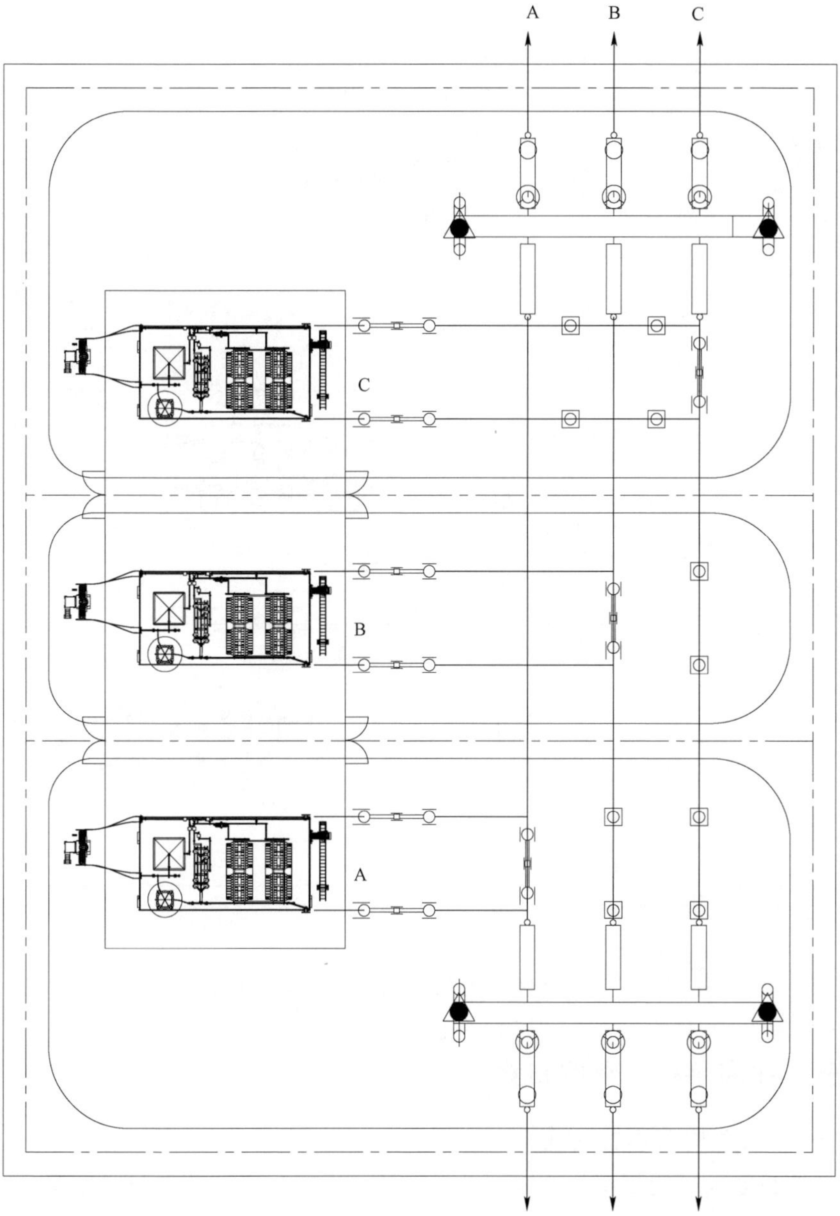

图 7－17 平台垂直于线路、门型构架引接方案示意图

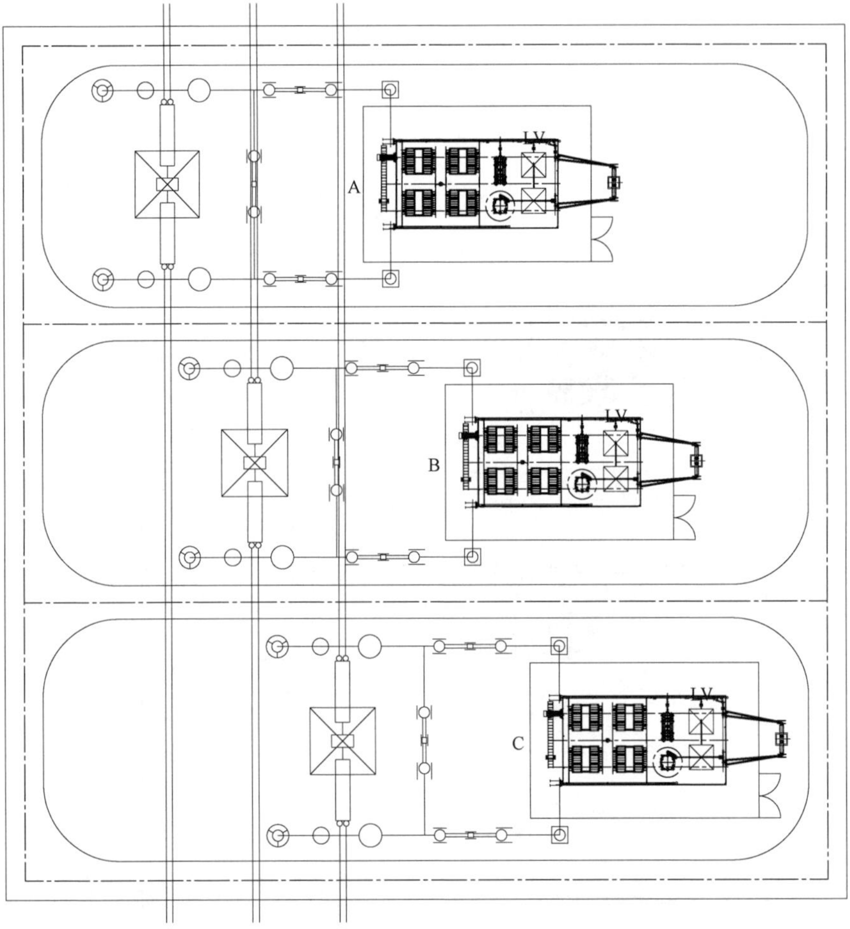

图 7-18　平台垂直于线路、单相单柱式塔引接方案示意图

三、平台平行于线路布置

（一）门型构架引接方案

串补装置通过门型构架改接线路，串补平台平行于线路布置，如图 7-19 所示，旁路隔离开关分别布置在中间 1 组门型构架的正下方，从该门型构架两侧的耐张绝缘子串处引下至旁路隔离开关。旁路隔离开关分别与两侧的导体连接，经过支柱绝缘子、串联隔离开关等引接到串补平台。

串补装置三相混合布置，每套串补装置的出线设备如避雷器、CVT、阻波器按需要配置，均布置安装在构架及跨线下方。串补平台按三相设置平台围栏，场地条件允许也可以按单相设置平台围栏，在各相平台之间设置相间道路，以方便运行维护及检修。

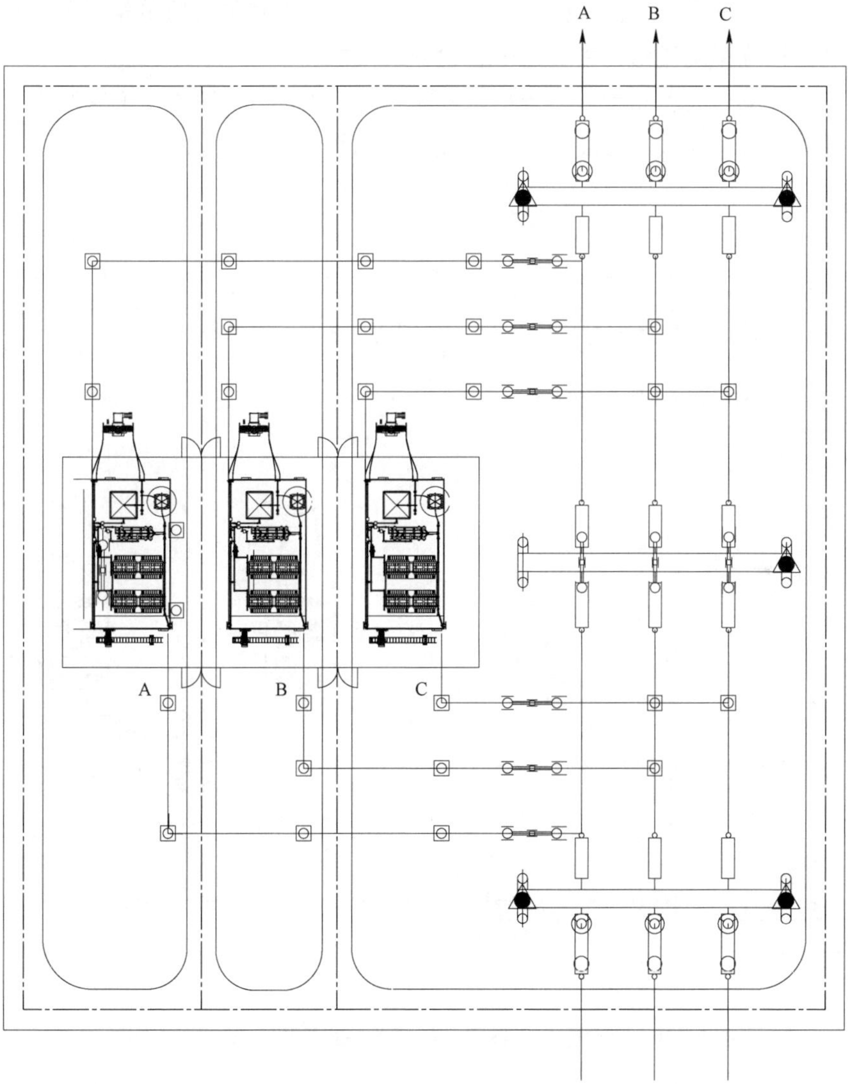

图 7－19　平台平行于线路、门型构架引接方案示意图

（二）三相单柱式铁塔引接方案

串补装置通过三相单柱式铁塔改接线路，串补平台平行于线路布置，如图 7-20 所示，在三相式铁塔两侧耐张绝缘子处将导线引下，通过支柱绝缘子、串联隔离开关等，引接到串补装置。

串补装置三相混合布置，出线设备如避雷器、CVT、阻波器（需座式安装）按需要配置，布置在三相式铁塔和各相平台之间。串补平台按单相设置围栏，平行于平台设置相间道路，以满足平台检修的要求。

该方案电气设备布置较为分散，占地面积较大，但仅通过 1 个铁塔来实现串补装置的接入，在线路开断方式上有较明显的优势。

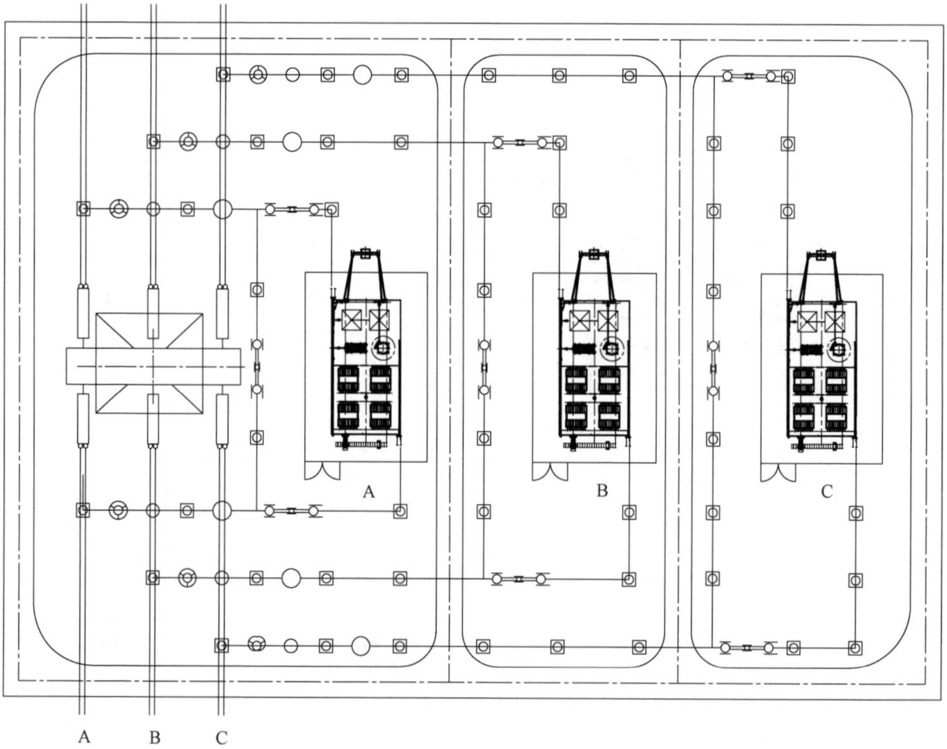

图 7-20　平台平行于线路、三相单柱式铁塔引接方案示意图

（三）串补平台平行于线路布置方案的特点

串补平台平行线路布置，采用门型构架和三相单柱式塔引接方案，配电装置

布置相对比较分散，引接线较为复杂；相间通道平行于串补平台设置；对平台设备的维护检修不受线路是否带电的限制。串补平台平行线路布置，横向宽度稍长，适用于变电站同侧相邻 1～2 回出线间隔需要加装串补装置或者是独立建设的串补站，出线间隔宽度不受限的布置情况。

四、平台在线路正下方布置

串补装置通过门型构架改接线路，串补平台布置在线路的正下方，如图 7-21 所示，串联隔离开关和串补平台均平行于线路出线方向布置，通过旁路隔离开关与门型架间的上层跨线形成线路断口，接入串补装置。

串补装置分相布置，出线设备如避雷器、CVT、阻波器按需要配置，布置在线路下方。串补平台按三相或单相设置平台围栏，在各相平台之间设置相间检修道路，以方便串补装置的运行维护及检修。

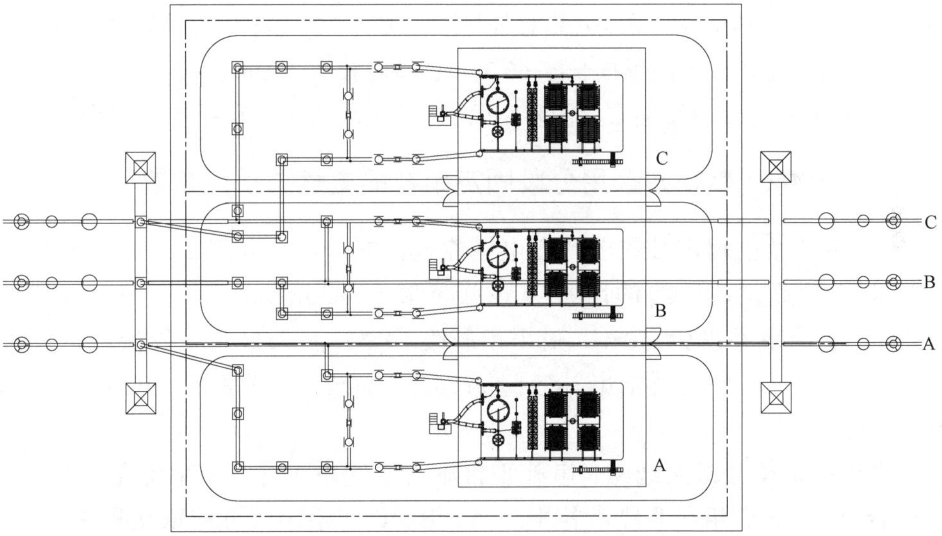

图 7-21　平台线下布置方案示意图

该方案电气布置最为紧凑，在各相平台之间设置相间检修道路以满足运行维护的要求。需注意的是，构架及导线挂点高度的确定，宜满足上层导线带电时对平台设备安装和检修的安全距离的要求，若在运行方式上仅考虑上层导线与串补装置同时投退的情况，也可仅满足上层导线停电时对平台设备的检修吊装要求。串补平台线下布置，配电装置的横向宽度最短，对于变电站同侧多回出线，特别是同侧3回以上的间隔需要加装串补装置而出线间隔横向宽度受限的布置情况，有较强的优势，但构架及导线挂点高度的确定需要结合运行方式综合考虑。

第五节 工 程 示 例

一、500kV串补站采用固定串补的电气总平面布置

XZ串补站工程，毗邻已有变电站建设，在变电站同侧3回500kV出线加装串补装置。单回线的串补装置容量为297.4Mvar，串补额定电流为2.7kA，串补度为35%，每相MOV容量为84MJ。

采用单相单柱式铁塔改接线路，串补平台垂直于线路布置。串补平台的布置尺寸为长13m、宽为8.5m，设单相围栏，平台之间设相间道路。串补就地二次设备室布置在空场地内。单柱式塔导线挂点高度为25m。单回出线串补配电装置的占地指标为沿出线方向纵向长度60.35m、横向长度76.2m。

XZ串补站电气总平面布置图和断面图分别如图7-22和图7-23所示。

二、500kV串补站采用分段固定串补的电气总平面布置

GL串补站工程，毗邻已有变电站建设，在变电站同侧2回500kV出线加装串补装置。单回线的串补装置总容量为830Mvar，串补额定电流为3.0kA，总的串补度为50%，采用串补度为25%+25%的分段接线，两段完全独立分开，每段固定串补容量为415Mvar，每段每相MOV容量为29.4MJ。

采用门型构架改接线路，串补平台垂直于线路布置。串补装置的Ⅰ段串补平台A、B、C相和Ⅱ段串补平台A、B、C相沿出线方向依次集中布置。串补平台的布置尺寸长14.5m、宽8m，设单相围栏，平台之间设相间道路。串补就地二次设备室布置在空场地内。构架导线挂点高度为21m。单回出线的串补配电装置的占地指标为沿出线方向的纵向长度170m、横向长度74.5m。

GL串补站电气总平面布置图和断面图分别如图7-24和图7-25所示。

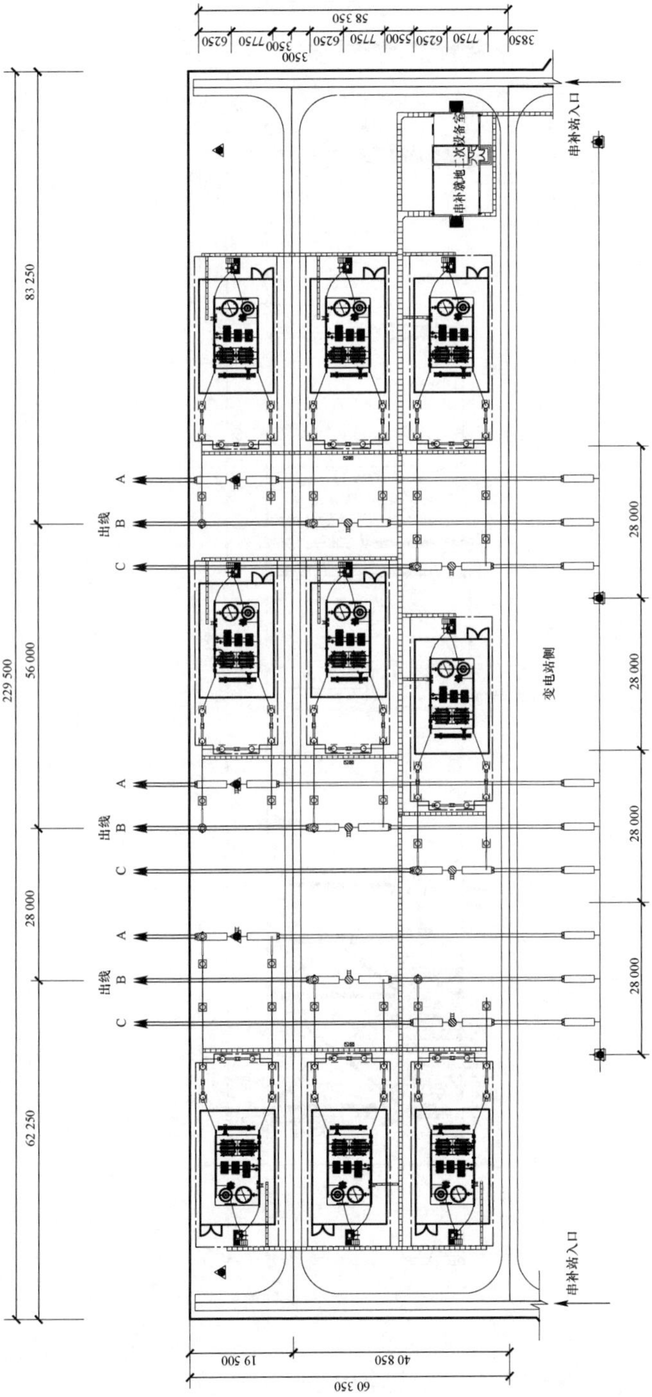

图 7-22 XZ 串补站电气总平面布置图

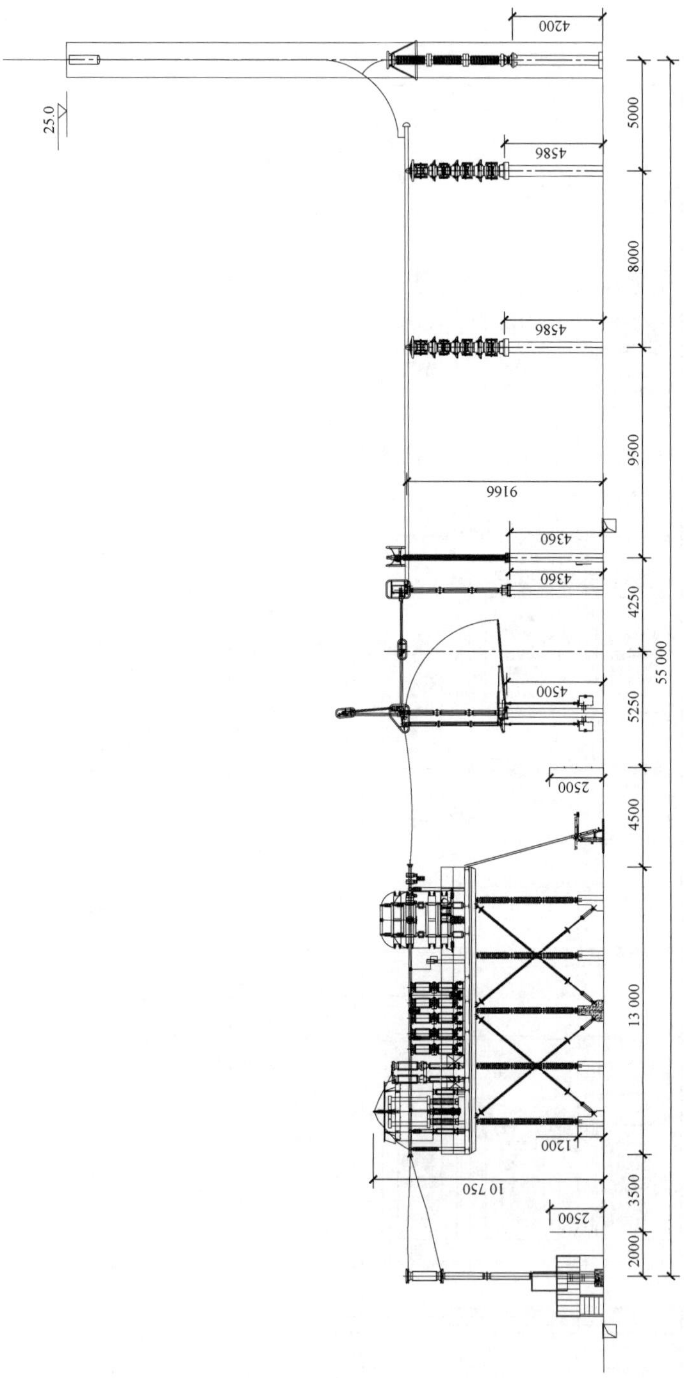

图 7－23　XZ 串补站断面图

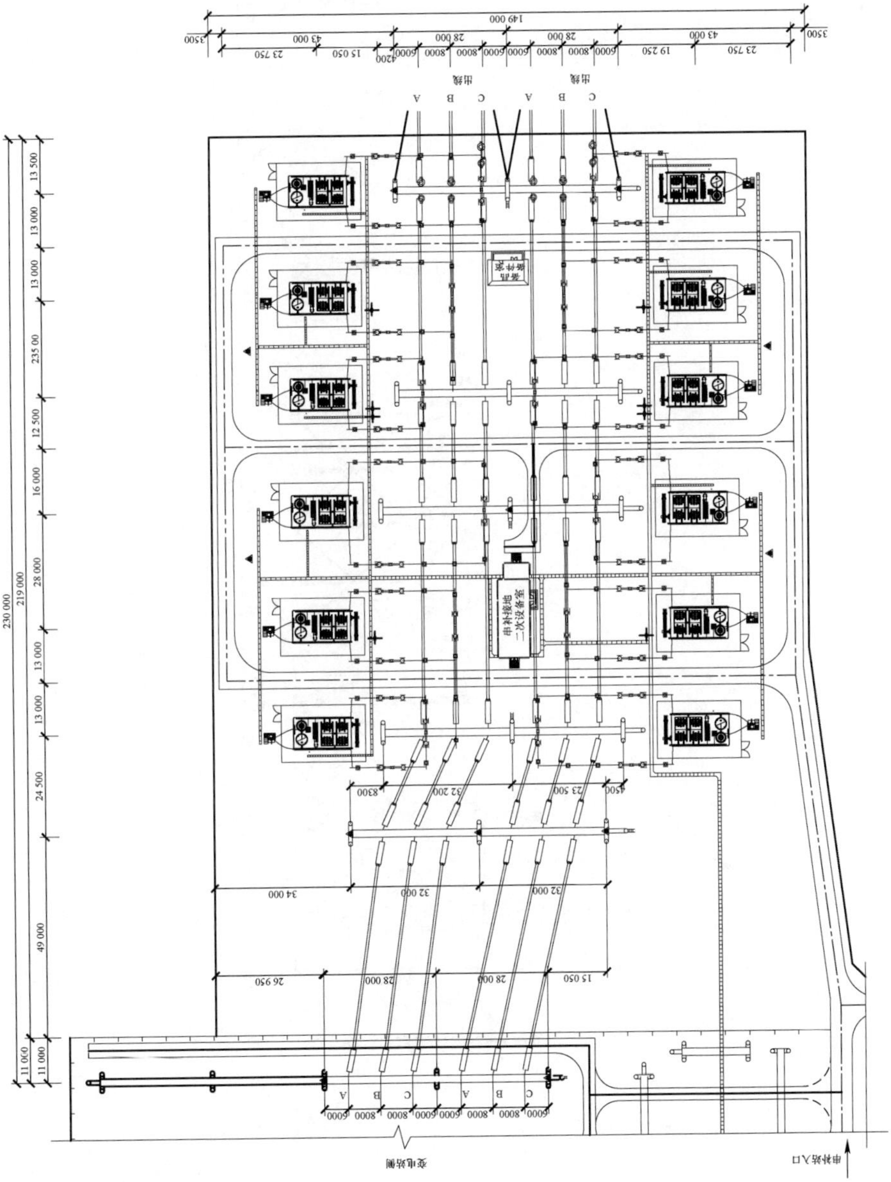

图 7-24 GL 串补站电气总平面布置图

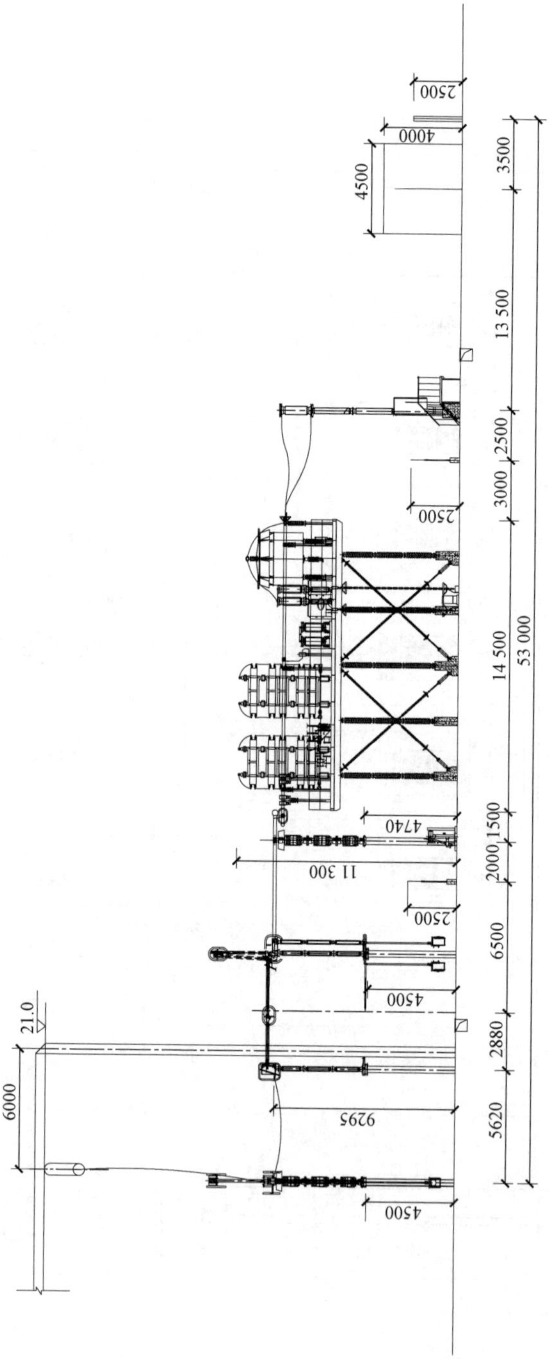

图 7-25　GL 串补站断面图

三、1000kV 串补站采用固定串补的电气总平面布置

CZ 串补站工程，毗邻已有变电站建设，在变电站 1 回 1000kV 出线加装串补装置。单回线的串补装置容量为 1500Mvar，串补额定电流为 5.08kA，串补度为 20%，每相 MOV 容量为 83MJ。

采用门型构架改接线路，串补平台垂直于线路布置。串补平台的布置尺寸长 27m、宽 12.5m，三相串补平台共设 1 个围栏，平台之间设相间道路。串补就地二次设备室布置在空场地内。构架导线挂点高度为 38m。单回出线的串补配电装置的占地指标为沿出线方向的纵向长度 130m、横向长度 150m。

CZ 串补站电气总平面布置图和断面图分别如图 7－26 和图 7－27 所示。

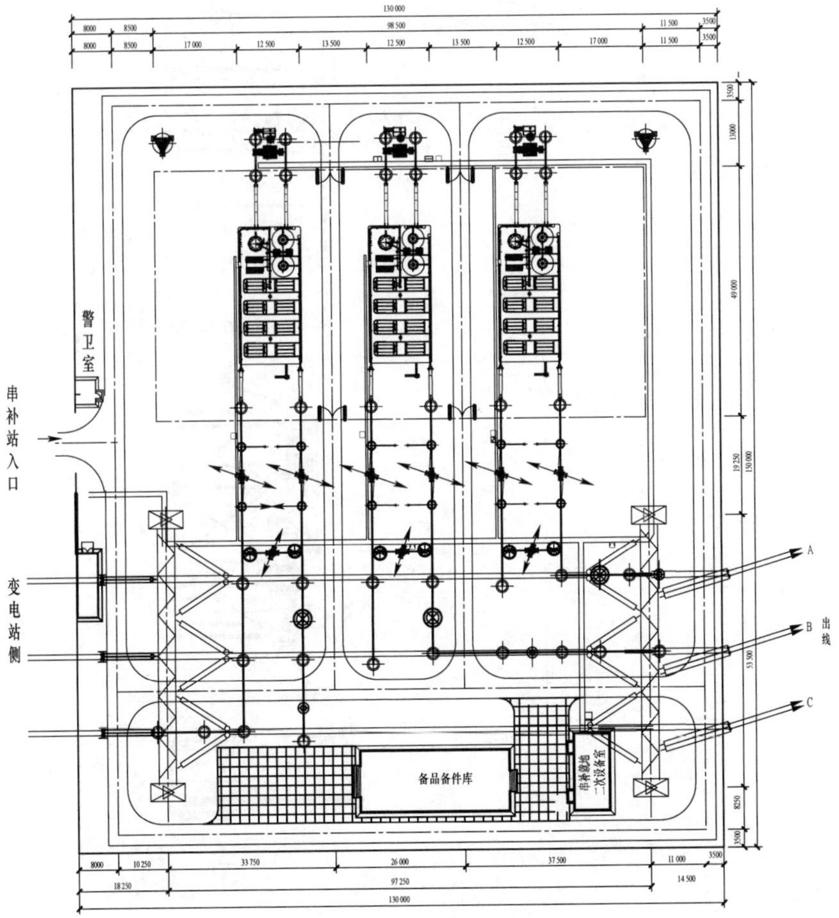

图 7－26　CZ 串补站电气总平面布置图

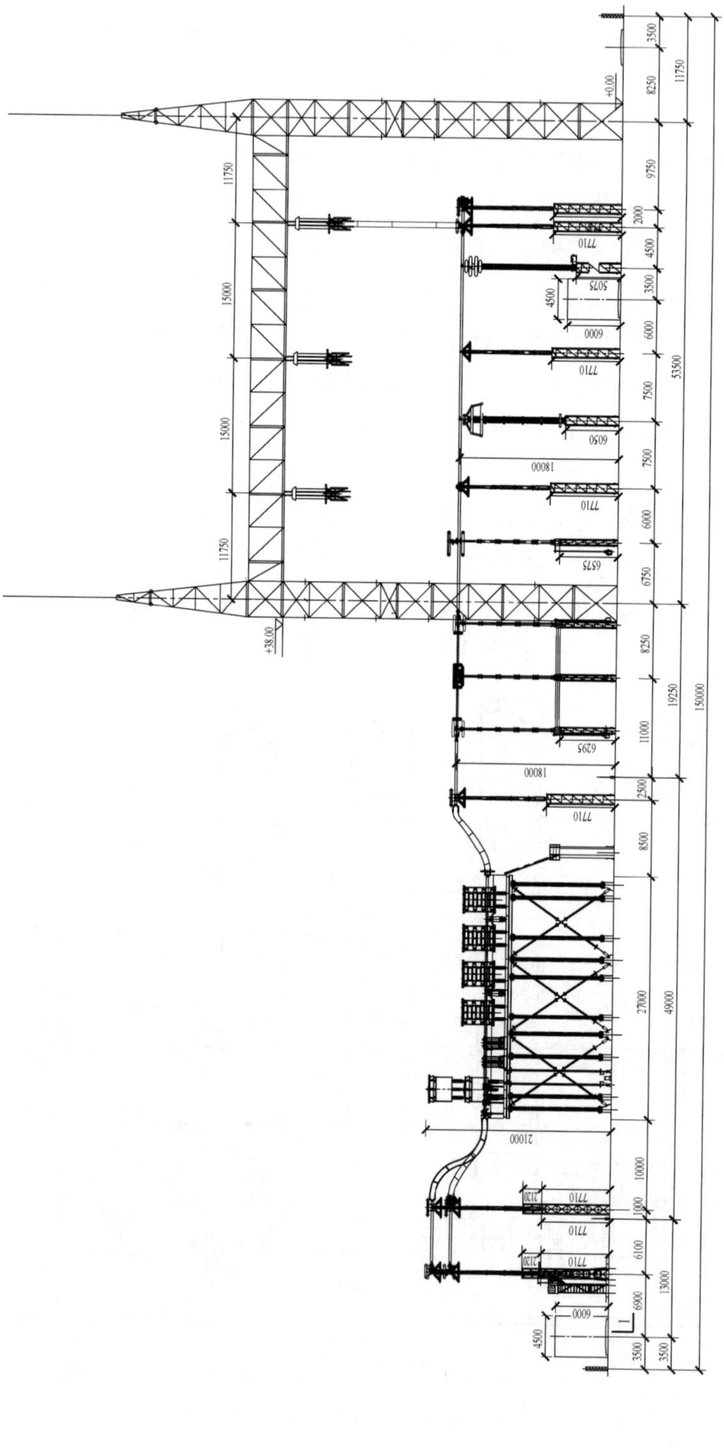

图 7-27 CZ 串补站断面图

四、1000kV 串补站采用分段固定串补的电气总平面布置

CD 串补站工程，单独建设于输电线路之间，在 2 回线路上加装串补装置。单回线的串补装置总容量为 3000Mvar，串补额定电流为 5.08kA，总的串补度为 40%，采用串补度为 20%+20%的分段接线，两段不完全独立分开，共用 1 组旁路隔离开关和 2 组串联隔离开关。每段固定串补容量为 1500Mvar，每段每相 MOV 容量为 82MJ。

采用单相单柱式铁塔改接线路，串补平台垂直于线路布置。串补装置的两段固定部分采用双平台布置，每个串补平台的布置尺寸长 27m、宽 12.5m，每回线的 6 个串补平台共设 1 个围栏，每相平台之间设相间道路。串补站的主控楼布置在串补站入口处，就地二次设备室布置在空场地内。单柱式塔导线挂点高度为 42m。单回出线的串补配电装置的占地指标为沿出线方向的纵向长度 176m、横向长度 139.5m。

CD 串补站电气总平面布置图和断面图分别如图 7-28 和图 7-29 所示。

五、500kV 可控串补站采用固定和可控组合的不完全独立段的电气总平面布置

PG 可控串补站工程，毗邻已有变电站建设，在变电站 2 回 500kV 出线加装可控串补装置。单回线的串补装置总容量为 400Mvar，串补额定电流为 2.0kA，总的串补度为 40%。固定部分容量为 350Mvar，串补度为 35%，每相 MOV 容量为 30MJ；可控部分容量为 50Mvar，串补度为 5%，每相 MOV 容量为 6MJ。

采用单相单柱式铁塔改接线路，串补平台垂直于线路布置。串补装置的固定部分和可控部分布置在一个平台上，两段的旁路开关分别布置在平台下方端部。串补平台的布置尺寸长 19.5m、宽 8m，设单相围栏，平台之间不设相间道路，在串补配电装置场地设外环路。串补就地二次设备室及冷却泵房布置在空场地内。单柱式塔导线挂点高度为 20m。单回出线的串补配电装置的占地指标为沿出线方向的纵向长度 76.5m、横向长度 115m。

PG 串补站电气总平面布置图和断面图分别如图 7-30 和图 7-31 所示。

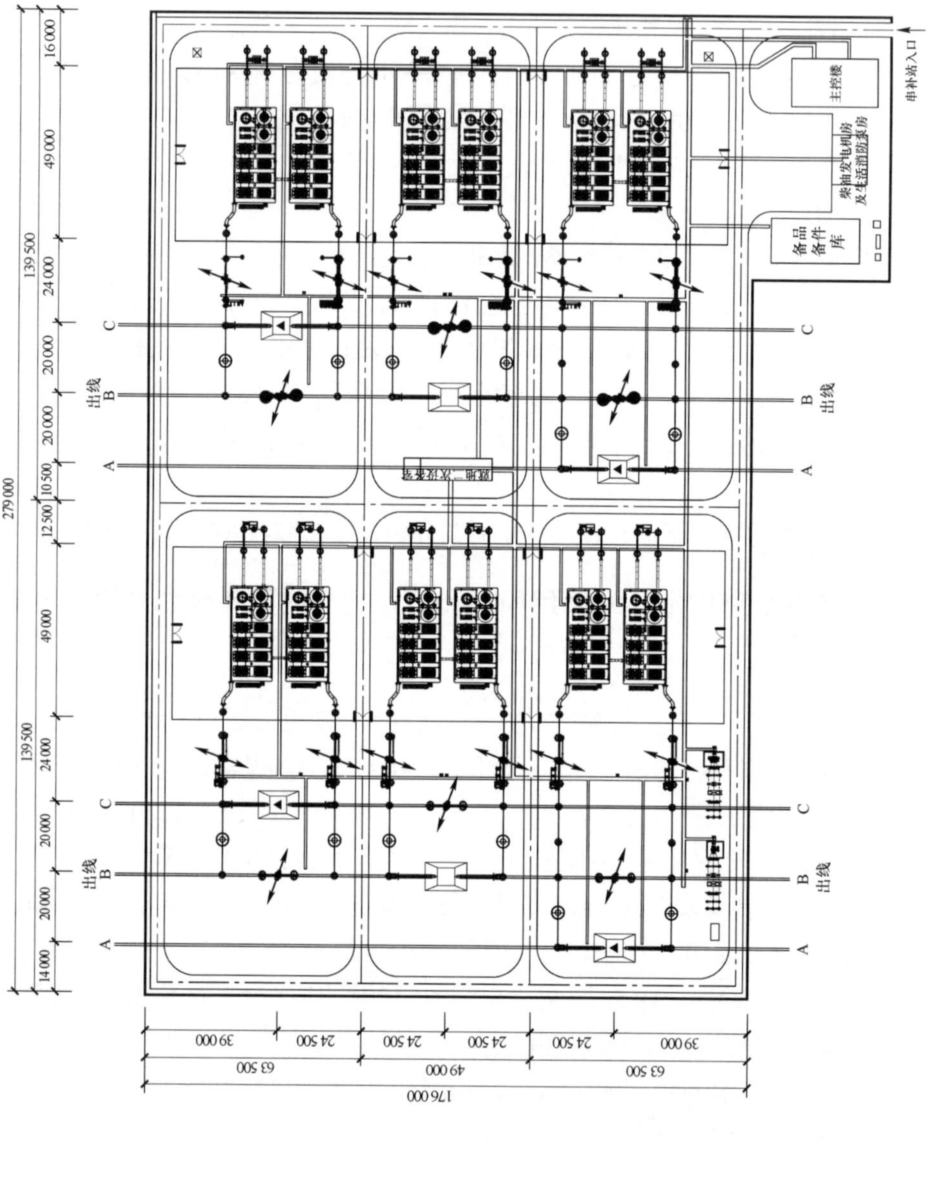

图 7-28 CD 串补站电气总平面布置图

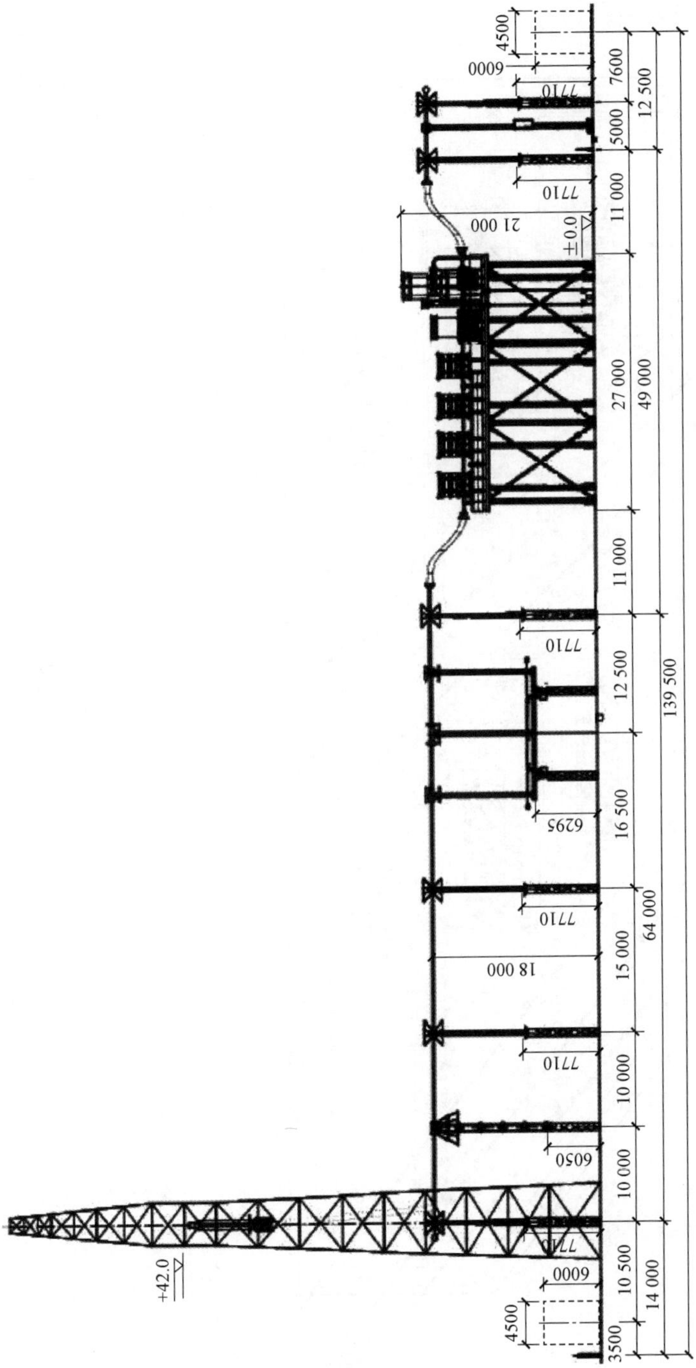

图 7-29 CD 串补站断面图

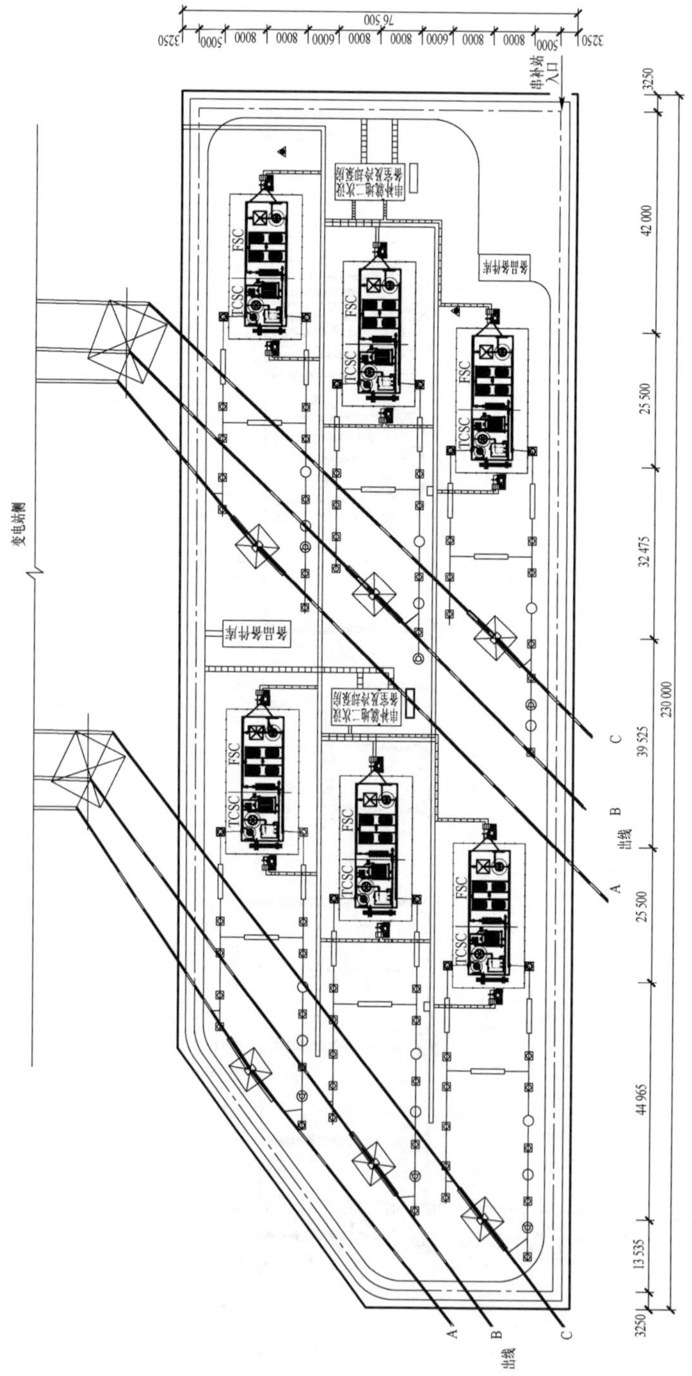

图 7-30 PG 串补站电气总平面布置图

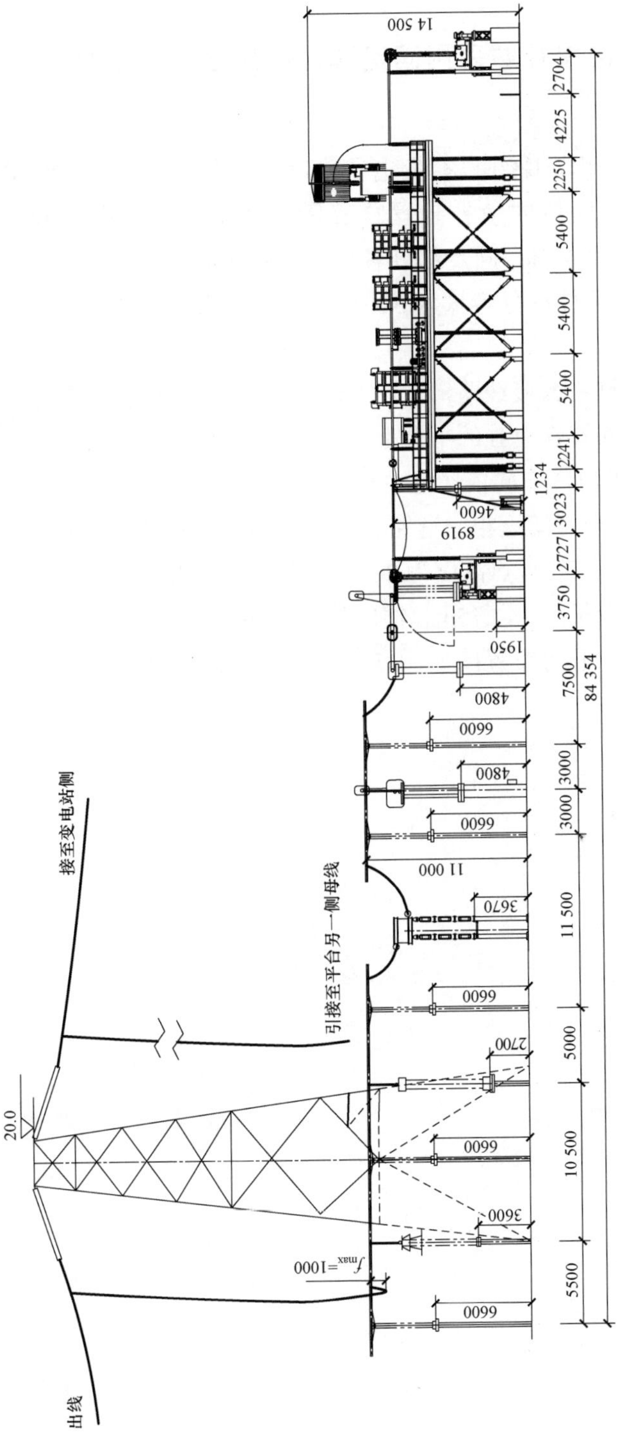

图 7-31 PG 串补站断面图

六、500kV可控串补站采用固定和可控组合的完全独立段的电气总平面布置

YF可控串补站工程，毗邻已有变电站建设，在变电站2回500kV出线加装可控串补装置。单回线的串补装置总容量为870Mvar，串补额定电流为2.33kA，总的串补度为45%。固定部分容量为544Mvar，串补度为30%，每相MOV容量为46MJ；可控部分容量为326Mvar，串补度为15%，每相MOV容量为38MJ。

采用单相单柱式铁塔改接线路，串补平台垂直于线路布置。串补装置的固定部分和可控部分分别布置在单独的平台上，固定部分A、B、C相平台和可控部分A、B、C相平台沿出线方向依次集中布置。串补平台的布置尺寸长17m、宽8m，设单相围栏，平台之间设相间道路。串补就地二次设备室及冷却泵房布置在空场地内。单柱式塔导线挂点高度为20m。单回出线的串补配电装置的占地指标为沿出线方向的纵向长度144.75m、横向长度91m。

YF串补站电气总平面布置图如图7-32所示，断面布置与PG串补站相类似。

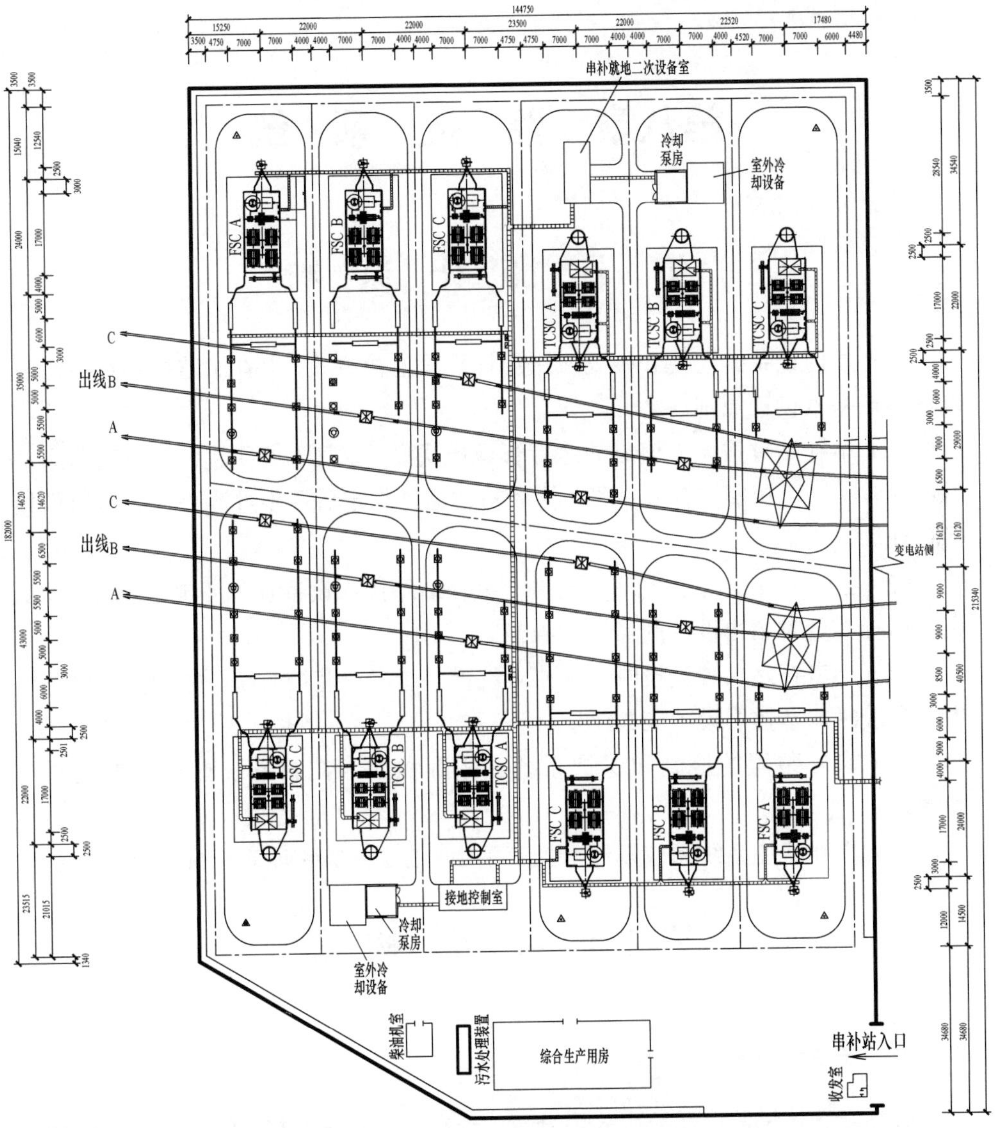

图 7-32 YF 串补站电气总平面布置图

第八章　监　控　系　统

第一节　设　计　原　则

串补站内设备的监视和控制应采用计算机监控方式，串补站监控系统应满足以下五点基本设计原则。

（1）串补站宜按无人值班的运行管理模式设计。对于单独建设的特高压串补站，可考虑投运初期按有人值班，待串补站运行稳定后逐步过渡为无人值班的模式设计。

（2）当串补站毗邻变电站建设时，串补站站控层设备宜与变电站统筹考虑，利于运行人员对站内设备的监视和维护。

（3）当串补站单独建设时，应独立设置一套串补监控系统。如为多回串补或串补分段时，站控层设备应共享。

（4）串补装置的控制和保护系统宜相互独立，控制系统宜按双重化原则配置。

（5）串补监控系统通信规约，推荐采用 DL/T 860 系列（IEC 61850）规约。

第二节　系　统　构　成

一、系统结构

串补站计算机监控系统应采用分层、分布式的网络结构，整个系统根据设备功能和控制位置分为站控层和间隔层两部分。

（一）系统分层

1. 站控层

站控层实现串补站的集中监视及管理控制间隔层设备等功能，宜由计算机网络连接的各种功能站组成，包括主机及/或操作员工作站、远动通信设备及公用接口设备等，并提供友好的人机对话界面。

站控层和间隔层之间宜采用具有良好开放性的标准以太网络，并采用星型网络拓扑结构。

2. 间隔层

间隔层实现串补站就地控制、闭锁及数据快速采集和集中处理功能，完成对串补设备的监控和旁路开关、旁路隔离开关、串联隔离开关等的分/合控制操作，同时，开关设备的位置状态信息通过采集单元传送至串补监控系统。

串补站监控系统分层结构示意如图 8-1 所示。

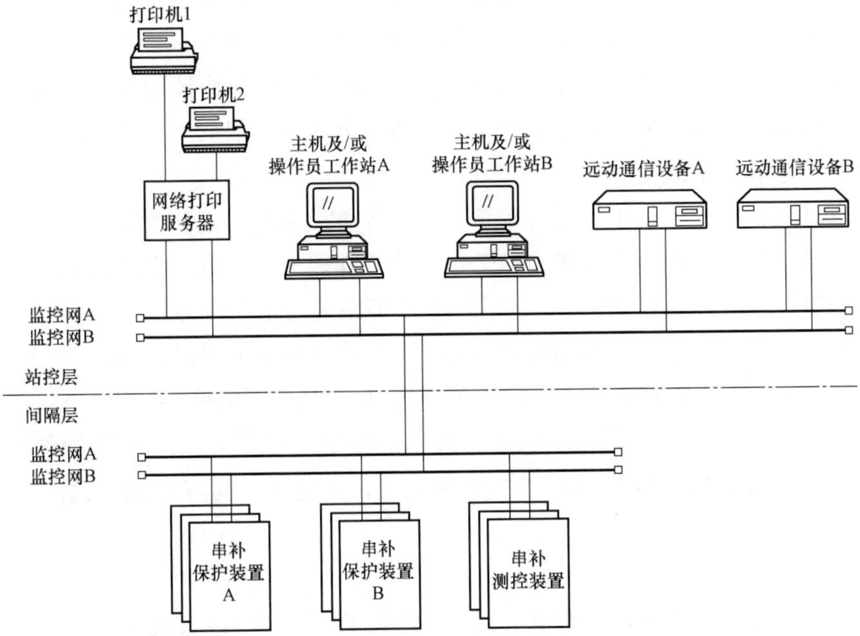

图 8-1 串补站监控系统分层结构示意图

（二）网络结构

串补站计算机监控系统网络结构应采用双以太网，站控层网络负责实现站控层设备之间以及与间隔层网络的通信；间隔层网络负责实现本串补各设备之间、与其他串补各设备以及站控层网络的通信。在站控层网络失效的情况下，间隔层应能独立完成就地数据采集和控制功能。

二、设备配置

串补站计算机监控系统按无人值班和支持远控中心控制设置监控硬件设备

和软件系统。

（一）硬件设备

1. 站控层设备

当串补站毗邻变电站建设时，串补站和变电站监控系统站控层宜互联；当串补站单独建设时，应独立设置串补监控系统，站控层主要包括主机及/或操作员工作站、远动通信设备等。

主机及/或操作员工作站采用主机与操作员站合一设置，同时具有主处理器、服务器及操作员站的功能，为站控层数据收集、处理、存储及发送的中心，并且是串补计算机监控系统的主要人机界面，用于图形及报表显示、事件记录及报警状态显示和查询，设备状态和参数的查询，操作指导，操作控制命令的解释和下达等。运行人员通过操作员工作站的人机界面实现对串补设备状态的后台监视，报警信息读取和下达控制命令。

远动通信设备实现串补站与调度、生产等主站系统之间的通信，为主站系统实现串补站监视控制、信息查询和远程浏览等功能提供数据、模型和图形的传输服务。当串补站毗邻相关变电站建设时，串补站远动信息宜通过相应变电站内的远动通信装置统一远传至各级调度中心，不再设置独立的远动通道，节省通道资源，便于调度统一管理。当串补站单独建设时，串补站的远动系统应与监控系统统筹考虑，实现全站设备和信息资源共享，调度所需的远动信息宜通过双套冗余的远动通信装置完成与调度端的数据交换，其通信规约应与相关调度端协调一致。

2. 间隔层设备

间隔层设备即 I/O 测控装置。I/O 测控装置按每回线路每套串补单独设置，当串补装置为分段接线时，则按每段串补单独设置。I/O 测控装置直接采集处理现场的原始数据，通过网络传送给站控层计算机，同时接收站控层发来的控制操作命令，经过有效性判断、闭锁检测等，最后对设备进行操作控制。各测控单元相互独立，通过通信网互联。

3. 网络设备

网络设备包括网络交换机、光/电转换器、接口设备（如光纤接线盒）和网络连接线、电缆、光缆等。

站控层网络交换机网络传输速率为 1000Mbit/s 或不低于 100Mbit/s，间隔层网络交换机网络传输速率大于或等于 100Mbit/s，构成分布式高速工业级双以太网，支持交流、直流供电，电口和光口数量应满足串补站应用要求。网络交换机应具有网络管理功能，且全站宜采用同一品牌的网络交换机。

（二）软件系统

串补站计算机监控系统应采用通用工业软件，包括操作系统、数据库和应用软件以及通信接口软件等。软件配置应满足开放式系统要求，由实时多任务操作系统软件、支持软件及监控应用软件组成，采用模块化结构，具有实时性、可靠性、适应性、可扩充性及可维护性。软件系统的配置具体应满足以下要求：

（1）以数据处理为主的设备一般采用 UNIX、LINUX 操作系统以保证系统安全，而以人机界面为主的设备，如工程师工作站等则采用 Windows 操作系统。这种混合平台的配置，既能充分保证整个监控系统的稳定可靠性以及强大的处理能力，又能给运行人员提供简捷易用的操作界面，是一种综合性能最优的系统配置。

（2）操作系统软件应成熟稳定，有软件许可，它应包括操作系统生成包、诊断系统和各种软件维护工具。操作系统能防止数据文件丢失或损坏，支持系统生成及用户程序装入，支持虚拟存储，能有效管理多种外部设备。

（3）数据库的规模应能满足串补监控系统基本功能所需的全部数据的需求，并适合所需的各种数据类型，数据库应用软件应具有实时性，能对数据库进行快速访问；同时具有可维护性及可恢复性。对数据库的修改，应设置操作权限，在任一工作站上对数据库中的数据修改时，数据库管理系统应自动对所有工作站中的相关数据同时修改，保证数据的一致性。

（4）应采用系统组态软件用于数据生成、图形与报表编辑等数据库建模与系统维护操作。应满足系统各项功能的要求，提供交互式、面向对象、方便灵活、易于掌握、多样化的组态工具。

（5）应用软件应采用模块化结构，具有良好的实时响应速度、可扩充性和有出错检测能力。当某个应用软件出错时，除有错误信息提示外，不允许影响其他软件的正常运行。应用程序和数据在结构上应互相独立，由于各种原因造成硬盘空间满，不得影响系统的实时控制功能。

（6）网络系统应采用成熟可靠软件，管理各个工作站和就地控制单元相互之间的数据通信，保证它们的有效传送、不丢失。

第三节 系 统 功 能

串补监控系统包括监视功能、控制功能、事件顺序记录功能、远动功能、时钟同步对时功能、防误闭锁功能等，可控串补监控系统还包括调节功能。

一、监视功能

监视功能包括对串补站模拟量、开关量实时数据的采集、处理和显示，应能通过画面显示串补设备的运行状态（包括就地和远程）和控制操作的执行过程。串补装置模拟量、开关量监视信号参见表 8-1 和表 8-2，表中列出了与串补装置相关的监视信号。

表 8-1　　串补装置模拟量监视信号

序号	设备名称	信息名称	备注
1	平台	电流	
2	电容器	电流、不平衡电流	
3	MOV	电流、分支电流、温度	
4	旁路开关	电流	
5	串补线路	电流	
6	串补装置	无功功率	

表 8-2　　串补装置开关量监视信号

序号	设备名称	信息名称	备注
1	平台	故障信号	
2	电容器	故障、过负荷及不平衡告警信号	
3	MOV	运行状态与故障信号	
4	旁路开关	分/合闸信号、操动机构信号、失灵告警信号、动作信号	
5	隔离开关/接地开关	分/合闸信号、操动机构信号	
6	间隙	监视及故障信号	
7	光纤柱	通信故障信号	
8	非线性电阻	过负荷及故障告警信号	
9	串补装置	故障信息	
10	控制、保护系统	就地或远程设定控制参数/保护整定值、线路保护联动信号	
11	晶闸管阀	调节信号、控制及冷却系统的监视和报警信号等	可控串补

二、控制和调节功能

控制功能包括对串补站旁路开关、隔离开关等设备的分/合控制、晶闸管阀的解锁/闭锁（仅可控串补）等，控制系统应具有远方和就地控制功能，操作员可对需要控制的串补设备进行控制操作，其控制量参见表 8–3。

表 8–3　　串补控制量

序号	设备名称	信息名称	备注
1	旁路开关	分/合闸	
2	隔离开关/接地开关	分/合闸	
3	串补装置	启动/停运等	
4	晶闸管阀	解锁/闭锁	可控串补

（一）控制级别

根据控制地点的不同，串补站的控制级别在设计上分设三个层次，按其优先级依次为：

（1）串补站就地二次设备室控制。在串补站就地二次设备室中设有就地操作员工作站，供初期有人值班时的控制操作。

（2）变电站远方控制中心控制。在变电站远方控制中心也配置一套操作员工作站，供运行人员在远方对串补站的设备进行监视控制。

（3）远方调度端/远方控制中心控制。根据调度管理关系，串补站将由国调（或网省调）直接调度管辖，将接受调度下达的控制命令。

串补装置的控制权在各控制地点间安全可靠地转移，并且各控制方的控制权能相互闭锁，确保同一被控设备在任何时候只能接受单一控制方的命令。控制权在界面显示，规定控制权优先级。

（二）控制功能

控制系统应可以实现串补装置的手动控制和自动顺序控制功能，可下达命令，执行串补装置的投入或退出。

为防止误操作，在任何控制方式下都需采用分步操作，即选择、返校、执行，并在站级层设置操作员、监护员口令及设备代码，以确保操作的安全性和正确性。对任何操作方式，应保证只有在上一次操作步骤完成后，才能进行下一步操作，同一时间只允许一种控制方式有效。

串补装置的运行状态分为运行、旁路、隔离、接地四种状态，以图 8-2 所示固定串补典型接线图为例，串补运行状态与各开关设备位置对应关系见表 8-4。

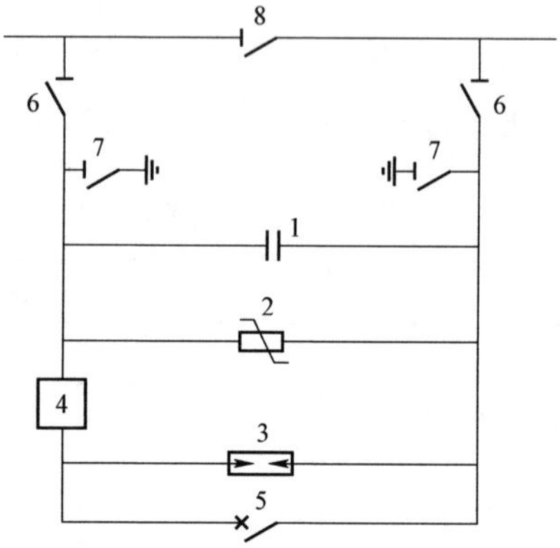

图 8-2　固定串补典型接线图

1—串联电容器组；2—MOV；3—保护火花间隙；4—限流阻尼设备；5—旁路开关；6—串联隔离开关；7—接地开关；8—旁路隔离开关

表 8-4　串补运行状态与各开关设备位置对应关系表

设备 状态	旁路开关		旁路隔离开关		串联隔离开关		接地开关	
	合	分	合	分	合	分	合	分
运行状态		√		√	√			√
旁路状态	√			√	√			√
隔离状态	√		√			√		√
接地状态	√		√			√	√	

串补装置的程序化顺控操作是指在四个状态之间进行顺序切换，当操作过程中出现异常时，可立即终止操作，并在监控后台返回错误信息。

后台发出自动隔离串补装置信息时，系统将自动依次对旁路开关、旁路隔离开关、串联隔离开关和接地开关进行相应操作，最终将串补转接地状态；当后台发出自动投入串补装置信息时，系统将自动依次对接地开关、串联隔离开关、旁路隔离开关和旁路开关进行相应操作，最终将串补转运行状态。

可控串补的旁路开关、隔离开关、接地开关等开关设备的设置与固定串补相同，故顺控操作与固定串补相同。

串补四种运行状态顺序切换步骤示意如图 8－3 所示。

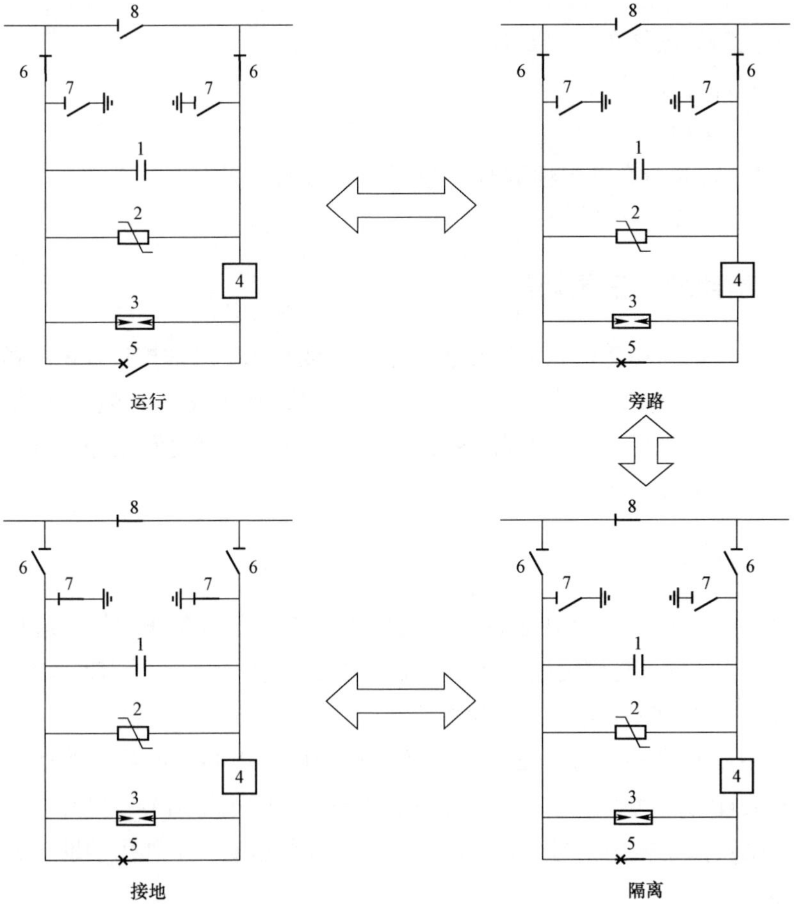

图 8－3　串补四种运行状态顺序切换步骤示意图

1—串联电容器组；2—MOV；3—保护火花间隙；4—限流阻尼设备；5—旁路开关；
6—串联隔离开关；7—接地开关；8—旁路隔离开关

（三）调节控制功能

调节控制功能，用于可控串补，主要工作是根据系统要求给出阻抗控制命令进行调节，主要功能包括以下内容：

（1）根据系统状况及控制系统自身运行状况决定可控串补的运行状态，并进行闭锁、容性调节等状态切换。

（2）根据运行要求，按照所投入控制方式工作，给出晶闸管触发角。

（3）根据当前运行工况，对触发角度进行工作区间限制，防止 TCSC 工作在内部谐振区，使保护电容器工作在规定的过负荷工作范围内。

（4）按照要求进行主从切换。

调节控制的操作命令主要有：

1）调节目标阻抗；

2）主从切换；

3）晶闸管阀命令（容性调节状态/旁路状态/闭锁状态）；

4）控制方式。

三、事件顺序记录功能

事件顺序记录功能可以实现设备状态异常或故障、通信接口及网络故障、测量值越限等报警及处理。进行事件的监视与顺序记录（SER 功能），包括内部和外部事件，分辨率为 1ms 或更高。SER 数据应存储在可重复利用的数据存储介质上，以方便查询读取。

四、远动功能

远动功能可以实现串补装置运行数据和设备状态的数据远传与遥控命令的执行。远动接口负责与调度端或集控中心的通信，通信规约支持 IEC 60870－101、IEC 60870－104、CDT 等标准通信规约。

调度中心对串补装置进行实时监控所需的信息主要有：重要的保护动作信息；串补装置的启动和停运；串补设备的状态和故障报警信号；串补开关设备的分、合控制及操动机构信号；就地或远程设定控制参数；串补用辅助电源监视和报警信号。

表 8－5 为串补远动信息量表，具体工程可根据相关调度要求增减。

表 8－5　　串补远动信息量表

模拟量信号	数字量信号		
	变位信息	动作信息	告警信息
电容器不平衡电流、电容器电流、平台闪络电流、间隙电流、MOV电流、线路电流、户外温度、阀片温度	旁路开关、隔离开关、接地开关分合状态、旁路开关就地位置、线路跳闸、暂时/永久闭锁、次同步谐振开入信号	整组启动、旁路开关合闸、旁路、重投允许、闭锁重投、间隙持续导通、间隙延迟触发/拒触发、线路联跳串补旁路、次同步谐振旁路、远跳线路	电源异常、户外温度采样异常、过负荷告警、电容器不平衡告警、次同步谐振告警、各回路启动电流接收异常、各回路保护电流接收异常、开关位置异常、开关 SF_6 低告警、与触发装置通信异常、触发通道异常、触发失败、错误触发

五、时钟同步对时功能

串补监控系统设备应具备时钟同步对时功能，从串补站或变电站内时间同步系统接收站内统一的全球定位系统 GPS 或北斗的标准授时信号，各单元之间的对时误差应小于 1ms。站控层设备宜采用网络对时方式，间隔层设备宜采用 IRIG－B、1pps 对时方式。

当串补站毗邻变电站建设时，也可从站内时钟同步对时系统引接对时信号。

六、防误闭锁功能

串补装置必须在线路正常运行后方可投入运行，因此在控制和保护装置中应设置可靠的闭锁逻辑，在电气回路上，串联隔离开关受接地开关状态位置的闭锁，旁路隔离开关在断开位置时不能断开串联隔离开关，另外，旁路开关在合闸位置时方可操作旁路隔离开关。控制系统向串补开关设备发出的命令，应满足防误操作和操作闭锁的条件。

串补监控系统具备防误闭锁功能，即防止误分、合断路器；防止带负荷分、合隔离开关；防止带电挂（合）接地线（接地开关）；防止带地线送电；防止误入带电间隔。

串补监控系统应提供闭锁逻辑，具备操作模拟功能，实现对串补站设备的防误操作闭锁，满足串补开关操作“五防”要求。

串补站的防误操作闭锁一般采用以下方案：串补监控系统具备“五防”操作功能，远方操作时由监控系统的“五防”功能实现全站的防误操作闭锁功能，就地操作时则由电脑钥匙和锁具来实现，同时在受控设备的操作回路中串接本间隔的硬接线闭锁回路。闭锁条件应满足运行要求，修改、增加的联锁条件和设备编码应满足运行要求。

串补装置中的旁路隔离开关、串联隔离开关、接地开关以及旁路开关的操作应有防误闭锁，串补装置围栏网门、检修爬梯应与串联隔离开关的接地开关实现联锁。

串补设备操作闭锁关系如下：

（1）进行旁路开关操作：旁路开关在合闸位置，串联隔离开关在合上位置，接地开关在拉开位置。

（2）进行串联隔离开关操作：旁路开关在合闸位置，旁路隔离开关在合上位置，接地开关在拉开位置。

（3）进行接地开关操作：旁路开关在合闸位置，串联隔离开关在拉开位置。

（4）进行打开网门操作：旁路开关在合闸位置，旁路隔离开关在合上位置，串联隔离开关在拉开位置，接地开关在合上位置。

设备运行时平台是带电的，平台的围栏门上配置有锁具，锁具钥匙放在专用保管箱内，保管箱与平台的状态有闭锁关系，当平台带电时，不能打开保管箱取得钥匙，当平台转为检修状态后方可打开保管箱取得钥匙，才能打开平台围栏的门进入围栏内。

第四节 通 信 及 接 口

为了实现对全站设备的监视和控制，串补监控系统与站内其他二次系统都有接口。

一、与公用智能系统设备的接口

串补监控系统应能接收来自公用智能系统的故障报警或状态信号，以及需要监测的模拟量。可根据工程要求和具体设备的情况采用网络、串行接口或硬接线方式进行通信，实现运行人员对串补站内公用智能系统运行状态和设备信息的监视。

（1）与站用辅助电源系统的接口：站用辅助电源系统包括直流电源系统、交流不停电电源系统及 380/220V 站用电。站用辅助电源系统的重要告警信号，如主机故障、馈线跳闸等，以及需要监测的重要模拟量信号，如输入/输出电压、频率等均应通过无源触点或网络接口接入串补监控系统。

（2）与火灾报警、图像监视系统的接口：能接收火灾报警、图像监视系统的运行状态和告警信息，可通过无源触点或网络接口接入串补监控系统。

二、与时钟同步对时系统的接口

能接受串补站内同步对时系统授时信号，宜采用 IRIG－B（DC）码、1pps 对时方式，站控层设备宜采用网络对时方式，对时误差小于等于 1ms。

三、与串补保护的接口

保护信号的输入：重要的保护动作、装置故障信号等通过无源触点输入；其余保护信号通过以太网接口与串补监控系统相连获得各类保护信息。

四、与安全稳定控制装置的接口

出于系统稳定需要，应考虑串补装置与安全稳定控制装置的接口。

（1）串补装置宜向安全稳定控制装置提供串补运行、串补旁路及串补维修等开关量信号，补偿度等模拟量信号。

（2）串补装置应能接收安全稳定控制装置提供的旁路串补装置的信号。

第九章 保 护 系 统

第一节 一 般 要 求

串补继电保护用于检测运行中发生于串补装置及串补线路，对串补运行构成危害的故障情况，并正确动作相关保护，发出相应的处理指令，及时准确地隔离或切除故障，保证串补设备的安全与稳定运行，并配合线路保护来保护系统中的其他设备。

一、设计原则

串补装置的保护系统应满足以下基本的设计原则：

（1）串补保护系统与控制系统应相对独立，分开组屏。

（2）串补保护应双重化冗余配置，冗余配置的保护装置应采用不同的测量器件、通道、辅助电源和出口，不应有任何的电气联系。

（3）串补保护按每回线路每套串补单独设置，当串补装置为分段接线时，串补保护按每段串补单独设置。

（4）对于分段串补，每段串补装置的保护系统应相互协调配合，当某段串补故障时，仅本段串补保护动作，退出本段串补装置，而不影响另一段串补装置的运行。

（5）对于可控串补站，固定部分和可控部分的保护宜分别配置。

二、保护动作出口

串补保护为冗余设计，应保证既可防止误动又可防止拒动，任何单一元件的故障都不应引起保护的误动和拒动。双重化配置的每重保护宜采用“启动+动作”相“与”门的跳闸逻辑出口，启动和动作的元件按完全独立的原则配置，即测量回路、装置元件完全独立，单一元件故障不应造成误出口。

根据不同的保护配置及功能设定，串补保护动作出口主要有以下八种：

（一）报警

一般针对异常或影响较小的简单故障，在这种情况下系统给出报警信息，提醒运行人员注意，但装置本身不对系统进行任何操作。

（二）旁路

当出现严重故障而有可能对系统造成损害的情况时，保护装置发旁路开关合闸命令，使电容器组被旁路，串补退出运行。

（三）触发间隙

当出现非常严重的故障，需要在极短的时间内将电容器组旁路的情况，由于开关固有合闸时间在 30～50ms，这时需要触发保护火花间隙，使其导通达到快速旁路的作用。由于间隙不能自熄弧，因此在间隙放电击穿后仍需要合旁路开关使间隙熄弧。

（四）重投

对于某些瞬时故障，在旁路开关合闸后躲过故障，等系统恢复正常后应自动将串补系统重新投入运行，此时需要保护装置发旁路开关分闸命令使串补重新投入运行。重投有以下两种模式。

（1）单相重投模式：单相故障单相重投，多相故障不重投。

（2）三相重投模式：单相故障三相重投，多相故障不重投。

（五）暂时闭锁

在检测到故障后旁路开关合闸，在某些情况，旁路后续的一段时间内不允许对旁路开关进行任何分闸操作，直到达到暂时闭锁复归时间。

暂时闭锁为串补保护所自动产生的，在一些涉及重投的保护动作后，会暂时闭锁一段时间，然后根据线路状态来判断是否准备重投。暂时闭锁由保护系统所控制，并由其自动复归，无法通过人为复归，除非将保护装置断电。

（六）永久闭锁

在检测到故障后旁路开关合闸，某些情况下不再允许分闸操作，除非经过运行人员检测确认可以进行再次重投，“永久闭锁”命令由“复归永久闭锁”开入复归。

永久闭锁一般也是保护自身产生的，在某些严重故障下，保护直接三相旁路后永久闭锁。永久闭锁是需要按下保护屏柜上的“复归永久闭锁按钮”才能手动复归的。

暂时闭锁或永久闭锁复归后装置不会主动发出重投命令，除非有相关保护启动重投。

（七）永久旁路

与永久闭锁类似，永久旁路也是在旁路之后禁止重投。

永久旁路与永久闭锁的区别：永久旁路一般指开关在一定时间内多次旁路、重投，为了避免过于频繁动作，在超过一定次数后永久旁路禁止重投，此时需要人为分闸才能解除永久旁路；永久闭锁一般是指系统出现重大故障时旁路开关禁止重投（人工或保护均不能分开旁路开关），直到故障解除后，人为复归永久闭锁信号。前者为系统出现异常但可以调整的状态，后者为故障状态。

（八）远跳线路

对于某些故障，需与线路保护配合，跳开线路本侧断路器，同时利用线路保护远跳通道，将串补远跳命令发送至对侧，跳开对侧线路断路器。

第二节　串 补 装 置 保 护

串补装置根据设备自身的特点，可采用不同的保护配置组合，但保护功能要完备，针对串补装置的主设备，串补装置的保护类型主要有电容器保护、MOV保护、火花间隙保护、旁路开关保护、晶闸管阀保护（仅可控串补）及平台闪络保护六大类，另外还有一些辅助保护，如触发回路监视、线路电流监视、光纤故障保护、次同步谐振保护等。

一、保护配置

（一）电容器保护

对电容器故障及异常运行装设电容器不平衡保护和电容器过负荷保护。电容器不平衡保护根据电容器电流以及电容器不平衡电流（即差流）的大小，计算差流与电容器电流的比值大小。电容器过负荷保护以反时限特性对电容器电流进行连续监视并且同定时限过电流相配合。

（二）MOV 保护

为保证在线路故障时，MOV 吸收的能量控制在允许的范围内，以免损坏MOV，应装设 MOV 过负荷保护，MOV 过负荷保护宜包括 MOV 能量保护、温度保护和 MOV 高电流保护。对多支路并联接线的 MOV，对 MOV 出现不平衡故障应装设 MOV 不平衡保护。

（三）火花间隙保护

对间隙故障及异常运行宜装设间隙持续导通保护、间隙延迟出发保护、间隙拒绝触发保护及间隙自触发保护。

火花间隙动作的基本条件：区内故障可以动作，但在区外故障时不允许动作。

（四）旁路开关保护

对串补装置的旁路开关，三相状态不一致或失灵故障应装设旁路开关三相不一致保护和旁路开关失灵保护。

（五）晶闸管阀保护

对晶闸管阀故障及异常运行宜装设晶闸管阀过负荷保护、晶闸管阀持续导通保护、晶闸管阀拒绝触发保护、晶闸管阀不对称触发保护及阀裕度不足保护。

（六）平台闪络保护

为防止安装在平台上的电容器、MOV 等一次设备对平台发生闪络放电造成损坏，将平台上的设备单点接至平台并穿过平台电流互感器，配置平台闪络保护，检测闪络放电故障。

（七）其他辅助保护

1. 触发回路监视

只有当电容器电压满足一定条件时，间隙触发回路才能正常发挥作用，因此当准备发出触发信号且电容器电压低于定值时，间隙触发命令被封锁。

2. 线路电流监视

当电容器被带有自动重投功能的保护旁路后，经过一定时间延时自动投入功能就被启动。当串补重投时，如果线路的电流很高则应闭锁重投。

3. 光纤故障保护

串补装置数据全部通过光纤传输，当采样通道异常或光纤链路故障时，为防止保护误动，合并单元将采样通道异常信号发送给串补保护装置，串补保护装置根据故障信号，将本串补保护装置闭锁。

4. 次同步谐振保护

次同步谐振保护通过监视线路 SSR 电流，识别 SSR 现象并旁路串补装置。

固定串补装置保护总体配置如图 9－1 所示。

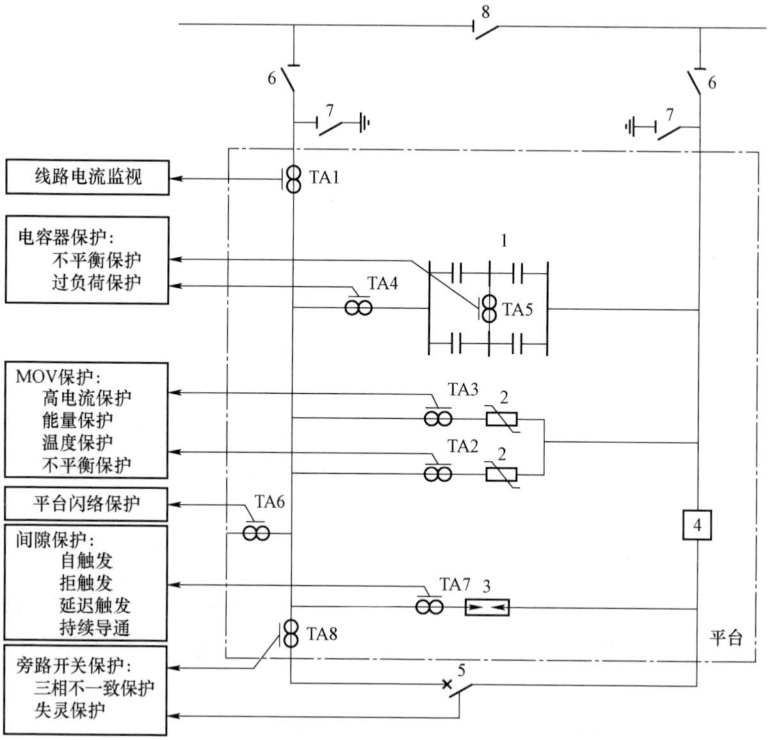

图 9-1　固定串补装置保护总体配置图

1—串联电容器组；2—MOV；3—保护火花间隙；4—限流阻尼设备；5—旁路开关；
6—串联隔离开关；7—接地开关；8—旁路隔离开关；
TA1—线路电流互感器；TA2—MOV 支路 1 电流互感器；TA3—MOV 支路 2 电流互感器；
TA4—电容器组电流互感器；TA5—电容器组不平衡电流互感器；TA6—平台电流互感器；
TA7—火花间隙电流互感器；TA8—旁路断路器电流互感器

可控串补装置保护总体配置如图 9-2 所示。

二、保护功能

串补装置的继电保护功能由串补保护装置实现，依据平台测量箱提供的模拟量和控制保护装置采集的开关量信息，经过保护核心算法与逻辑处理，以检查串补设备和系统的运行情况，根据检查结果，正确执行分、合旁路开关和触发火花间隙命令，快速可靠地隔离串补设备，或配合系统安全可靠运行。

串补保护装置应实现如下功能：获取串补装置必要信息，监视相关开关量信息，完成装置一次设备的保护算法，当系统故障或装置故障时，给出相应保护动作指令，如触发间隙、合旁路开关等。

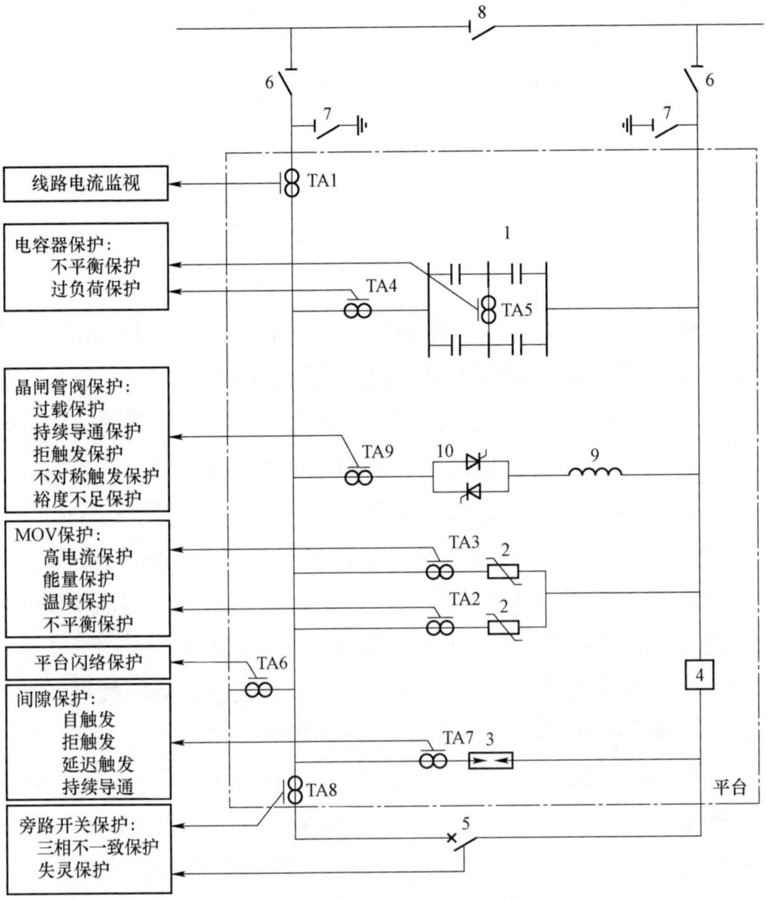

图 9-2 可控串补装置保护总体配置图

1—串联电容器组；2—MOV；3—保护火花间隙；4—限流阻尼设备；5—旁路开关；6—串联隔离开关；7—接地开关；8—旁路隔离开关；9—阀控电抗器；10—晶闸管阀；TA1—线路电流互感器；TA2—MOV 支路 1 电流互感器；TA3—MOV 支路 2 电流互感器；TA4—电容器组电流互感器；TA5—电容器组不平衡电流互感器；TA6—平台电流互感器；TA7—火花间隙电流互感器；TA8—旁路断路器电流互感器；TA9—阀控支路电流互感器

（一）电容器保护

1. 不平衡保护

电容器不平衡保护通过测量电容器的不平衡电流，反应串联电容器内部元件损坏状况，电容器不平衡电流的测量一般采用图 9-3 所示的三种结构形式。

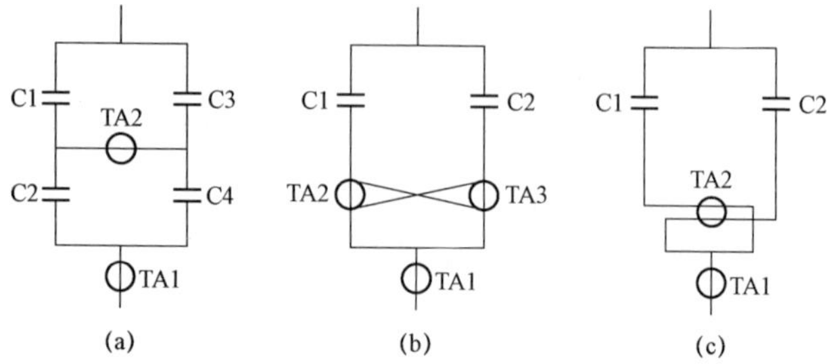

图 9－3　电容器不平衡电流不同测量方式

（a）H 形连接测量方式；（b）二次侧取差流测量方式；（c）一次侧取差流测量方式

对于内熔丝型电容器，一般采用如图 9－3（a）所示结构形式，采用 H 形结构直接测量其不平衡电流。此结构形式电容器元件损坏时产生的不平衡电流较小，电容器不平衡保护是通过测量电容器组分支的中点间电流的方法，来检查由于内部熔丝熔断造成的 H 形连接的电容器组中的不平衡电流。

对于无熔丝型电容器，一般采用如图 9－3（b）、（c）所示结构形式，其中图 9－3（b）为两个电流互感器在二次侧取差流进行测量，图 9－3（c）为改变主接线结构在电流互感器的一次侧取差流。电容器不平衡保护采用测量电容器组两个分支电流差的方法来检测电容器元件是否发生损坏。这两种结构形式电容器元件损坏时产生的不平衡电流较大，但对两个分支电流互感器的特性要求比较严格。

电容器不平衡保护分为电容器不平衡告警和电容器不平衡旁路动作。定值段按此要求分为告警段、低定值段和高定值段。其中，电容器不平衡告警的整定值设置在较低水平，以便能给出预先提醒，发报警信号，告知运行人员做计划停运串补更换掉故障元件，电容器可继续运行；当不平衡电流超过低定值时，经长延时旁路电容器组，告警与低定值通过不平衡电流与电容器电流之间的比值关系体现。电容器不平衡保护高定值段，将旁路动作的整定值设置在较高水平，该整定值仅与不平衡电流有关，当不平衡电流大于高定值时，旁路断路器将合闸，将电容器组旁路。

2. 过负荷保护

过负荷保护反应电容器的过负荷状况，对电容器电流进行连续监视，以反时限特性决定过负荷的情况是否会引起电容器损坏。

电容器保护启动后，经过一个短延时发出过负荷报警信息，保护动作后，闭合旁路开关并进入暂时闭锁状态，经过延时后串补装置重投。如果在规定的时间内，过负荷次数大于保护设定的允许重投次数，则过负荷保护动作后进入永久闭锁状态，只有手动解除闭锁才能重新投入。

（二）MOV 保护

在 MOV 电流增加的同时，MOV 将吸收一定的能量，为了避免 MOV 吸收的能量过高，MOV 保护根据 MOV 的电流、能量、能量上升速度和温度等信号启动串补火花间隙动作，从而限制 MOV 吸收的能量。

1. MOV 过电流保护

MOV 过电流保护反应 MOV 过电流状况，通过监测 MOV 支路及总回路的电流实现。在发生电流系统故障 MOV 吸收能量过快时，MOV 过电流保护迅速出口触发火花间隙、合旁路开关，满足重投条件可自动重投。对于可控串补还应触发晶闸管阀。

MOV 一般分为两组，从而实现在 MOV 过电流保护中增加对两个 MOV 分支电流的判别，进一步保证 MOV 过电流保护动作的可靠性，同时又不降低其动作的速动性。

2. MOV 能量保护

MOV 能量保护反应 MOV 吸收能量大小以及上升速度的状况，在发生电力系统故障时，为避免 MOV 吸收能量过多，MOV 能量保护应迅速动作出口触发火花间隙、合旁路开关，满足重投条件可自动重投。对于可控串补还应触发晶闸管阀。

MOV 能量保护分为低定值段和高定值段。低定值保护动作后允许单相旁路，而高定值保护动作后则三相旁路，并暂时闭锁一定时限后返回，但不自动重投。

3. MOV 温度保护

MOV 温度保护反应 MOV 温度状况，MOV 吸收能量后内部温度将升高，为避免 MOV 因温度过高而损坏，MOV 温度保护应动作出口触发火花间隙、合旁路开关，满足重投条件可自动重投。对于可控串补还应触发晶闸管阀。

当串补线路发生故障时，故障电流流过 MOV 后会造成 MOV 温度的上升。MOV 温度的高低，取决于环境温度以及上一次动作后的残余温度。当 MOV 温度上升到预定值时，为了防止 MOV 进一步吸收能量而造成损坏，需要退出串补装置，并且在温度降到安全的温度之前禁止重新投入串补。

4. MOV 不平衡保护

MOV 不平衡保护反应 MOV 设备损坏状况，串补 MOV 通常由多支 MOV 单元并联组成，一般分成两个支路安装，两个 MOV 支路之间的不平衡电流可反映

MOV 设备损坏状况。一旦 MOV 故障，MOV 两个分支中流过的电流将不平衡，若其中一个分支电流过大将导致 MOV 损坏。MOV 不平衡保护监测 MOV 两个分支间的不平衡电流，当电流在一定时间内大于定值，应动作出口触发火花间隙（受电容器两端电压闭锁）、合旁路开关，永久闭锁并告警，对于可控串补还应触发晶闸管阀。

（三）火花间隙保护

串补保护触发间隙后要求火花间隙能够迅速将串补旁路退出运行，为检测火花间隙动作是否迅速且正确，间隙保护主要设置间隙自触发保护、拒触发保护、延迟触发保护和持续导通保护。

1. 间隙自触发保护

间隙自触发保护反应保护未发出触发命令时发生间隙自行导通的故障或异常，是保护系统对火花间隙进行监视的一种保护。保护动作出口合旁路开关，满足重投条件可自动重投。

2. 间隙拒触发保护

间隙拒触发保护反应保护发出触发间隙命令后，间隙未能正常导通的故障或异常。保护动作出口永久旁路。

3. 间隙延迟触发保护

间隙延迟触发保护反应保护发出触发间隙命令后，间隙未能在正常触发时限内导通的故障或异常，也是保护系统对火花间隙进行监视的一种保护。保护动作出口永久旁路。

4. 间隙持续导通保护

间隙持续导通保护反应间隙导通时间过长故障或异常。保护动作出口永久旁路，并联动串补装置所在线路两侧的线路开关。

（四）旁路开关保护

1. 旁路开关合闸失灵保护

旁路开关合闸失灵保护反应旁路开关发生合闸失败故障，当串补保护发出旁路命令或手动合闸命令发出后，旁路开关合闸，电容器电流应为零。如果没有，可认为旁路开关失灵，保护将发出永久旁路命令同时发出跳开线路本侧断路器命令。

人工闭合旁路开关时不启动旁路开关合闸失灵保护，三相位置不一致保护同样不启动旁路开关合闸失灵保护。

2. 旁路开关分闸失灵保护

旁路开关分闸失灵保护反应旁路开关发生分闸失败故障，在其他保护分开旁路开关的情况下，经过设定的延时后，对断路器的实际位置进行检测，判断旁路开关是否出现拒分的情况。如果出现拒分的情况，分闸失灵保护动作出口永久旁路。

3. 旁路开关三相不一致保护

旁路开关三相不一致保护反应旁路开关发生三相位置不一致故障，保护动作于永久旁路串补。目前，旁路开关本体机构一般都配置三相不一致功能，因此在实际工程设计中应实际测试本体机构断路器三相不一致的整定时间，以保证与串补保护配置的三相不一致保护整定延时相配合。一般三相不一致保护功能宜由断路器本体机构实现。

（五）晶闸管阀保护

1. 阀过负荷保护

阀过负荷保护反应晶闸管阀过负荷状况，是为防止阀电流过大从而造成阀损坏而设置的保护，保护动作出口永久旁路。

2. 阀持续导通保护

当晶闸管阀长时间流过较大的故障电流而故障相的旁路开关没有旁通时，晶闸管阀持续导通保护动作，跳开线路断路器。

3. 阀拒触发保护

当发出晶闸管阀触发指令后，指定时间内晶闸管阀电流没有达到设定值以上时，晶闸管阀拒绝触发保护动作，延时启动旁路开关，永久旁路电容器组。

4. 阀不对称触发保护

正常运行时，晶闸管阀的正向电流和反向电流应该基本对称。晶闸管阀不对称触发保护是为了防止出现阀单向触发或者正向和反向阀电流绝对值差过大而设置的。当晶闸管阀不对称触发且电流达到设定值，晶闸管阀不对称触发保护动作，延时启动旁路开关，永久旁路电容器组。

5. 阀裕度不足保护

正常运行时，晶闸管阀会留有一定的裕度，随着晶闸管阀的损坏，阀的裕度会越来越小。如果情况继续发展，就有可能造成剩余的阀组因为过电压而损坏。当出现阀裕度低于下限时，保护系统将启动晶闸管阀裕度不足保护，启动旁路开关并永久闭锁可控串补。

（六）平台闪络保护

反应串补平台上设备与串补平台间绝缘状况，当绝缘平台上的一次设备对绝缘平台闪络放电时，安装在绝缘平台上一次设备低压端与绝缘平台之间的平台闪络电流互感器将流过电流，当该电流大于定值时平台闪络保护将动作，串补三相旁路退出运行。保护动作出口永久旁路。

平台闪络保护分低定值与高定值保护，前者为电流有效值比较，后者为电流瞬时值比较。

（七）其他辅助保护

1. 触发回路监视

串补系统的触发回路与双套冗余保护相配合，即每套串补保护装置对应一个独立的间隙触发回路，保证火花间隙强制触发的可靠性。

2. 线路电流监视

当线路电流高于本保护的高定值时，电容器的重新投入可能会造成电容器电流过高，进而导致 MOV 的能量增大或电容器过负荷，所以在这种情况下应该闭锁重投。

3. 光纤故障保护

光纤断线及光电转换模块损坏监视将对光纤及光电设备进行连续监测，如果出现异常情况，保护将发出告警信号，并将异常情况所对应的保护模块闭锁，防止可能的误动作。

4. 次同步谐振保护

检测串补设备和同步发电机之间可能出现的 SSR 谐振，如果检测到线路上的次谐波含量超过保护定值，且电容器电流有效值大于启动定值，经延时后合旁路开关来旁路电容器组，并经延时分旁路开关，串补装置重新投入。若在一定时间内串补重投次数超过一定数值，则直接启动永久旁路，不再重投串补装置。

串补保护配置及保护动作出口类型见表 9-1。

表 9-1　串补保护配置及保护动作出口类型表

保护配置			保护动作出口							
			报警	旁路	触发间隙[①]	重投	暂时闭锁	永久闭锁	永久旁路	其他
电容器	不平衡保护	告警	√							
		低值保护		√				√		

续表

保护配置			保护动作出口							
			报警	旁路	触发间隙①	重投	暂时闭锁	永久闭锁	永久旁路	其他
电容器	不平衡保护	高值保护						√	√	
	过负荷保护		√	√		√②	√		√③	
MOV	过电流保护			√	√	√	√			
	能量保护	低值保护		√	√	√	√			
		高值保护		√	√		√			
	温度保护			√	√		√			
	不平衡保护		√	√	√			√		
火花间隙	自触发保护			√		√④		√⑤		
	拒触发保护			√				√		
	延迟触发保护			√				√		
	持续导通保护（选配）			√				√		远跳线路
旁路开关	合闸失灵保护			√				√		远跳线路
	分闸失灵保护			√				√		
	三相不一致保护			√				√		
晶闸管阀（仅 TCSC）	过负荷保护			√						
	持续导通保护									远跳线路
	拒触发保护								√	
	不对称触发保护								√	
	裕度不足保护			√				√		
平台	闪络保护							√	√	
其他	触发回路监视			√	√⑥	√	√			
	线路电流检测		√							闭锁重投
	光纤故障保护		√							
	次同步谐振保护（选配）			√						

① 对于可控串补，如间隙和阀同时配置，则触发间隙的同时还应触发阀。

② 过负荷次数小于定值时，经整定延时后，若无其他闭锁，保护将发三相重投命令。

③ 过负荷次数大于定值时将永久旁路，且电容器过负荷次数是不分相记录的。

④ 间隙自触发次数小于定值时，经整定延时后，若无其他闭锁，保护将发三相重投命令。

⑤ 间隙自触发次数大于定值将永久闭锁，且间隙自触发次数是分相记录的。

⑥ 线路联动串补保护动作时，是否触发间隙将根据电容器两端电压大小确定。

三、串补对线路保护的影响和要求

输电线路上装设串补后，线路阻抗发生改变，导致输电线路继电保护测到的故障电流、电压和视在阻抗相应变化，使得线路保护更加复杂。此外，故障电流可能由通常情况下的滞后于电压变为超前于电压，这种变化取决于串补度和故障位置。

（一）串补线路保护的特点

加装串补之后的线路及相邻线路，存在下述特点。

1. 故障电流、电压反向

由于网络谐振使得电流和电压相量在复平面的位置不同于无串补系统，电压和电流这种异常的相位特性通常称为相量反向或颠倒。加装串补之后的线路，由于串联电容的影响可能引起故障电流、电压的反向，导致保护对是否存在故障及其方向产生错误判断，串补度越高，电流、电压反向越容易发生。

2. 故障暂态过程中产生低频分量

加装串补后，当故障包含串补电容时，电流电压中将出现衰减的低频分量，与衰减的直流分量相比较，由串补引起的低频分量衰减更慢，其频率更接近于工频而难以滤波。

（二）串补装置对线路保护的影响

串补装置会显著改变输电线路的外部特性，给继电保护带来以下影响。

1. 对距离保护的影响

串补装置作为一个集中的容抗存在，破坏了输电线路阻抗沿线分布均匀的基本特性，保护安装处的测量阻抗可能出现容性综合阻抗这一情况，这对于以测量感性阻抗为依据的保护是不利的，因此距离保护的保护范围和方向判别都会受到影响。

2. 对零序过电流和零序方向判别的影响

接入串补装置以后，零序保护的性能主要在以下两方面受到影响：其一是串补不对称击穿时，系统不平衡将产生零序电流，使得零序过电流保护受到影响；其二是以测量零序阻抗来判别方向的零序功率方向元件受到影响，发生正向故障时，由于串补电容的存在，可能导致测量的零序阻抗方向判别错误，使得零序方向误判为反向。

3. 对保护动作边界的影响

加装串补的线路发生故障后，暂态电流信号中总是含有低频衰减分量，对于以工频分量作为动作判据的保护来说，会造成保护的动作边界不稳定。

4. 带串补重合对线路保护的影响

输电线路一般采用单相重合闸方式，在线路发生单相故障保护正确动作跳开故障相后，对应相的串补装置可能处于两种状态，即串补正常投入运行和旁路开关动作串补退出运行。在重合闸时如果该相串补投入，所形成的暂态分量可能对于保护带来不利影响；如果该相串补未投入，则三相串补处于不对称运行状态，零序分量可能造成零序加速保护等出现不正确动作。

5. 串补不对称旁路对线路保护的影响

当本线路存在故障时，串补本体的保护动作，譬如间隙动作等，其动作速度远快于线路保护装置；或者是区外故障，可能造成本线路串补装置的保护动作；在某些正常运行情况下，也会出现串补的旁路开关误动作等情况。这些串补的不对称旁路，使线路出现了纵向故障，产生了不平衡的零负序电流电压，对于零序过电流、零序方向等保护均有可能产生影响。

（三）串补对线路保护的配置要求

当线路加装串补装置后，线路故障特征的复杂性加大了保护装置可靠动作的难度，为提高串补系统保护可靠性，线路继电保护的配置除了应满足可靠性、选择性、灵敏性和速动性的要求外，还应考虑以下四点：

（1）对于装设串补装置的新建或改建工程，应对本线及相邻线路进行计算，明确影响范围及是否需要配置带串补功能的保护。对原有系统继电保护不符合要求的部分还应提出改造方案。

（2）加装串补之后的线路，应对原有线路继电保护的适应性进行研究论证，如果装设可控串补，线路保护还应能适应可控串补动态调节过程。

（3）加装串补之后，线路保护应能适应电压互感器在串补的母线侧或线路侧的不同安装位置。

（4）为尽量保留欠范围整定的距离Ⅰ段和工频变化量距离保护的保护范围，当同时具备接入串补装置线路侧与母线侧电压互感器的条件时，应采用线路侧电压互感器。

（四）串补与线路保护的联跳要求

1. 线路保护动作旁路串补装置

为限制线路断路器 TRV，减小潜供电流，保证重合闸的快速动作，线路保护动作应联动串补装置控制系统将电容器旁路，线路保护应具有相应功能及接口。线路保护旁路串补装置原理如图 9-4 所示。

当线路故障时，线路保护装置发出远跳信号给串补保护装置，立即旁路电容器以避免线路故障对串补系统造成损害。串补保护装置在接收到线路保护发出的联动信号时应立即动作出口触发火花间隙，合旁路开关，满足重投条件可自动重投。对于可控串补还应触发晶闸管阀。

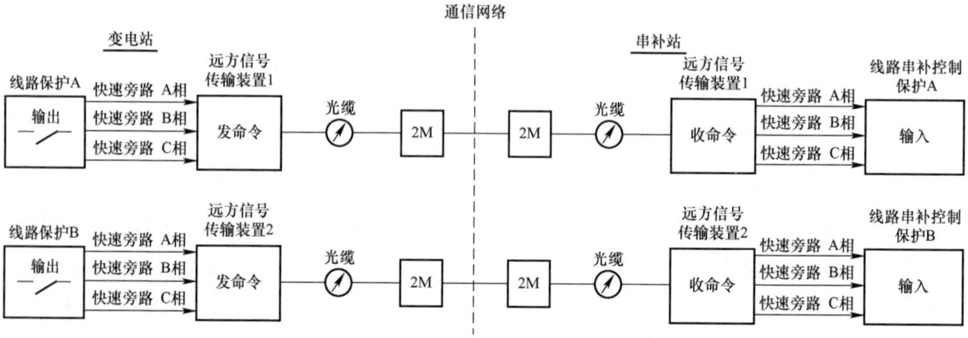

图 9-4　线路保护旁路串补装置原理图

此外，在区内故障时迅速将串补旁路退出运行还有利于潜供电流自灭，有利于提高线路重合闸成功率。

2. 串补旁路开关失灵联跳线路

当串补站旁路开关失灵（拒合）及发生三相不一致时，需与线路保护配合，跳开线路本侧断路器，同时利用线路保护远跳通道，将串补远跳命令发送至对侧，跳开对侧线路断路器，线路保护应具有相应功能及接口。旁路开关失灵联跳线路原理如图 9-5 所示。

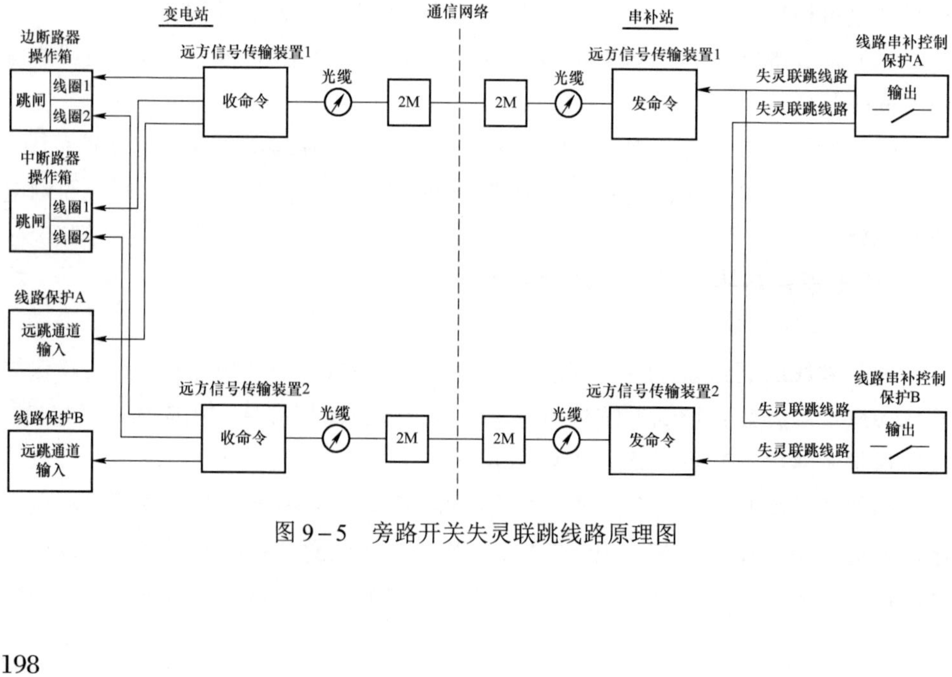

图 9-5　旁路开关失灵联跳线路原理图

第三节 故 障 录 波

一、故障录波装置的配置

串补装置宜设置独立的暂态故障录波系统，并应独立于串补控制保护系统。在串补装置发生保护动作等事件时，串补故障录波系统能及时记录各个电气量的变化过程及继电保护与安全自动装置的动作行为，并能传输、存储和显示录波数据及相关内容，以备查询分析故障事件和系统状态。记录的数据包括电流、电压、开关量及有关元件的有功、无功功率等。通常串补装置的故障录波系统均可以手动启动和触发启动录波。

串补故障录波在串补或线路发生故障以及手动情况下启动，记录当前模拟量和开入量信息，并通过录波网将录波数据上传到故障录波人机接口和保护及故障录波工作子站，为系统和故障分析提供依据。

二、故障录波装置技术要求

（一）功能要求

串补装置的故障录波，即暂态故障记录功能，其记录的数据包括电流、电压、开关量及有关元件的有功、无功功率等。应满足以下功能要求：

（1）故障录波装置采样频率应不低于10kHz（可调），故障前0.5s开始记录，记录总时间为5s（在最大采样频率时）。

（2）模拟量输入应不少于64路，开关量输入不少于128路，并应有10%备用。

（3）录波开关量、模拟量的数量应能满足串补装置要求，记录的数据应可以远程读取，数据格式应采用COMTRADE最新版。

（4）故障录波装置宜具备组网功能，通过录波专网与保护及故障录波工作子站通信。

（5）录波分析软件应能实现录波信号选择、图形处理、信号处理，具备谐波分析、序分量计算、功率计算、阻抗计算、向量图、阻抗轨迹图等功能。

（6）接收串补站内时间同步系统发出的IRIG－B(DC)时码作为对时信号源，对时精度应小于1ms。

（7）具备与保护及故障录波工作子站通信的功能，通信规约采用相关电力行业标准。

（二）信号采集要求

串补故障录波装置的模拟量采集一般采用光信号传输模式，通过 TDM 总线供录波装置使用；也可采取经 D/A 转换为±10V 直流电压或 4～20mA 直流电流信号，供录波装置使用。开关量一般采用无源触点方式，现也有部分厂家已实现光纤通信方式，可传送的开关量比常规无源触点方式更多。

1. 模拟量采集

串补站故障录波模拟量信号应按相采集，宜包括线路电流、电容器电流、电容器不平衡电流、MOV 电流和温度、MOV 分支电流、火花间隙电流或晶闸管阀电流、旁路开关电流、平台电流。

2. 开关量采集

串补站故障录波开关量信号应按相采集，宜包括旁路开关位置信号、串补装置各保护装置动作和报警信号、串补装置暂时旁路和永久闭锁信号。当需要线路保护动作联动串补电容器旁路时，还宜包括线路保护跳闸和线路保护联动触发信号。

三、保护及故障录波工作子站的设置

当串补站单独建设时，串补站宜设置独立的保护及故障录波工作子站，该子站应通过电力数据网、专用通信通道或拨号方式与远方调度中心进行数据交换，其通信规约应与相关调度端协调一致。当串补站毗邻变电站建设时，串补站与相关变电站宜共用一个保护及故障录波工作子站，串补故障录波所记录数据应通过网络接口上传至变电站内故障录波和保护子站。

第四节　通信及接口

串补保护在与其他系统的通信方面应满足以下接口要求。

1. 与线路保护联动的接口

串补保护系统与串补所在线路保护的联动包括两个方面：一方面是线路保护快速旁路串补，线路保护输出分相跳闸触点至串补保护；另一方面是串补旁路开关失灵联跳线路，输出跳开串补线路本侧断路器的信号，至断路器操作回路，同时输出远跳对侧线路断路器的信号，利用线路保护远跳通道，将串补远跳命令发送至对侧断路器操作回路。

2. 与时钟同步对时系统的接口

能接受串补站内同步对时系统授时信号，宜采用 IRIG－B（DC）码、1pps 对时方式，对时误差小于等于 1ms。

3. 与串补监控系统的接口

串补保护与监控系统交换的信息主要包括串补装置重要的保护动作信号、装置故障信号等，可通过以太网通信，也可采用硬接线方式。

4. 与对侧次同步谐振装置的接口

在电力系统中，汽轮发电机组经串补接入系统可能引发发电机轴系与电网电气量相互作用的 SSR 现象，这种电气—机械谐振现象，能在短期内损坏发电机轴系，即使谐振较轻，也会显著消耗轴的机械寿命，简而言之，次同步谐振是汽轮发电机轴系与装有串补的电网相互作用的结果。串补保护应预留次同步谐振开入的接口，用于接收次同步谐振信号。

第十章　测　量　系　统

第一节　设　计　原　则

串补装置的测量系统是指将高压平台上的电流、电压等被测电气量数字化后，通过光纤传送到地面串补二次设备室的控制和保护系统。串补控制保护通过测量系统提供的数据进行分析判断，采取相应的控制策略和保护功能，保证串补控制保护系统的安全运行。

布置在串补平台上的设备，工作时处于强烈的电磁干扰情况下，且工作电源的获取受到很大限制，因此，串补装置的测量系统在设计上应满足以下基本设计原则：

（1）测量系统宜由计算机监控系统实现，并按相分别采集，不设置常规测量表计。

（2）平台上的测量系统与地面控制保护系统不能有电气上的连接，应采用光纤测量系统，光电转换装置宜集成在互感器本体上。

（3）平台上光纤测量系统的供电电源不应采用蓄电池作为电源，宜采用由地面激光电源光纤传送，也可采用线路电流取能，或两者的混合供电，并尽可能降低测量系统的能耗。

（4）平台上的测量系统处于户外环境中，应具有较强的环境适应性，在周围环境可能的变化范围内，能够正常工作，还应具有很强的耐受电磁干扰的能力，以适应平台上的大电流、高场强环境要求。

（5）由于串补平台工作时处于强烈的电磁干扰环境中，且高度较高，平台上的测量系统日常维护困难，因此要求测量系统具有高可靠性和稳定性。

第二节　测 量 装 置 配 置

为保证串补控制保护系统能够快速、有效、可靠地监测串补装置，应在一次系统中配置相应的测量点，各测量点的配置应根据串补控制保护系统的需求确定。尽管目前各串补设备厂商的控制保护技术特点不同，相应各区域测量点的配置也略有不同，但并不影响其控制策略和保护功能。

一、固定串补测量装置配置

固定串补宜测量并记录下列参数：串补线路电流及电压、电容器电流及不平衡电流、MOV 电流及温度、旁路开关电流、无功功率、电容器不平衡率、MOV 能量、火花间隙电流、平台故障电流，设计时可根据具体工程选取。固定串补电流测量点配置示意如图 10－1 所示。

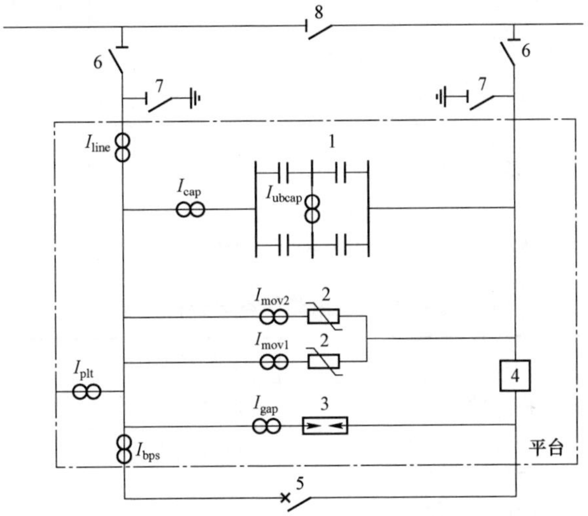

图 10－1　固定串补电流测量点配置示意图

1—串联电容器组；2—MOV；3—保护火花间隙；4—限流阻尼设备；5—旁路开关；
6—串联隔离开关；7—接地开关；8—旁路隔离开关

二、可控串补测量装置配置

可控串补宜测量并记录下列参数：晶闸管阀电流、触发角、串补阻抗、补偿度、串补线路频率（有阻尼低频振荡功能时），设计时可根据具体工程选取。可控串补电流测量点配置示意如图 10－2 所示。

图 10－1、图 10－2 中所示串补装置控制保护用测量点电流符号及含义见表 10－1。

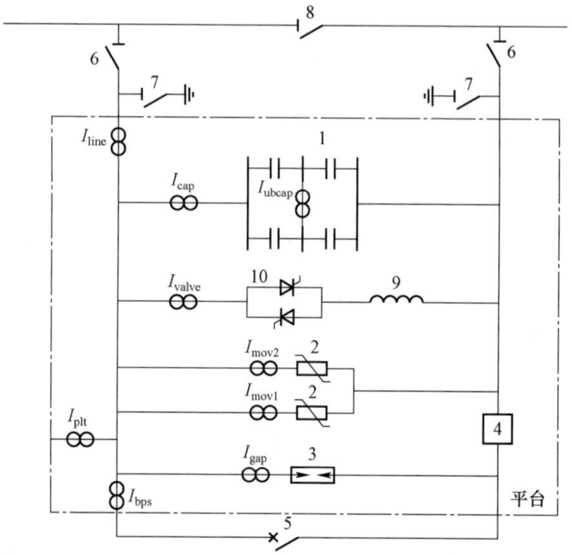

图 10-2　可控串补电流测量点配置示意图

1—串联电容器组；2—MOV；3—保护火花间隙；4—限流阻尼设备；5—旁路开关；6—串联隔离开关；7—接地开关；8—旁路隔离开关；9—阀控电抗器；10—晶闸管阀

表 10-1　　串补装置控制保护用测量点电流符号及含义

符号	含　义	获取方式	功能
I_{cap}	电容器组的总电流	TA 实测值	用于保护
I_{ubcap}	电容器组的不平衡电流	TA 实测值	用于保护
I_{mov}	整组 MOV 的总电流	TA 实测值或计算值 [a]	用于保护
E_{mov}	整组 MOV 的总能量	计算值	用于保护
T_{mov}	整组 MOV 的等效温度	计算值	用于保护
I_{ubmov}	整组 MOV 的不平衡电流	计算值	用于保护
I_{gap}	间隙主电路的电流	TA 实测值	用于保护
I_{bps}	旁路开关主电路的电流	TA 实测值或计算值	用于保护
I_{plt}	串补平台与设备之间的电流	TA 实测值	用于保护
I_{line}	串补所在线路的电流	TA 实测值	用于控制、保护
I_{valve}	晶闸管阀主电路的电流	TA 实测值	用于控制、保护
I_{ssr}	线路电流中的次谐波分量	计算值	用于控制、保护

a　计算值仅限采用 MOV 支路电流之和的方式。

第三节 测量系统的构成

一、测量系统结构

串补装置的测量系统一般包括平台数据采集和转换、平台供电电源、光纤信号传输及数据汇总等部分。平台上电流互感器利用光信号与二次设备室内的控制屏及保护屏接口，地面上其他设备之间采用屏蔽电缆连接。串补平台上设备与二次设备室间设备的连接采用光缆，可有效实现电气隔离。

为了提高系统的可靠性，串补装置的控制保护通常采用冗余设计，两套相同的控制保护系统互为备用，因此对应的测量系统也要求为双重化、完全独立运行的两套。平台数据采集系统与位于地面二次设备室的控制保护系统之间通过光纤进行通信和能量的传送。测量系统结构图如图 10－3 所示。

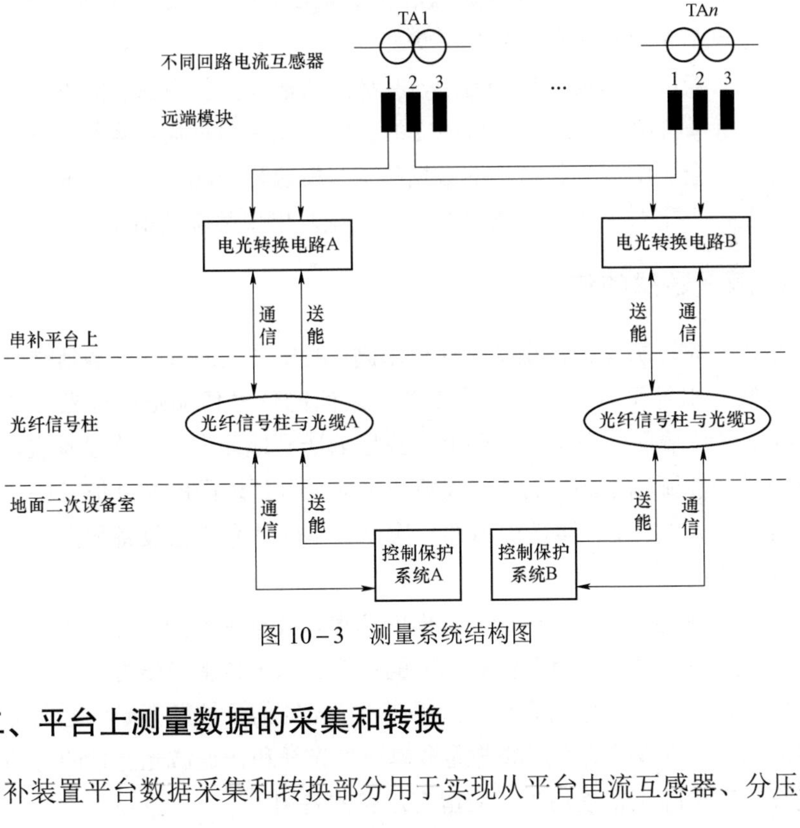

图 10－3 测量系统结构图

二、平台上测量数据的采集和转换

串补装置平台数据采集和转换部分用于实现从平台电流互感器、分压器 VD

上采集并电光转换被测电气量，电光转换装置宜集成在互感器本体上。

串补装置平台上各回路电流互感器输出的是电流量，无法直接传送到地面的串补控制保护设备，需要将其转换为光信号，通过光回路传送至地面二次设备室。平台上电流互感器的采集和转换回路应冗余配置，防止单一元件故障或异常造成所有远端模块测量故障。每台电流互感器应装设两套独立的绕组和通路分别供两套保护使用，即电流互感器应由两路独立的采样系统进行采集，每路采样系统应采用双 A/D 系统接入合并单元，每个合并单元输出的两路数字采样值由同一路通道进入保护装置，以满足双重化保护相互独立的要求。

串补装置需要将串补平台上各种设备的状态参量传递到地面二次设备室，用于实现串补装置的控制、保护和调节。在串补装置的高压平台上有多路模拟量需要转换成数字光信号，一般采用集中式转换或分布式转换两种方式实现。

集中式转换即在单相高压平台上，在一个专用的测量箱内完成多路模拟量的电光转换，共享供能系统和数据通信系统。优点是供能电源的获取与管理方便，采集后的数据可以统一用较少数量的光纤传送至地面，主要缺点是当光通路出现故障时会导致整个单相平台的数据丢失。

分布式转换即在单相高压平台上，多路模拟量各自使用独立的供能和数据通信。优点是每个模拟量通道有各自独立的供能系统和数据通信系统，单个模拟量通道的故障不会影响到其他通道的数据传输，模块化结构易于安装和维护，主要的缺点是在每个平台上重复设置多个供能系统，出现故障的概率高。

三、测量数据的传输

串补装置的控制保护系统实时性要求高，测量系统的数据传输延时时间必须尽可能地低。串补平台与串补二次设备室之间的信号传输是通过光信号来完成的，光纤信号传输部分用于将平台上的数据输送到地面串补二次设备室，同时将平台下的激光能源输送到平台上，该部分包括平台到地面的光纤信号柱及到地面二次设备室的光缆。平台至地面串补二次设备室的信号连接设备和光纤信号传输系统应双重化配置。

光纤信号柱是信号从平台送到地面的通道，具有足够的绝缘强度，内部封装光纤，端部采用特殊的密封并留有光纤的接头。除了传输光信号以外，平台上的光电转换装置所需电能也用光纤送到平台上。光纤信号柱及其光缆里面都含有两种类型的光纤，即传送信号用的普通多模通信光纤和传送激光能量的特种多模光纤。光纤的数量除正常使用外，应留有足够的备用。

平台上的电子设备与地面二次设备室之间的通信联系和能量传递完全是通过光纤连接来实现的，平台上的电子设备与串补控制保护室之间不存在电气连接。

四、测量数据的汇总

数据汇总部分主要负责接收来自平台的测量数据，将这些数据校核和整理，并将整理后的全部数据按预定的数据格式传送给串补装置的控制和保护系统，满足控制保护装置的整体设计要求。另外，数据汇总部分还会对数据的完整性和有效性进行校验，监视平台数据采集部分的电子设备的工作状态，当某部分测量数据出现错误时，通知保护部分闭锁相关的保护功能。

数据汇总部分主要完成如下功能：

（1）接收三个高压平台上的数据，将全部数据整理后按预定的数据格式传送给串补控制和保护系统。

（2）具备数据校验功能，可以识别受到干扰的通信数据。

（3）能够对数据的完整性和有效性进行校验，摒弃不完整的数据和无效的数据，并通知串补控制和保护系统以弃用无效数据。

（4）监视平台数据采集部分的电子设备的工作状态，当平台数据采集部分的电子设备工作异常或停止工作，通知保护部分闭锁相关的保护功能。

（5）将整个平台数据采集各部分的工作情况，上传到控制屏和站控层。

五、平台设备的供能

平台供电电源部分用于给平台上的数据采集和转换部分的电子设备提供工作电源。串补测量系统布置在高压平台上，测量系统工作电源的获取受到很大限制。为了避免与地面装置的电磁耦合，平台测量系统的工作能源不能直接通过地面电源供给。平台上也不应采用蓄电池作为电源，因为要保证蓄电池的可靠性，需要很大的维护量，而且平台带电时无法进行例行维护。目前串补平台测量大多数采用线路取能和激光送能混合模式。

正常运行时平台户外测量系统的电源能量由电流互感器从线路电流获取（TA取能模式），取能用电流互感器的额定输出的标准值应确保在规定条件下能满足能量供给需求。当电力系统发生故障引起线路电流不稳定或串补装置检修等导致TA 取能无法正常工作时，为确保测量系统电源供给的连续性，测量系统电源将自动切换为激光送能模式供电。所谓激光送能模式供电，就是由地面的激光驱动单元发出激光，通过送能光纤把激光能量传送到串补平台，再由串补平台上的光电转换器件及相应的外围电路将光能转换为电能而形成的直流电源。激光送能模式供电是测量系统电源供给的重要组成部分，它确保了测量系统电源供给的连续性和可靠性。

由于 TA 取能受运行方式限制，在线路停电的情况下，单纯的 TA 取能方式无法满足串补平台上的设备能源需求。而激光供能方式，激光器和激光驱动电路由于制造工艺等原因，寿命相对比较短，因此单纯的激光供能存在寿命和功率限制问题。在目前情况下，TA 取能与激光供能混合供电模式正好弥补了纯 TA 取能和激光供能的缺陷，成为现阶段串补工程中实际应用的最佳平台供能解决方案。

第四节 测量装置选用要求

一、类型选择

串补测量装置类型选择原则上与常规交流变电站一致，目前串补工程使用的电流互感器类型主要有电子式和常规电磁式两种。

电子式互感器与常规电磁式互感器对比见表 10－2。

表 10－2　电子式互感器与常规电磁式互感器对比表

比较项目	常规电磁式互感器	电子式互感器
绝缘	复杂	简单、可靠
体积及重量	体积大、质量重	体积小、质量轻
TA 动态范围	范围小、有磁饱和	范围大、无磁饱和
TV 谐振	易产生铁磁谐振	TV 无谐振现象
精度	精度易受负荷影响	精度与负荷无关
TA 二次输出	不能开路	无开路危险
输出形式	模拟量输出	数字量输出，光纤传送
取能方式	取能 TA 及激光供能， 有供能模式切换及过电压问题	激光供能

电子式电流互感器采用低功率铁芯绕组测量电光转换集成在互感器本体内，直接将模拟量转换为光纤数字量，利用光纤传送信号，减少二次电缆，抗电磁干扰能力强，有效解决常规电磁式互感器抗电磁干扰能力弱的问题。

电子式电流互感器不需要配置独立的光电转换模块和相应取能 TA。两套保护对应的电流信号完全独立，互不干扰。

二、精度要求

串补测量装置应同时满足控制和保护两种需求，电流互感器要区分保护互感器和测量互感器不同的精度要求。针对部分精度要求较高的测量回路一般分开设计，分别满足所需的精度要求和保护要求，具体要求如下。

（1）保护用电流互感器准确级和动态范围应不低于 5P20 级，且在线路带串补重合闸时满足精度要求。

（2）测量用电流互感器的精度不宜低于 0.2 级。

（3）MOV、火花间隙支路的电流互感器必须具有暂态特性，其他支路电流互感器应能准确测量串补装置的动态电流，可采用 P 类电流互感器。

（4）对电容器组采用 H 型接线的不平衡保护用电流互感器宜采用测量类电流互感器，准确级不应低于 0.2 级，且测量精度应与保护灵敏度相匹配。

（5）电流互感器的量程还要满足串补装置投运后电流的动态变化范围。

三、输出要求

应用于串补站的常规电磁式电流互感器，本体输出要求与常规交流变电站一致，不同之处在于二次信号的传输环节。串补平台上的常规电磁式电流互感器，输出的模拟量经电—光转换模块转换为数字量，再通过光缆传送到地面串补二次设备室，供串补控制保护系统使用。

电子式电流互感器的输出部分主要包括远端模块、光缆及合并单元，输出方式框图如图 10－4 所示。

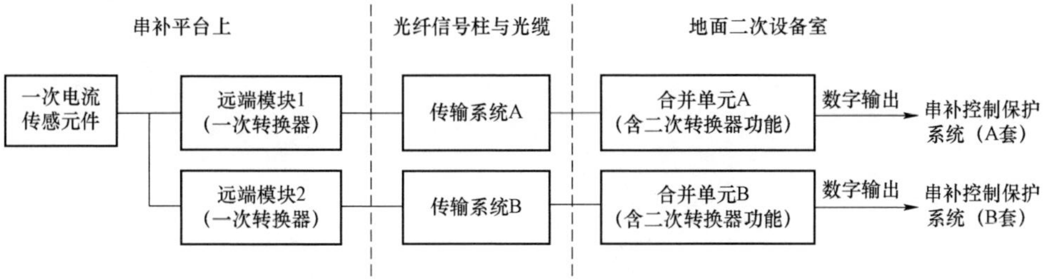

图 10－4　电子式电流互感器输出方式框图

（1）远端模块，也称一次转换器，位于高压侧。电子式电流互感器有两个完全相同的远端模块互为备用，保证电子式互感器具有较高的可靠性，其工作电源由合并单元内的激光器提供。远端模块接收并处理低功率线圈的输出信号，远端模块的输出为串行数字光信号，输出的数字信号经由光缆传送至合并单元。

测量系统应具备完善的防误设计，因此远端模块应便于更换处理，单个远端模块故障或异常，需要进行更换处理时，不影响其余远端模块和串补系统正常运行。

实际工程中，远端模块的数量除了应满足串补控制保护系统冗余和设备配置的要求外，一般还需考虑配置 1～2 个备用模块。

（2）传输系统采用光缆传输，光缆通常选用多模光缆。通过光缆传输的信号可以完全隔离，平台上的光缆敷设于绝缘外套内，光缆接线盒密封防潮，满足室外运行条件；平台下的光缆铠装敷设于电缆沟内。

（3）合并单元通常组屏布置在地面二次设备室，合并单元一方面为远端模块提供供能激光，另一方面接收并处理三相电流互感器远端模块下发的数据，对三相电流信号进行同步，并将测量数据按规定的协议（IEC 60044－8 或 TDM）输出供串补控制保护设备使用。

第十一章　通　信　设　计

串补站通信设计包括串补站与调度端、管理端、运行维护端以及串补站与变电站之间、串补站站内通信的各类信息通道设计。串补站所传输的信息包括调度自动化信息、继电保护及安全稳定装置信息、图像监视信息、动力和环境监测信息、交换机中继线信息、会议电视信息等常规电网生产、调度及管理信息。

串补站的系统调度通信方式包括光纤通信、电力线载波通信等，通信电路应满足传输电力调度、生产行政、串补控制与保护、系统继电保护、安全稳定装置、调度自动化等业务的需要。

第一节　业务信息对传输通道及接口的要求

一、串补站至调度端的系统调度业务信息

远动信息、故障录波信息、相量测量信息、保护子站信息等可采用电力调度数据网或专线电路作为信息传输的通道。

电能计量信息、安全稳定装置控制系统数据信息应采用电力调度数据网作为信息传输的通道。

以上信息利用电力调度数据网传输方式时，应配置接入电力调度数据网的主备站内通信通道。通信接口采用以太网方式，接口要求应符合 IEEE 802.3 标准。

以上信息利用专线电路传输方式时，应配置不同路由的主备站端光纤通信通道。通信接口应优先选用符合 ITU－T G.703 建议的 2Mbit/s 接口。

二、串补站与变电站的站间业务信息

继电保护信息、安全稳定装置信息应采用专线电路作为信息传输的通道。

利用专线电路传输方式时，应配置不同路由的主备站间光纤通信通道。通信接口应优先选用符合 ITU－T G.703 建议的 2Mbit/s 接口。

三、串补站图像监视业务信息

图像监视信息应采用电力综合数据网作为信息传输的通道。应配置接入电力综合数据网的站内通信通道。通信接口采用以太网方式，接口要求应符合 IEEE 802.3 标准。

四、串补站站内通信业务信息

1. 交换机中继线业务信息

系统调度交换机中继线信息应采用专线电路作为信息传输的通道。应配置不同路由的主备站间以及站端光纤通信通道。通信接口应优先选用符合 ITU－T G.703 建议的 2Mbit/s 接口。

2. 其他通信业务信息

动力和环境监测信息、会议电视信息可采用电力综合数据网或专线电路作为信息传输的通道。

以上信息利用电力综合数据网传输方式时，应配置接入电力综合数据网的站内通信通道。通信接口采用以太网方式，接口要求应符合 IEEE 802.3 标准。

以上信息利用专线电路传输方式时，应配置不同路由的主备站端光纤通信通道。通信接口应优先选用符合 ITU－T G.703 建议的 2Mbit/s 接口。

3. 生产、运行维护管理业务信息

生产、运行维护管理信息系统可采用电力综合数据网或专线电路作为信息传输的通道。

利用电力综合数据网传输方式时，应配置接入电力综合数据网的站内通信通道。通信接口采用以太网方式，接口要求应符合 IEEE 802.3 标准。

利用专线电路传输方式时，应配置站端单路光纤通信通道。通信接口应优先选用符合 ITU－T G.703 建议的 2Mbit/s 接口。

第二节　系统通信设计

一、光纤通信

光纤通信，是以光波作为载体，以光纤（即光导纤维）为传输介质传送信息的一种通信方式。光纤通信具有通信容量大、通信质量高、抗电磁干扰、抗核辐射、抗化学侵蚀，质量轻、节省有色金属等一系列优点，已在电力系统通信专网中得到了广泛的应用。目前光纤通信是串补站中最主要的通信方式。

在电力通信领域，光纤通信中的光缆除了采用普通光缆以外，更多采用的是电力特种光缆，这些依附于输电线路同杆架设的光缆，不仅发挥了光纤通信的优点，而且充分利用了电力系统的杆路资源，降低了工程综合造价，已成为电力系统的主要通信方式。这些光缆主要有光纤复合架空地线（optical fiber composite overhead ground wire，OPGW）、全介质自承式光缆（all dielectric self-supporting optical fiber cable，ADSS）和光缆复合相线（optical phase conductor，OPPC）三种，其中 OPGW 光纤通信是直流输电工程的主要通信手段。

串补站与其电网调度机构之间也采用光纤通信，至少应设立 2 个独立的调度通信通道或两种通信方式。系统调度通信方式应根据审定的电力系统通信设计或串补站接入系统通信设计确定。

串补站毗邻变电站建设时，串补站接入系统的通信方式应尽量利用变电站系统通信设施。

二、电力线载波通信

电力线载波通信，是利用架空电力线路的相导线作为信息传输的媒介。这是电力系统特有的一种通信方式，具有高度的可靠性和经济性，且与调度管理的分布基本一致，因此它是电力系统的基本通信方式之一。但电力线载波通信受限于其自身技术条件制约，传输速率低，传输通道数量较少。

串补站单独建设时，与其连接的对侧变电站之间采用电力线载波通信方式时，需在串补装置线路侧安装线路阻波器，并采用三相阻塞方式。

串补站毗邻变电站建设时，线路阻波器应安装在串补站线路侧。当串补站毗邻已有变电站建设时，变电站出线侧的已有线路阻波器也可搬迁到串补站线路侧使用。

第三节 站内通信及辅助设施

一、站内通信概念及技术要求

（一）站内通信概念

站内通信主要是满足串补站运行期间生产调度的语音、数据、视频的需求，包括系统调度交换机、综合数据网设备、调度数据网设备、会议电视系统、通信电源系统等。

（二）站内通信的技术要求

1. 系统调度交换机

系统调度交换机为解决串补站生产调度通信所需而设置，系统调度交换机需满足串补站近期及远期的生产调度通信以及调度通信组网的要求。

220kV 串补站不设置系统度程控交换机，其调度电话可作为调度端、管理端、运行维护端交换设备的远方用户。

500、750、1000kV 串补站可设置 1 台系统调度交换机。系统调度交换机的组网宜采用 Q 信令（D−channel signaling protocol at Q reference point for PBX networking，QSIG）及 2Mbps 数字中继方式，分别由两个不同路由就近与上级汇接中心连接。

500、750、1000kV 串补站毗邻变电站建设时，应共用变电站配置的系统调度交换机。

2. 综合数据网接入设备

综合数据网传输的信息种类主要包括检修票、计划、公文、调度生产管理、电力交易信息、企业资源计划（enterprise resource planning，ERP）等业务。一般划分为六个虚拟私人网络（virtual private network，VPN），即信息 VPN、调度 VPN、通信 VPN、视频 VPN、多媒体子系统（IP multimedia subsystems，IMS）VPN 以及备用 VPN。综合数据网可采用 IP、多协议标签交换（multi−protocol label switching，MPLS）技术，支持 MPLS VPN，以便于实现各种业务的安全隔离、服务质量（quality of service，Qos）、流量工程等。串补站内应设置电力综合数据网接入设备，分别由两个不同路由就近与上级汇接中心连接。

220kV 以上电压等级的串补站可配置一套综合数据网接入设备，以相应接入带宽通道就近接入上级汇接中心的综合数据网中。综合数据网应根据整个网络的配置要求来进行设计和配置，满足各级调度及运行管理单位对串补站的接入要求。

220kV 串补站不设置电力综合数据网接入设备。

500、750、1000kV 串补站毗邻变电站建设时，应共用变电站配置的综合数据网接入设备。

3. 调度数据网

调度数据网络主要承载串补站自动化系统的实时数据、电能量计量信息和 IP

电话业务等。调度数据网承载的业务信息对网络可靠性要求高，网络的可用率、实时业务的传输时延（业务应有不同的优先级）、网络的收敛时间等关键性能指标应予以保证。

各电压等级的串补站均应配置两套调度数据网接入设备，以 2×2Mbps 通道分别接入上级汇接中心的调度数据网两个平面中。调度数据网应根据整个网络的配置要求来进行设计和配置，满足各级调度及运行管理单位对串补站的接入要求。

500、750、1000kV 串补站毗邻变电站建设时，应共用变电站配置的调度数据网接入设备。

4. 会议电视系统

会议电视系统采用数字信号处理、压缩编码和数据传输等技术把相隔多个地点的会议电视设备连接在一起，达到与会各方有如身临现场参加会议，面对面交流沟通的效果。会议电视系统具有真实、高效、实时的特点，以及管理、指挥和协同决策的简便而有效的技术手段。会议电视系统一般由视音频信号的采集、编解码部分，传输以及显示和播放三部分组成，各部分均要遵循相应的标准。

1000kV 以下电压等级的串补站不设置会议电视系统设备。

1000kV 串补站可设置一套会议电视系统设备，该系统主要由高清会议电视终端和配套外围设备组成。根据运行管理的要求，接入上级单位的会议电视系统中。同时，根据永临结合原则对会议电视系统进行配置，并考虑在串补站建设期间应能开通视频会议电视。

1000kV 串补站毗邻变电站建设时，应共用变电站的会议电视系统设备。

5. 通信电源

通信电源系统是一个不停电的高频开关电源系统，它由高频开关电源（整流模块、监控模块）、直流配电柜及密封式铅酸免维护蓄电池构成。高频开关电源的各关键部分为双重化设置，用以保证通信电源系统安全、可靠供电。正常时，交流 380V 电源经整流器整流后对蓄电池浮充并向负荷供电，交流电源失电后，由蓄电池单独供电。

串补站内应设置两套独立的、互为备用的直流−48V 电源系统。每套电源系统宜配置 1 套高频开关电源、1 套直流配电屏和 1 或 2 组 48V 蓄电池。高频开关电源和蓄电池的容量宜根据远期设备负荷确定并留有裕度。

220kV 串补站可参考 220kV 变电站的通信电源配置要求。

500、750kV 串补站的每套电源系统宜配置 1 套−48V/200～400A 高频开关电源、1 套直流配电屏和 1 组 500～800Ah/48V 蓄电池。1000kV 串补站每套电源系统宜配置1套－48V/300～500A高频开关电源、1套直流配电屏和2组500Ah/48V蓄电池。高频开关电源和直流配电柜设备安装于通信机房内，通信蓄电池安装于通信蓄电池室内。

串补站毗邻变电站建设时，应共用变电站配置的通信电源设备。

二、辅助设施概念及技术要求

（一）辅助设施概念

辅助设施主要包括通信用房、综合布线系统、动力和环境监测系统等。

（二）辅助设施的技术要求

1. 通信用房

为了便于运行、维护管理和设备安装以及减少建筑面积，220kV串补站不设置独立的通信机房和通信蓄电池室；220kV以上电压等级的串补站可设置通信机房和通信蓄电池室。

串补站通信用房应根据串补站实际需求以及远期设备布置情况统一设置。串补站毗邻变电站建设时，串补站的通信用房应由变电站统筹考虑。

500、750kV串补站通信机房面积约50m^2，通信蓄电池室面积约20m^2。

1000kV串补站通信机房面积为70～90m^2，通信蓄电池室面积为20～25m^2。通信用房建筑工艺要求见表11－1。

表11－1　通信用房建筑工艺要求

序号	名称	房屋净空（m）	楼、地面等效均布荷载（kg/m^2）	地面及顶棚要求	门	窗	室内表面处理	温度（℃）	相对湿度	空调
1	通信机房	3.2	600	设防静电活动地板，活动地板下净空为350～400mm	双扇外开单向门，宽度不小于1.4m，高度不小于2.4m	阳光不应直射室内、良好密闭	内装修饰面材料应考虑防噪声、防振、防潮及防火等要求，采用一级标准	16～28	70%以下	宜设空调
2	蓄电池室	3	1000	耐酸材料	采用非燃烧体或难燃烧体的实体门，且耐腐蚀，外开门，宽度不小于1m	阳光不应直射室内（窗应耐腐蚀）	与电气二次蓄电池室一致（二级标准），设蓄电池防爆墙	15～35	70%以下	宜设空调、强制通风

2. 综合布线

串补站综合布线系统是按标准的、统一的和简单的结构化方式编制和布置各种建筑物内各种系统的通信线路，主要包括网络系统、电话系统等。综合布线系统将所有语音、数据等系统进行统一的规划设计的结构化布线系统，为办公提供信息化、智能化的物质介质，支持语音、数据、图文、多媒体等综合应用。

1000kV 以下电压等级的串补站不采用综合布线系统，根据串补站的规模适当建设电缆网络。

1000kV 串补站考虑全站音频电缆网络布线，在串补站主控楼及相关的辅助建筑物内宜采用综合布线。

3. 动力和环境监测系统

动力和环境监测系统对通信电源、机房空调及环境实施集中监控管理，对分布的各个独立系统内的设备进行遥测、遥信、遥控、实时监视系统和设备的运行状态。记录和处理相关数据，及时侦测故障，通知人员处理，从而实现少人或无人值守。监控系统的软、硬件应采用模块化结构，使之具有最大的灵活性和扩展性，以适应不同规模监控系统网络和不同数量监控对象的需要。监控系统的软、硬件应提供开放的接口，具备接入各种设备监控信息的能力。

通信用房可配置动力和环境监测系统，用于采集通信机房内的环境信息（包括温度、湿度、烟雾等）、电源系统告警和状态信息、通信设备总告警信息以及安防信息等，并将信息接入相应动力环境监测主站。

第十二章　串补平台土建设计

第一节　串补平台结构设计

一、一般要求

（1）串补平台结构设计使用年限为 50 年，结构安全等级为一级，抗震设防类别为乙类。

（2）串补平台钢结构设计应满足 GB 50017《钢结构设计规范》的要求，支柱绝缘子和斜拉绝缘子选用及强度应满足 DL/T 5352《高压配电装置设计技术规程》的相关规定。

（3）串补平台结构分析计算时应考虑在事故和安装检修情况下任一支柱绝缘子失效时平台仍能保证强度和稳定。

（4）平台结构的自振频率应避开平台上电容器和电抗器设备的固有频率以避免产生共振。同时为降低平台的刚度，也可以在剪刀撑适当的位置加设弹簧减震器。

二、结构形式及布置

（一）结构形式

串补平台结构是由垂直支柱绝缘子、斜拉绝缘子和上部的钢结构平台等组成的空间结构，串补设备安装在钢结构平台上。

串补平台结构受力体系为：竖向荷载由垂直支柱绝缘子传给基础短柱，水平荷载由垂直支柱绝缘子、斜拉绝缘子和平台钢梁共同组成的纵横向支撑体系承受。考虑到支柱绝缘子受压承载力较高、受弯承载力较低的特点，为避免支柱绝缘子受弯，支柱绝缘子与上部平台钢梁及下部基础短柱之间均采用铰接，整个结构体系中所有垂直支柱绝缘子主要承受压力，而斜拉绝缘子只承受拉力。串补平台结构三维实例如图 12－1 所示。

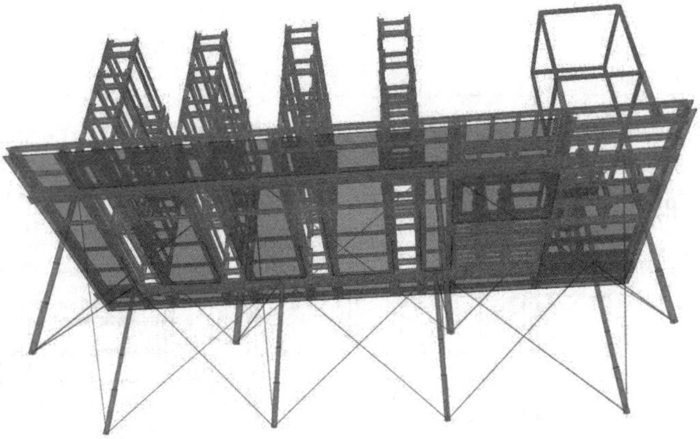

图 12-1　串补平台结构三维实例图

（二）结构布置

串补平台大小尺寸根据工艺要求确定，支撑平台的垂直支柱绝缘子数量应根据平台大小、受力要求设置，支柱绝缘子在纵、横向应分别设置斜拉绝缘子，钢结构平台的主梁布置在支柱绝缘子上方，使纵横向主梁与下部支柱绝缘子及斜拉绝缘子共同组成稳定的承重结构体系。垂直支柱绝缘子及斜拉绝缘子宜对称布置，尽量使整个结构平面规则、刚度均匀，避免结构扭转不规则或因部分构件破坏导致整个结构丧失抗震能力或对重力荷载的承载能力。

串补平台结构平面布置实例如图 12-2 所示，串补平台结构立面实例如图 12-3 所示。

三、结构计算及抗震分析

（一）荷载及组合

作用在串补平台上的荷载主要包括永久荷载、可变荷载，在地震区还应考虑地震作用。

永久荷载主要包括结构自重、平台上固定不变的设备及管母导线重量等；可变荷载包括平台上的检修荷载、平台结构及设备的风荷载、雪荷载等，对于覆冰区应考虑平台及上部设备的覆冰荷载。

750kV 及以下的串补平台基本风压应采用 GB 50009《建筑结构荷载规范》规定的 50 年重现期的风压值，1000kV 串补平台的基本风压宜采用 100 年重现期风压值。

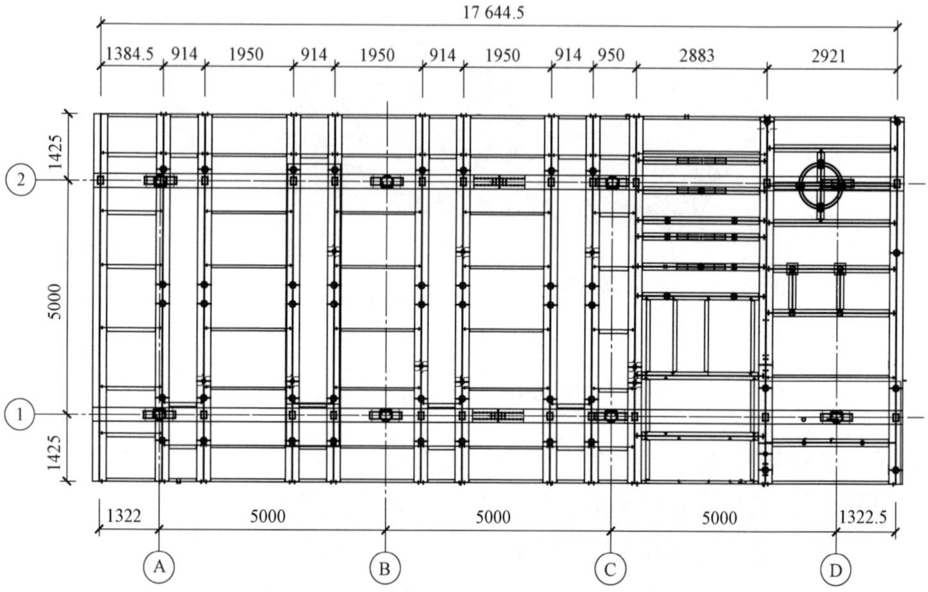

图 12-2　串补平台结构平面布置实例图

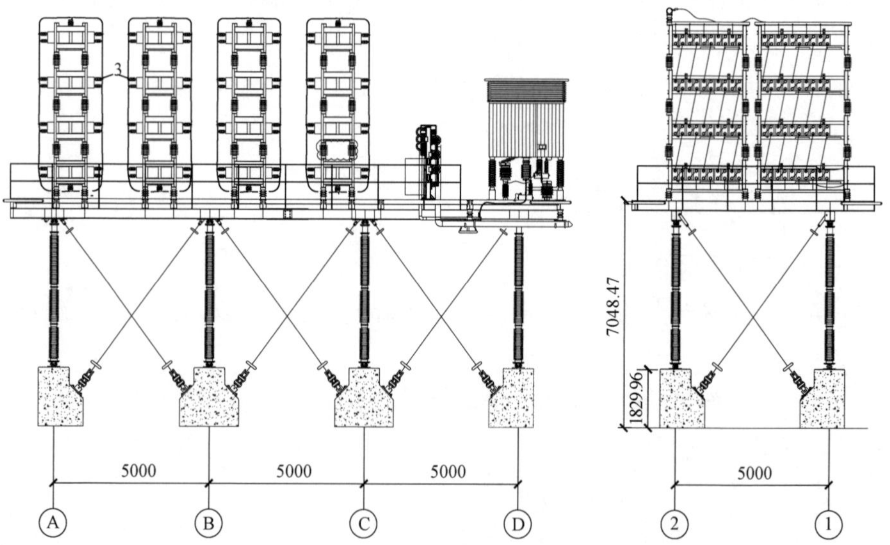

D—D 视图

图 12-3　串补平台结构立面实例图

串补平台结构设计应按承载能力极限状态和正常使用极限状态分别进行荷载组合，并取各自的最不利的组合进行设计。

承载能力极限状态荷载相应组合应考虑大风工况、覆冰工况和安装检修工况，覆冰工况时风荷载组合值系数可取 0.5。根据 GB 50011《建筑抗震设计规范》，串补平台属于风荷载起控制作用的结构，在地震作用组合时，风荷载组合系数取 0.2。

串补平台分为绝缘子和钢结构平台，两种构件材料不同，采用的计算方法也不同。绝缘子为脆性材料，串补平台中的支柱绝缘子和斜拉绝缘子按容许应力法进行设计，荷载组合采用荷载效应标准组合。钢结构为延性材料，按以分项系数表达的极限状态设计方法进行设计，荷载组合采用荷载效应基本组合。

1. 承载能力极限状态荷载标准组合

承载能力极限状态荷载标准组合可按式（12－1）～式（12－4）进行组合。

（1）大风工况：

$$S=1.0\times DL+0.7\times 1.0\times LL+1.0\times WL \tag{12-1}$$

式中 S——荷载效应组合；

DL——恒荷载效应标准值；

LL——活荷载效应标准值；

WL——风荷载效应标准值。

（2）覆冰工况：

$$S=1.0\times DL+0.7\times 1.0\times LL+1.0\times W_{\mathrm{I}}+0.5\times WL \tag{12-2}$$

式中 W_{I}——覆冰荷载效应标准值。

（3）安装检修工况：

$$S=1.0\times DL+1.0\times LL+1.0\times WL_{10} \tag{12-3}$$

式中 WL_{10}——10m/s 风荷载效应标准值。

（4）地震作用效应组合：

$$S=1.0\times DL+1.0\times LL+0.2\times WL+1.0\times E \tag{12-4}$$

式中 E——地震作用效应标准值。

2. 承载能力极限状态荷载基本组合

承载能力极限状态荷载基本组合可按式（12－5）～式（12－13）进行组合。

（1）大风工况：

$$S=1.35\times DL+0.7\times 1.4\times LL \tag{12-5}$$

$$S=1.0\times DL+0.7\times 1.4\times LL+1.4\times WL \tag{12-6}$$

$$S=1.2\times DL+0.7\times 1.4\times LL+1.4\times WL \tag{12-7}$$

（2）覆冰工况：

$$S=1.0\times DL+0.7\times 1.4\times LL+1.4\times W_{\mathrm{I}}+0.5\times WL \tag{12-8}$$

$$S=1.2\times DL+0.7\times 1.4\times LL+1.4\times W_{\mathrm{I}}+0.5\times WL \tag{12-9}$$

（3）安装检修工况：

$$S=1.0\times DL+1.4\times LL+1.4\times WL_{10} \tag{12-10}$$

$$S=1.2\times DL+1.4\times LL+1.4\times WL_{10} \tag{12-11}$$

（4）地震作用效应组合：

$$S=1.0\times(DL+0.5\times LL)+0.2\times 1.4\times WL+1.3\times E \tag{12-12}$$

$$S=1.2\times(DL+0.5\times LL)+0.2\times 1.4\times WL+1.3\times E \tag{12-13}$$

地震和风荷载按不同方向进行组合。

3. 正常使用极限状态组合

对于串补平台，正常使用极限状态组合主要用于串补平台的变形验算。串补平台正常使用极限状态采用荷载的标准组合，计算变形时风荷载乘以系数 0.5，正常使用极限状态组合可按式（12－14）进行组合。

$$S=1.0\times DL+0.7\times 1.0\times LL+0.5\times WL \tag{12-14}$$

（二）内力及位移计算

串补平台结构是典型的空间结构，其内力及位移计算宜采用空间程序进行整体结构分析，支柱绝缘子、钢平台按杆单元模拟、斜拉绝缘子按绳索单元模拟，平台上设备宜按实际高度、质量和刚度在空间模型中按杆单元模拟。支柱绝缘子与下部基础及上部钢梁按铰接考虑，计算模型应与实际构造一致。

串补平台在正常使用时的变形值不应大于平台高度的 1/200。

（三）抗震计算

串补平台结构是典型的头重脚轻的结构，其重心较高，在地震作用下将产生更大的倾覆力矩，支撑串补平台的支柱绝缘子也将承受更大的拉压力，而绝缘子通常为脆性材料，在地震作用下更容易发生损坏，当抗震烈度大于等于 6 度时，串补平台结构应进行抗震验算。

串补平台抗震验算应至少在两个水平轴方向分别计算水平地震作用，各方向的水平地震作用应由该方向抗侧力构件承担，对质量和刚度不对称的结构，应计入水平地震作用下的扭转影响。由于串补平台往往是不对称的结构，其上部设备荷载分布不均匀，在地震作用下易发生扭转变形，因此串补平台抗震计算宜采用空间结构计算模型、振型分解反应谱法计算，对特别不规则的结构应采用时程分析法进行补充计算。

串补平台地震作用计算及水平地震影响最大值符合 GB 50260《电力设施抗震设计规范》相关规定。对支柱绝缘子及斜拉绝缘子应按电气设施进行抗震强度验算。对于抗震设防烈度较高、地震作用过大的串补平台结构，也可采取消能减震措施。

四、主要构件及节点设计

（一）钢结构平台设计

串补设备安装在钢结构平台上，平台尺寸应满足工艺要求，平台结构纵横向主梁布置应考虑上部设备布置的便利和下部支撑结构布置的合理性，平台次梁则根据平台上部设备的固定及受力要求布置。钢结构平台梁一般选择热轧 H 型钢，梁与梁之间采用螺栓连接。平台四角设计为光滑的圆角，钢结构平台应设置检修爬梯，平台周边应设置安全护栏，平台钢结构宜采用热镀锌防腐。

（二）支柱绝缘子及斜拉绝缘子设计

串补平台支柱绝缘子及斜拉绝缘子由电气专业根据工艺要求以及结构受力要求选择。支柱绝缘子主要承受压力，斜拉绝缘子主要承受拉力，其内力可根据上述整体计算和抗震分析而得。根据 DL 5222《导体和电器选择设计技术规定》的规定，支持绝缘子在荷载长期作用时和荷载短期作用时的安全系数分别为 2.5 和 1.67，同时根据 DLT 5453《串补站设计技术规程》的规定，串补平台的结构重要性系数为 1.1。

考虑结构重要性系数之后，在长期荷载和短期荷载作用下，串补平台支柱绝缘子和斜拉绝缘子安全系数见表 12－1。

表 12－1　串补平台支柱绝缘子和斜拉绝缘子安全系数

	荷载长期作用时	荷载短期作用时
安全系数	2.75	1.84

（三）主要节点设计

1. 支柱绝缘子连接节点

串补平台结构设计时，支柱绝缘子仅考虑承受轴向力，不承受弯矩作用。因此支柱绝缘子与钢结构平台、基础的连接节点应设计为两个方向均可以自由转动的节点。支柱绝缘子与钢结构平台和基础连接节点设计分别如图 12－4 和图 12－5 所示。

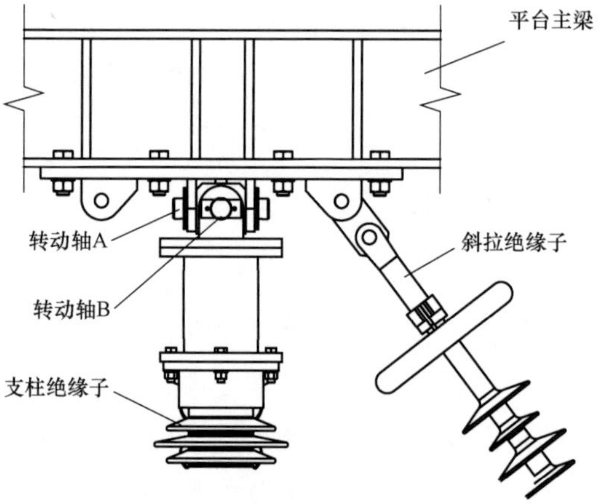

图 12－4　支柱绝缘子与钢结构平台连接节点设计图

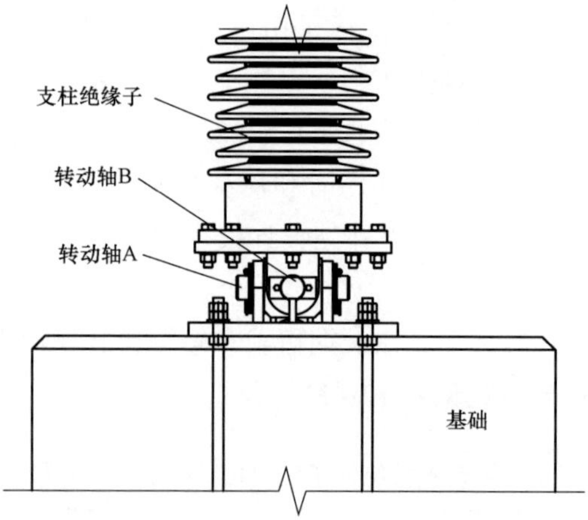

图 12－5　支柱绝缘子与基础连接节点设计图

2. 斜拉绝缘子张紧节点

斜拉绝缘子为仅受拉力的构件，一般施加 10～20kN 的预拉力使斜拉绝缘拉紧。通过在斜拉绝缘子端部连接一花篮螺栓施加预拉力。斜拉绝缘子张紧装置节点设计如图 12－6 所示，斜拉绝缘子与基础连接节点设计如图 12－7 所示。

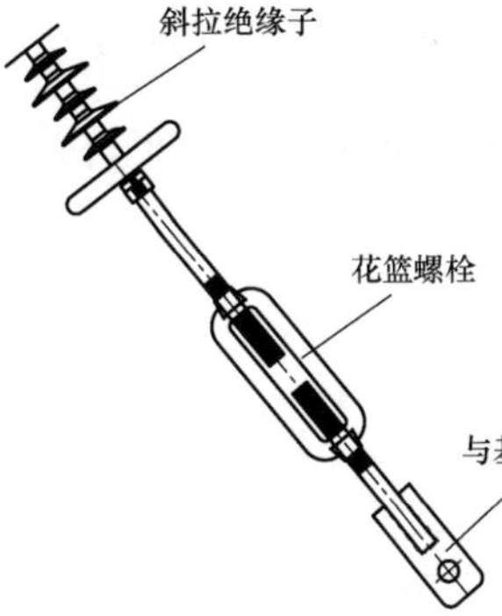

图 12－6 斜拉绝缘子张紧装置节点设计图

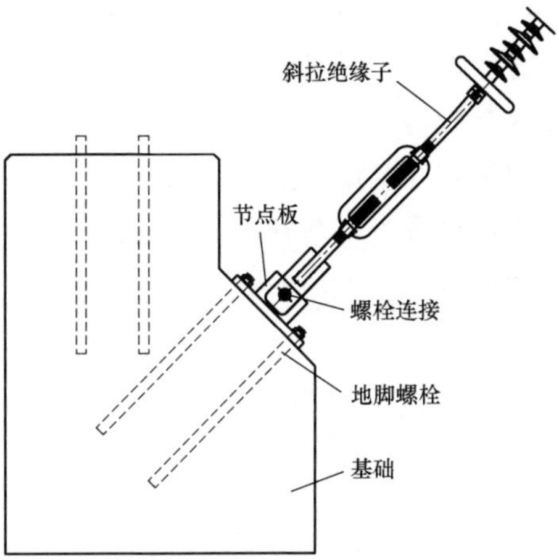

图 12－7 斜拉绝缘子与基础连接节点设计图

第二节 串补平台基础设计

一、一般规定

（1）串补平台属于重要且对沉降比较敏感的构筑物，其基础设计等级可根据 GB 50007《建筑地基基础设计规范》相关规定确定，且不应低于乙级。

（2）串补平台基础的允许沉降值应满足工艺要求，相邻基础（短柱）沉降差不宜大于基础中心距离的 1/1000。

（3）串补平台基础宜连成整体，避免不均匀沉降对平台结构及设备的影响。

（4）基础短柱高度应考虑当地积雪的厚度，由电气专业确定。

（5）支柱绝缘子支座与基础短柱连接应采用螺栓连接，当支柱绝缘子支座底部采用调平螺母安装方式并与基础脱开时，应复核螺栓的抗压稳定。

二、基础形式及布置

串补平台基础形式主要有独立基础、带肋条形基础以及筏板基础等，当地基承载力或变形不满足要求时还可选择桩基础或其他地基处理措施。基础选型主要根据地基土质、上部结构体系、荷载以及施工条件等因素确定。当地质条件较好、上部结构布置及荷载比较均匀时可选用独立基础；当地质条件一般、结构布置或荷载分布不均匀时可选择基础刚度较大的带肋条形基础；当地质条件较差时可选用筏板基础。

（1）独立基础：独立基础根据支柱绝缘子位置进行布置，一般在每个支柱绝缘子下部设置一个基础，带斜拉绝缘子的基础之间宜设置拉梁。串补平台独立基础布置实例如图 12－8 所示。

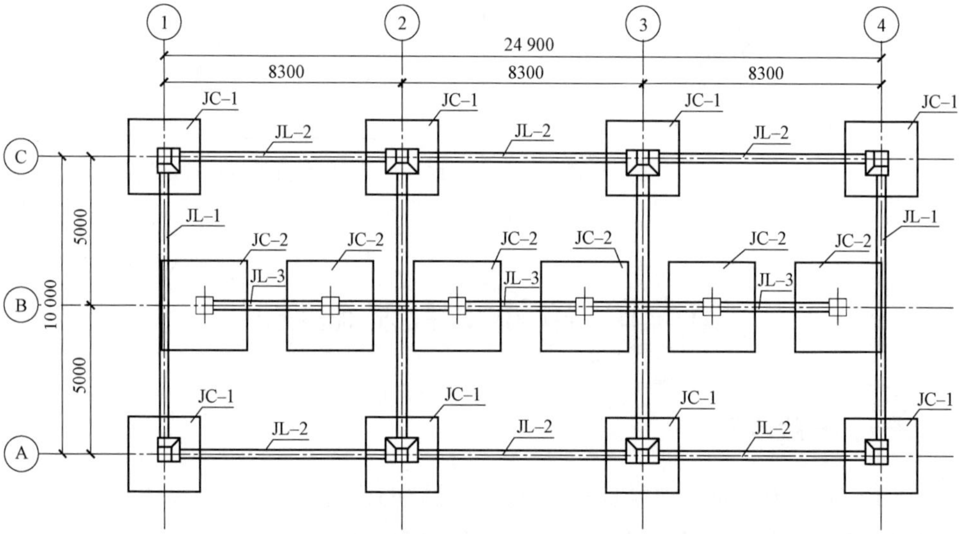

图 12－8　串补平台独立基础实例图

（2）带肋条形基础：带肋条形基础一般根据垂直支柱绝缘子所在轴线进行布置，主要垂直支柱绝缘子布置在条形基础交点上，条形基础的端部宜向外伸出，其长度宜为第一跨距离的 1/4。带肋条形基础肋高宜为短柱间距的 1/8～1/4，翼板厚度不小于 200mm。带肋条形基础布置实例如图 12－9 所示。

（3）筏板基础：筏板基础分为梁板式筏板基础和平板式筏板基础两种，平板式筏板基础适合地基土质和上部荷载比较均匀的情况，当地基土质或上部荷载不均匀时可选用梁板式筏板基础。

平板式筏板基础布置实例如图 12－10 所示，梁板式筏板基础布置实例如图 12－11 所示。

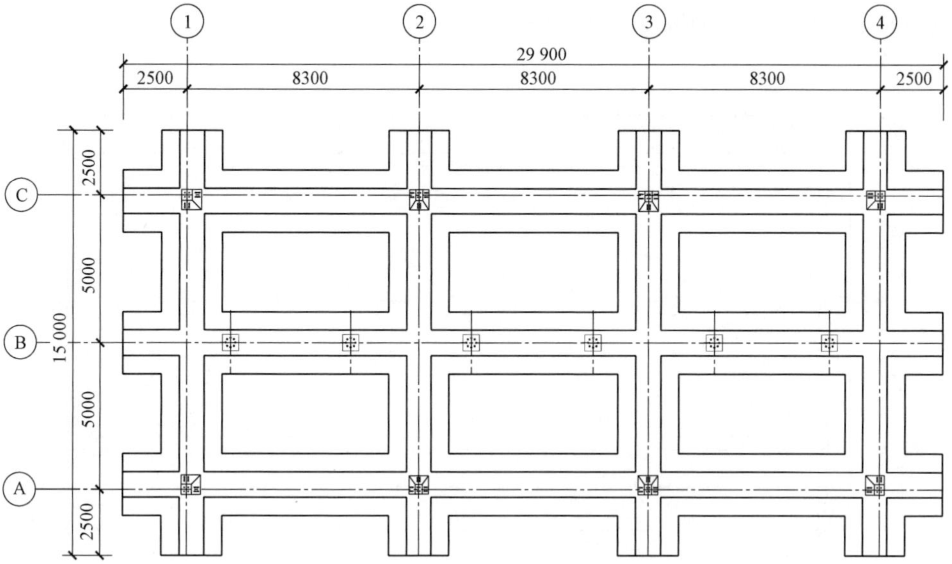

图 12-9 带肋条形基础布置实例

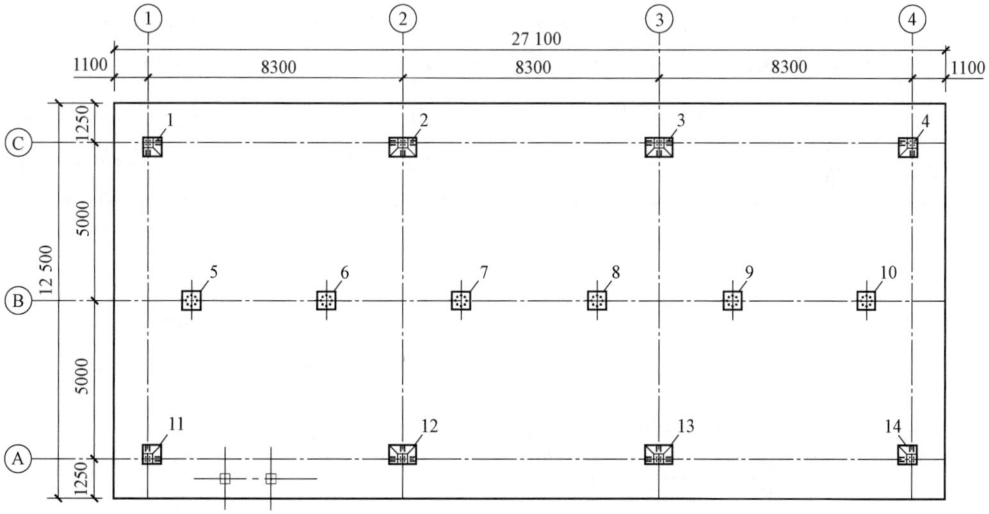

图 12-10 平板式筏板基础布置实例

三、基础设计要求

串补平台基础应按 GB 50007《建筑地基基础设计规范》进行地基承载力和变板计算，对承受水平力较大的独立基础应进行抗倾覆验算，对于带肋条形基础以及筏板基础宜按弹性地基梁板进行计算。

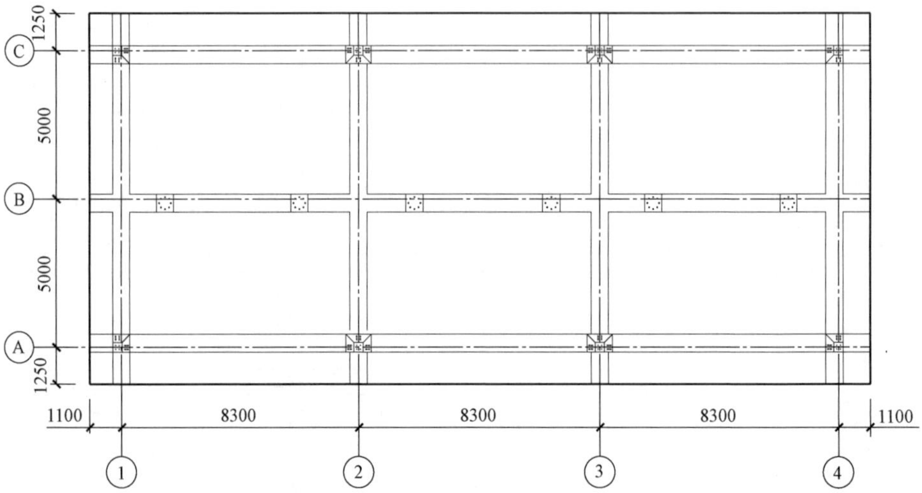

图 12-11 梁板式筏板基础布置实例

串补平台基础短柱高度由工艺专业确定，基础短柱应有足够的刚度，以承受支柱绝缘子传来的垂直荷载和斜拉绝缘子传来的水平荷载，其配筋可按压弯构件进行计算。垂直支柱绝缘子支座与基础短柱均采用螺栓连接，预埋螺栓要求如下：相邻基础短柱预埋螺栓中心线误差不大于 10mm，同一基础短柱内预埋螺栓误差不大于 3mm，基础短柱模板实例如图 12-12 所示，配筋实例如图 12-13 所示。

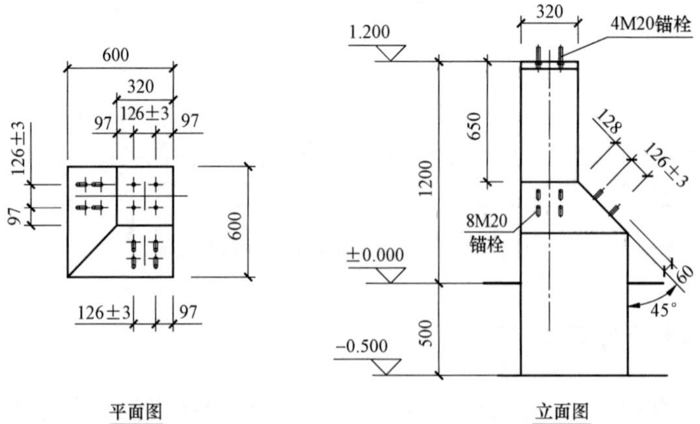

图 12-12 基础短柱模板实例图

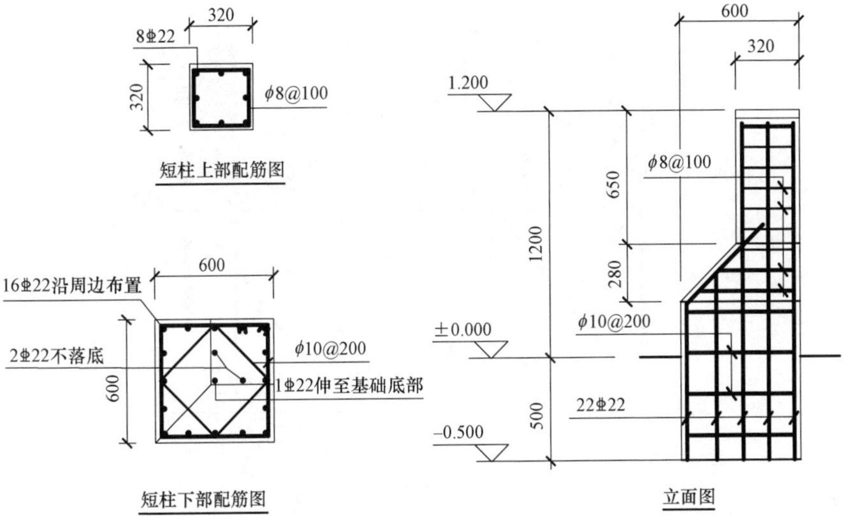

图 12－13　基础短柱配筋实例图

第三节　串补平台结构设计示例

一、工程资料

某工程串补平台长为17945mm，宽为7850mm，距地面高度为7048mm。串补平台上主要设备有：电容器塔、火花间隙、限流电抗器、阻尼电阻器、MOV及电流互感器等。串补平台设备布置图如图 12－14 所示，串补平台正视图如图 12－15 所示，串补平台侧视图如图 12－16 所示。

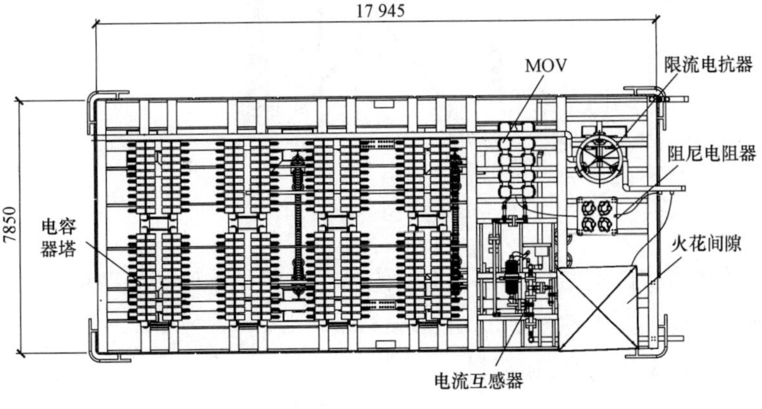

图 12－14　串补平台设备布置图

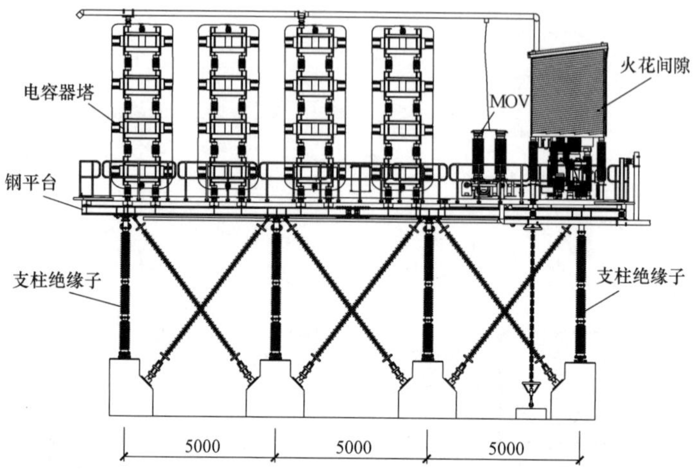

图 12－15　串补平台正视图

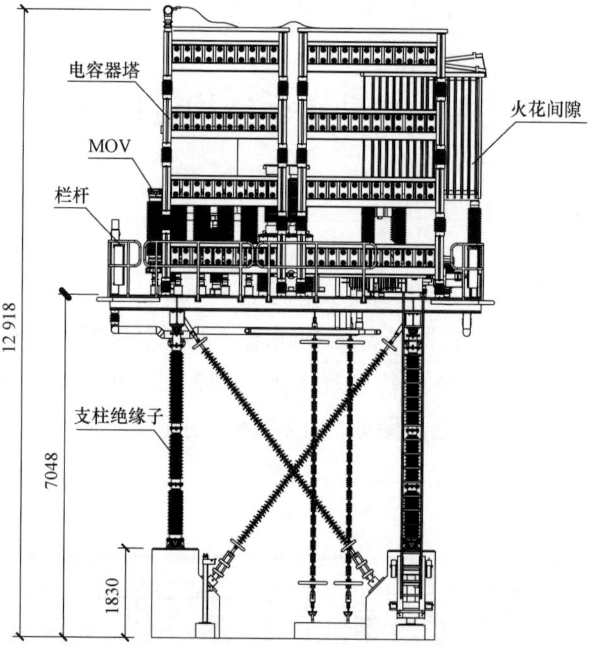

图 12－16　串补平台侧视图

串补平台结构由钢结构平台、支柱绝缘子、斜拉绝缘子等组成，串补平台固定于基础上，基础露出地面高度 1830mm。

钢结构平台采用 Q345B 钢材。

支柱绝缘子采用瓷绝缘子，斜拉绝缘子采用复合绝缘子，绝缘子材料参数见

表 12-2。绝缘子的承载力受材料强度、节点连接强度等因素影响。绝缘子选用时，根据绝缘子的受力和绝缘子厂家提供的绝缘子承载力选用。

表 12-2　　绝缘子材料参数

材料	密度 ρ（kg/m³）	泊松比 μ	弹性模量 E（GPa）	轴向抗拉强度 σ（MPa）
复合绝缘子	5000	0.31	50	1000
瓷绝缘子	2500	0.32	76.5	60

二、荷载及计算模型

串补平台上设备质量大、高度高，荷载分布不均匀。抗震计算时，上部结构的实际地震反应对串补平台的内力影响较大，因此将串补平台及设备整体建模分析。采用结构分析程序（SAP2000）软件，用三维模型对钢结构平台和电气设备建模。

（一）荷载计算及荷载组合

1. 恒载

平台恒载主要为电气设备和钢结构平台的自重。分析时按实际截面和材料建模，由程序自动考虑自重。建模未考虑的格栅、栏杆及管母和小型设备的自重以附加荷载方式施加。

（1）栏杆自重：0.085 2kN/m。

（2）格栅自重：0.45kN/m^2。

2. 活荷载

检修均布载荷：2.0kN/m^2。

3. 风荷载

50 年一遇基本风压ω_0=0.45kN/m^2，地面粗糙度为 B 类。

简化计算，不考虑前面设备对后面设备的风荷载的影响。

风振系数β_z=1.5。

以电容器塔为例，风荷载计算如下：

基本风压：ω_0=0.45kN/m^2。

体型系数：μ_s=1.3。

单层电容器塔迎风面积（X 向）A_x=1.31m^2。

地面粗糙度 B 度，设备离地最大高度 13m，根据 GB 5009《建筑结构荷载规范》，风压高度变化系数：$\mu_z=1.074$。

风荷载标准值：

$\omega_k=\beta_z\cdot\mu_s\cdot\mu_z\cdot\omega_0=1.5\times1.3\times1.074\times0.45=0.942\text{kN/m}^2$。

$F_{kx}=\omega_k\cdot A_x=0.942\times1.31=1.23\text{kN}$

其他设备和平台风荷载计算见表 12-3。

表 12-3　设备和平台风荷载

	ω_0（kN/m^2）	β_z	H（m）	μ_z	μ_s	A（m^2）	ω_{0k}（kN/m^2）	$F=\omega_k\cdot A$（kN）
钢结构平台（X 方向）	0.45	1.5	7.0	1.00	1.30	10.80	0.878	9.48
平台支柱绝缘子（X、Y 方向）	0.45	1.5	7.0	1.00	1.30	1.50	0.878	1.31
电容器塔 A（单层，X 方向）	0.45	1.5	12.5	1.07	1.30	1.60	0.942	1.51
电容器塔 B（单层，X 方向）	0.45	1.5	12.5	1.07	1.30	2.25	0.942	2.12
MOV 避雷器（X、Y 方向）	0.45	1.5	9.2	1.00	1.30	0.79	0.878	0.69
火花间隙（X、Y 方向）	0.45	1.5	12.0	1.06	1.30	12.00	0.930	11.16
阻尼电抗器本体（X、Y 方向）	0.45	1.5	10.50	1.02	1.30	3.44	0.891	3.06
阻尼电抗器绝缘子（X、Y 方向）	0.45	1.5	10.50	1.02	1.30	0.43	0.891	0.39
阻尼电阻器本体（X、Y 方向）	0.45	1.5	9.75	1.00	1.30	0.60	0.878	0.53
阻尼电阻器绝缘子（X、Y 方向）	0.45	1.5	10.50	1.02	1.30	0.27	0.891	0.24
钢结构平台（Y 方向）	0.45	1.3	7	1.00	1.30	4.71	0.761	3.58
电容器塔 A，B（单层，Y 方向）	0.45	1.5	13	1.074	1.30	1.31	0.942	1.23

4. 覆冰荷载

根据 DL/T 5453《串补站设计技术规程》的规定，串补平台应考虑覆冰的影响。考虑每覆冰 lmm 等效于平台本身自重增加 1%。

所在地区串补平台考虑 10mm 覆冰，覆冰荷载为恒载的 10%。

考虑覆冰荷载时，风荷载按 0.5 的组合值系数参与组合。

5. 荷载组合

荷载组合按本章第一节确定的原则进行。

（二）计算模型

1. 串补平台设备计算假定

平台上高度和荷载较大的设备考虑与钢结构平台共同计算分析，此类设备有电容器塔、火花间隙、阻尼电抗器、阻尼电阻器、MOV。

平台上的小型设备按荷载考虑：互感器、管母等。

平台上的附属构件按荷载考虑：钢格栅、栏杆、爬梯。

斜拉绝缘子按仅受拉构件考虑，计算时不考虑斜拉绝缘子的预拉力。

模型主要是对平台梁、平台下支柱绝缘子与斜拉绝缘子的受力计算。主次梁以三维梁单元模拟，支柱绝缘子以梁单元模拟，斜拉绝缘子以仅受拉的梁单元模拟。各个设备均抽象为有质量的梁，将风荷载施加在梁上。

2. 钢结构平台模型

串补平台采用八柱绝缘子支撑式结构，支柱绝缘子之间均采用交叉斜拉绝缘子张紧。支柱绝缘子与基础、钢结构平台均采用铰接连接，支柱绝缘子仅受轴向力作用，斜拉绝缘子仅受轴向拉力作用。

钢结构平台平面图如图 12－17 所示，钢结构平台为平面框架结构，由 X 向主梁、Y 向主梁和次梁组成。X 向设置两道主梁，X 向主梁与支柱绝缘子和斜拉绝缘子直接连接。Y 向主梁和次梁根据平台上的设备布置设置。

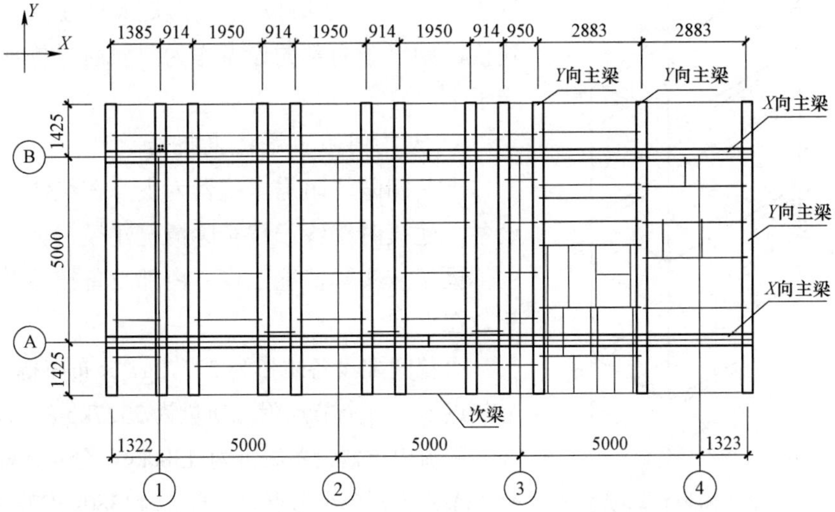

图 12－17　钢结构平台平面图

钢结构平台、支柱绝缘子及斜拉绝缘子截面尺寸和材料见表 12－4。

表 12－4　钢结构平台、支柱绝缘子及斜拉绝缘子截面尺寸和材料表

结构构件	截面尺寸	材料
支柱绝缘子	直径：145mm	瓷绝缘子
斜拉绝缘子	芯柱直径：24mm	复合绝缘子
X 向主梁	HW300×300×11×19	Q345B
Y 向主梁	HW310×300×9×15.5	Q345B
次梁	L80×7 等	Q345B

3. 电容器塔

电容器塔为多层组合式结构，每层承载构件为型钢框架，电容器固定在型钢框架上。层与层之间采用绝缘子相连。

电容器塔型钢框架按实际情况建模，电容器作为附加质量考虑，施加在电容器下方的型钢框架梁上。每层框架单侧梁上布置 10 个电容器，单个电容器为 50kg，单侧梁上电容器总重为 5kN，梁长为 2.464m，电容器自重为 2kN/m。

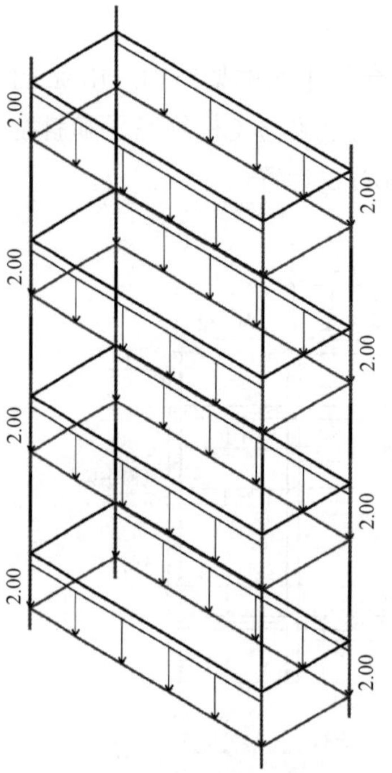

图 12－18　电容器塔计算模型

电容器塔计算模型如图 12－18 所示。

4. MOV、阻尼电阻器

MOV、阻尼电阻器等为外壳为绝缘子的电气设备。建模时均按绝缘子实际的直径和壁厚建模，绝缘子内部的设备作为附属质量施加在绝缘子上。

5. 火花间隙、限流电抗器

火花间隙、阻尼电抗器为支撑在绝缘子上的设备，建模时绝缘子按实际情况建模，上部设备主体框架按实际情况建模，内部设备按等效质量等效在框架上。

火花间隙设备质量为 2327kg，分布在框架的 8 个节点上，单个节点附加质量为 2327kg/8＝290kg。

限流电抗器设备质量为 1380kg，分布在框架的 32 个节点上，单个节点附加质量为 1380kg/32=43kg。

6. 串补平台计算模型

串补平台计算模型如图 12－19 所示。

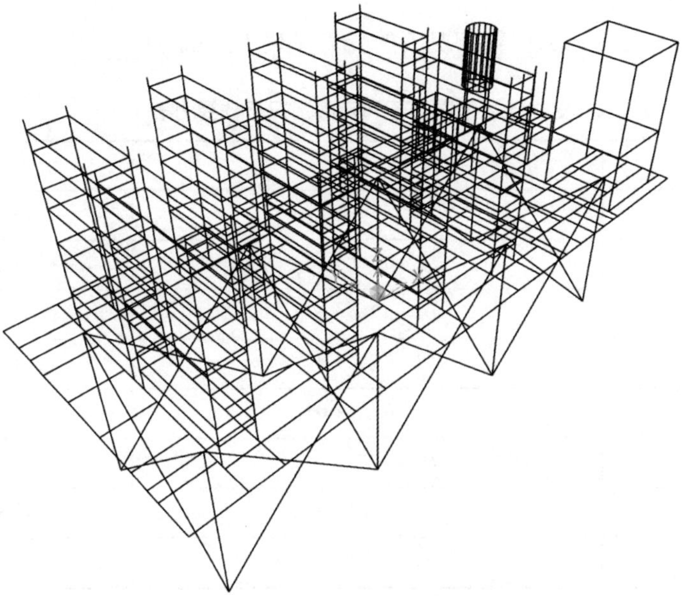

图 12－19 串补平台计算模型

三、内力与位移计算结果及分析

平台结构内力分为正常运行工况和单一支柱绝缘子失效工况进行分析，按正常运行工况进行验算位移。

（一）正常运行工况

对正常运行工况下串补平台支柱绝缘子、斜拉绝缘子、钢结构平台梁等主要构件的内力进行分析验算，并对平台顶部的位移进行分析验算。

1. 平台位移验算

以变形最大的支柱绝缘子顶部位移为例进行分析，支柱绝缘子顶部位移见表 12－5。

表 12－5　支柱绝缘子顶部位移　mm

节点	荷载工况	X 方向位移	Y 方向位移	Z 方向位移	合成位移
20	$DL+WL_x$	10.9	－0.2	－0.2	10.9
20	$DL+WL_y$	0.8	17.4	－0.1	17.4

恒载和风荷载组合工况下，支柱绝缘子顶部最大位移为 17.4mm，支柱绝缘子距离地面高度为 7048mm，位移长度比为 1/405，满足要求。

2. 主要构件内力

支柱绝缘子在最不利荷载工况下的受力见表 12-6。

表 12-6　　支柱绝缘子在最不利荷载工况下的受力表

单元号	荷载组合	轴力（kN）
50	$DL+LL+0.5WL_y+WI$	-95.0
53	$DL+0.7LL+WL_y$	-103.7
59	$DL+0.7LL+WL_y$	-162.8
83	$DL+0.7LL+WL_x$	-117.2
98	$DL+0.7LL+WL_y$	-157.5
121	$DL+0.7LL+WL_x$	-57.2
153	$DL+0.7LL+WL_y$	-85.2
329	$DL+LL+0.5WL_x+WI$	-173.7

斜拉绝缘子在最不利荷载工况下的受力见表 12-7。

表 12-7　　斜拉绝缘子在最不利荷载工况下的受力表

单元号	荷载组合	轴力（kN）
56	$DL+0.7LL-WL_y$	19.4
297	$DL+0.7LL+WL_y$	20.4
298	$DL+0.7LL-WL_y$	22.1
312	$DL+0.7LL+WL_y$	21.8
313	$DL+0.7LL-WL_y$	24.6
314	$DL+0.7LL+WL_y$	26.2
315	$DL+0.7LL-WL_y$	26.3
316	$DL+0.7LL+WL_y$	26.2

X 向主梁的基本组合控制工况受力见表 12-8。

表 12－8　　**X向主梁的基本组合控制工况受力表**

单元号	荷载组合	P（kN）	V_2（kN）	V_3（kN）	T（kN·m）	M_2（kN·m）	M_3（kN·m）
184	$1.2DL+0.98LL-1.4WL_y+0.98WI$	－2.9	95.7	－8.3	0.1	7.3	－92.4
263	$1.2DL+0.98LL+1.4WL_y+0.98WI$	2.3	50.8	15.4	1.7	14.4	53.0

Y向主梁的基本组合控制工况受力见表 12－9。

表 12－9　　**Y向主梁的基本组合控制工况受力表**

单元号	荷载组合	P（kN）	V_2（kN）	V_3（kN）	T（kN·m）	M_2（kN·m）	M_3（kN·m）
13	$1.2DL+0.98LL+1.4WL_x+0.98WI$	－1.8	1.0	0.4	0.0	－4.5	47.1
202	$1.2DL+0.98LL-1.4WL_x+0.98WI$	－3.3	－32.0	－3.8	0.0	－5.6	－28.3

3. 主要构件验算

（1）支柱绝缘子验算。

支柱绝缘子在长期荷载组合下最大轴力为－173.7kN（压力）。

安全系数为$K=2.75$。

支柱绝缘子最小抗压破坏荷载值为 173.7×2.75＝477.6kN。

（2）斜拉绝缘子验算。

斜拉绝缘子在长期荷载组合下最大轴力为 26.3kN（拉力）。

安全系数为$K=2.75$。

斜拉绝缘子抗拉破坏荷载最小值为 26.3×2.75＝72.3kN。

（3）X向主梁验算。X向主梁采用 H 型钢，材料等级为 Q345B，抗拉、抗压和抗弯强度标准值为$f_k=345\text{N/mm}^2$，其截面特性见表 12－10。

表 12－10　　**X向主梁截面特性**

梁截面形状	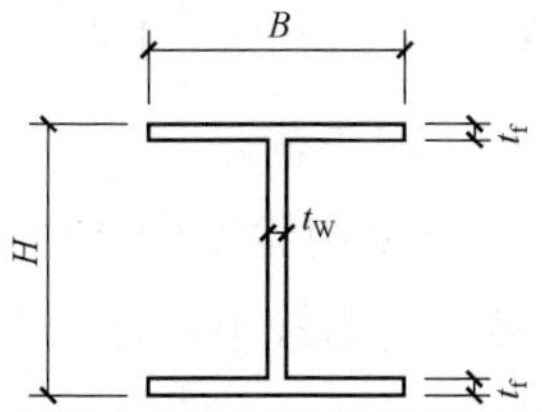

续表

H（mm）	B（mm）	t_w（mm）	t_f（mm）	A（cm²）	质量（kg/m）	I_x（cm⁴）	W_x（cm³）	i_x（cm）	I_y（cm⁴）	W_y（cm³）	i_y（cm⁴）
300	300	11	19	142.82	112.1	24187	1612	13.0	8553	570.19	7.74

X 向主梁最不利荷载组合为：

N=2.9kN，M_x=−92.4kN·m，M_y=−7.3kN·m。

强度验算：

$$\sigma=\frac{M_x}{\gamma_x W_{nx}}+\frac{M_y}{\gamma_y W_{ny}}=\frac{92.4\times10^6}{1.05\times1612\times10^3}+\frac{7.3\times10^6}{1.20\times570\times10^3}=66.8\text{N/mm}^2<310\text{N/mm}^2$$

X 向主梁在正常运行工况下承载力满足。

（4）*Y* 向主梁验算。*Y* 向主梁采用 H 型钢，材料等级为 Q345B，抗拉、抗压和抗弯强度标准值为 f_k=345N/mm²，截面特性见表 12−11。

表 12−11　　　　　*Y* 向主梁截面特性

梁截面形状	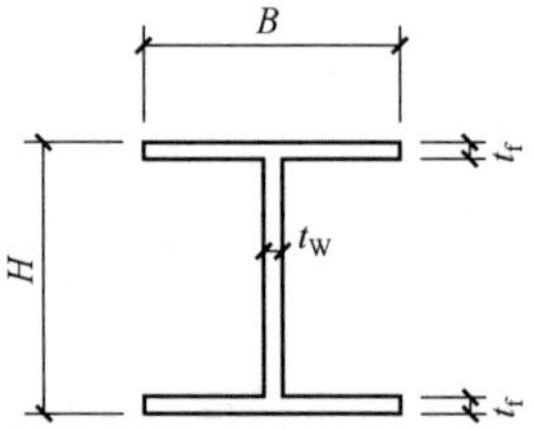										
H（mm）	B（mm）	t_w（mm）	t_f（mm）	A（cm²）	质量（kg/m）	I_x（cm⁴）	W_x（cm³）	i_x（cm）	I_y（cm⁴）	W_y（cm³）	i_y（cm⁴）
310	300	9	15.5	118.11	92.7	21812	1407	13.6	6977	465.11	7.69

Y 向主梁最不利荷载组合为：

N=−1.8kN，M_x=47.1kN·m，M_y=−4.5kN·m。

强度验算：

$$\sigma=\frac{M_x}{\gamma_x W_{nx}}+\frac{M_y}{\gamma_y W_{ny}}=\frac{47.1\times10^6}{1.05\times1612\times10^3}+\frac{4.5\times10^6}{1.20\times570\times10^3}=66.8\text{N/mm}^2<310\text{N/mm}^2$$

Y 向主梁在正常运行工况下满足。

（5）次梁验算。次梁根据用途不同选用不同的截面：

1）固定格栅用次梁，受力较小，选用 L80×7 角钢；

2）上下两端封边次梁，选用 16 号槽钢，方便连接栏杆；

3）固定设备用次梁，次梁受力较大，根据上部设备质量不同，选用 H200×200×8×12 或 H310×300×9×15.5 型钢。

次梁计算原则与主梁相同，主要为抗弯验算，可以通过 SAP2000 对次梁直接验算。

长期荷载作用下次梁应力比验算结果如图 12－20 所示。

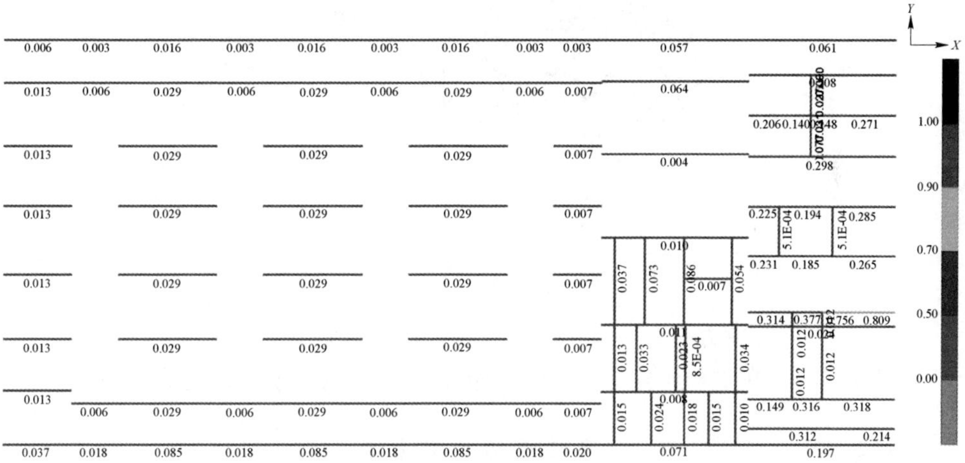

图 12－20 长期荷载作用下次梁应力比验算结果图

从图 12－20 可以看出，长期荷载作用下次梁最大应力比为 0.809，次梁满足要求。

（二）串补平台单一支柱绝缘子失效状态

根据 DL/T 5453《串补站设计技术规程》第 10.2.3 条规定，串补平台结构分析计算时应考虑在事故情况下任一支柱绝缘子失效时平台仍能保证强度和稳定，以及正常维修和更换支柱绝缘子的情况下，确保平台结构安全的措施。

对串补平台按依次支柱绝缘子失效进行计算。支柱绝缘子失效时不考虑地震作用，正常维修和更换支柱绝缘子时间较短，绝缘子安全系数按 1.84 考虑。

本平台共有 8 根支柱绝缘子，按任一绝缘子失效依次计算，计算 8 种不同情况，按最不利情况对支柱绝缘子、斜拉绝缘子和钢结构平台构件进行验算。支柱绝缘子 1 失效模型如图 12－21 所示。

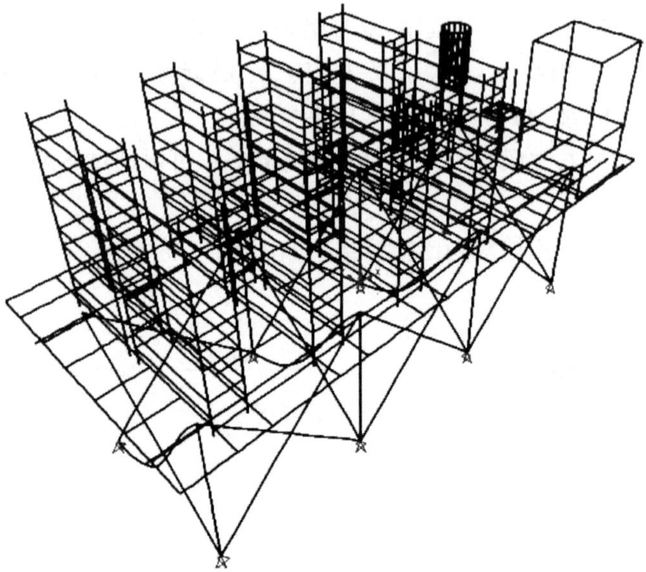

图 12－21　支柱绝缘子 1 失效模型

1. 主要构件内力

支柱绝缘子在支柱绝缘子 1～4 失效的最不利荷载工况下的受力见表 12－12。

表 12－12　支柱绝缘子受力表

失效绝缘子	单元号	荷载组合	P（kN）
1	59	$DL+0.7LL+WL_y$	－337.6
2	98	$DL+0.7LL+WL_y$	－285.3
3	59	$DL+LL+0.5WL_y+WI$	－284.2
4	98	$DL+0.7LL+WL_y$	－318.0

斜拉绝缘子在支柱绝缘子 1～4 失效的最不利荷载工况下的受力见表 12－13。

表 12－13　斜拉绝缘子受力表

失效绝缘子	单元号	荷载组合	P（kN）
1	314	$DL+0.7LL+WL_y$	30.2
2	314	$DL+0.7LL+WL_y$	28.0
3	316	$DL+0.7LL+WL_y$	30.5
4	314	$DL+0.7LL+WL_y$	35.7

2. 主要构件验算

（1）支柱绝缘子验算。

支柱绝缘子最大轴力为−337.6kN（压力）。

安全系数为$K=1.84$。

选用的支柱绝缘子最小抗压破坏荷载值为$337.6\times1.84=621.2$kN。

支柱绝缘子在单一绝缘子失效状态下的最小抗压破坏荷载值大于正常运行工况下的最小抗压破坏荷载值，支柱绝缘子的控制工况为单一绝缘子失效。

（2）斜拉绝缘子验算。

斜拉绝缘子最大轴力为30.2kN（拉力）。

安全系数为$K=1.84$。

选用的斜拉绝缘子抗拉破坏荷载最小值为$30.2\times1.84=55.6$kN。

斜拉绝缘子在单一绝缘子失效状态下的最小抗压破坏荷载值小于正常运行工况下的最小抗压破坏荷载值。

（3）串补平台钢梁验算。采用 SAP2000 软件对平台钢梁进行设计，支柱绝缘子 1～3 失效工况下平台钢梁设计应力比如图 12−22～图 12−24 所示。

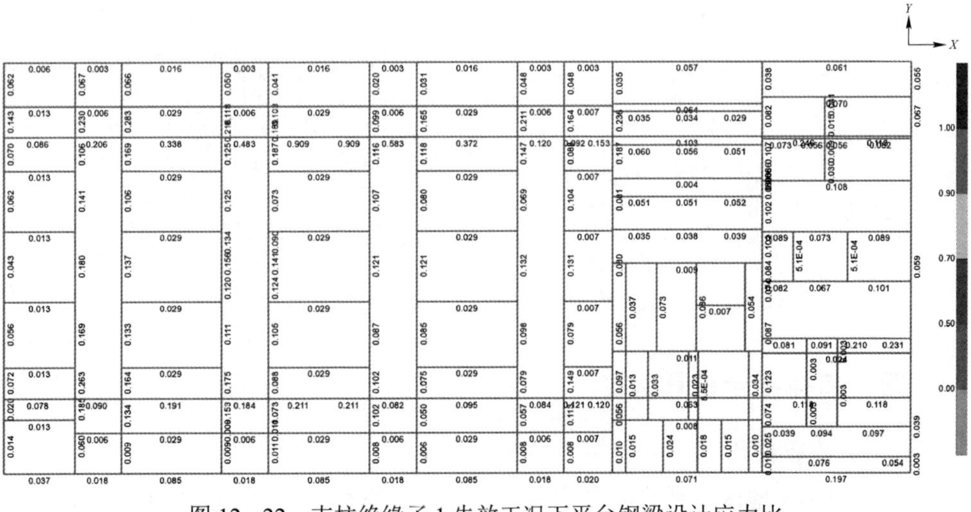

图 12−22　支柱绝缘子 1 失效工况下平台钢梁设计应力比

X向主梁最大应力比为 0.909，Y向主梁最大应力比为 0.286，次梁最大应力比为 0.809，均满足要求。

X向主梁在绝缘子 1 失效之后变成一端悬挑梁，应力增加较大，该工况为X向主梁的控制工况。Y向主梁和次梁在绝缘子失效之后，应力变化很小。

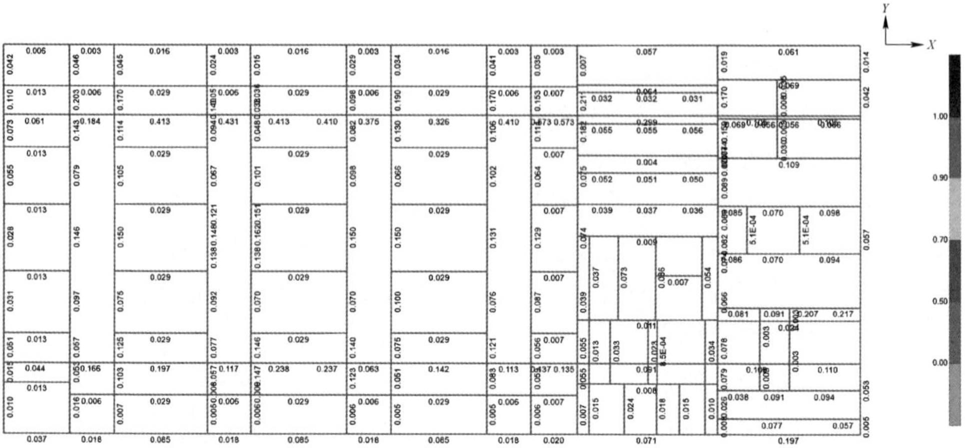

图 12－23　支柱绝缘子 2 失效工况下平台钢梁设计应力比

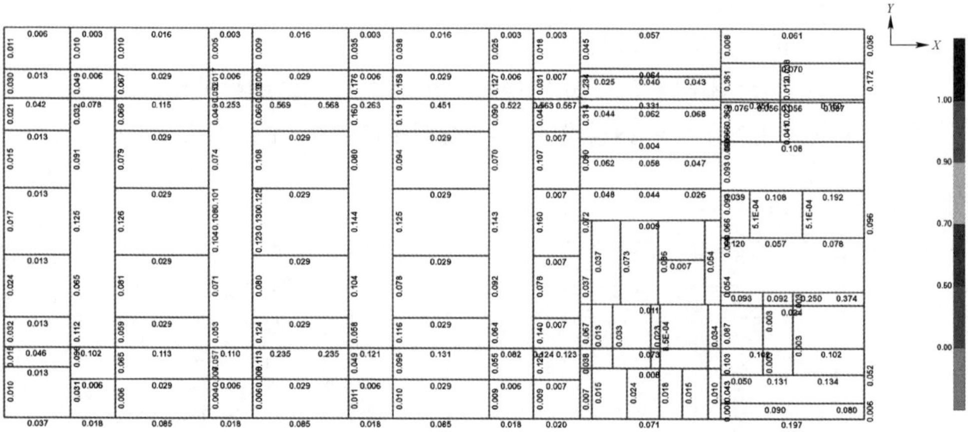

图 12－24　支柱绝缘子 3 失效工况下平台钢梁设计应力比

四、串补平台抗震验算

（一）地震作用

本工程所在地区抗震设防烈度为 7 度，设计基本地震加速度为 0.1g，设计地震分组为第一组，场地类别为Ⅱ类。

根据 GB 50260—2013《电力设施抗震设计规范》第 1.0.9 条的规定，串补平台提高 1 度设防，设防烈度提高为 8 度；根据 GB 50260—2013《电力设施抗震设计规范》第 1.0.4 条规定，串补平台按设防地震计算地震作用。

根据 GB 50260—2013《电力设施抗震设计规范》第 5.0.1 条规定，同时考虑平面内 2 个方向的地震作用。

地震作用计算方法，平台地震作用采用震型分解反应谱法计算，采用时程分析进行设防地震下的补充计算。

（1）震型分解反应谱法。反应谱采用 GB 50260《电力设施抗震设计规范》规定的地震影响系数曲线，如图 12－25 所示。

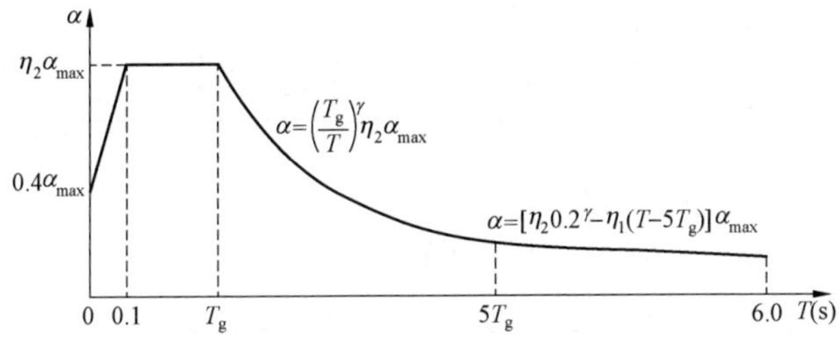

图 12－25　地震影响系数曲线

图 12－25 中，场地特征周期为 $T_g=0.35s$，地震影响系数最大值 $\alpha_{max}=0.50$，结构阻尼比 $\zeta=0.02$，则有：

$$\gamma=0.9+\frac{0.05-\zeta}{0.3+6\zeta}=0.9+\frac{0.05-0.02}{0.3+6\times0.02}=0.971$$

$$\eta_1=0.02+\frac{0.05-\zeta}{4+32\zeta}=0.02+\frac{0.05-0.02}{4+32\times0.02}=0.026$$

$$\eta_2=1+\frac{0.05-\zeta}{0.08+1.6\zeta}=1+\frac{0.05-0.02}{0.08+1.6\times0.02}=1.268$$

（2）时程分析方法。采用时程分析方法对串补平台进行补充，时程分析输入地震加速度最大值按 8 度设防地震考虑，取 $200cm/s^2$。

地震波选择：选择 EL Centro 波，TAFT－2 波，兰州人工波。

双向水平地震作用，在时程分析时按 1:0.85 在 2 个方向输入加速度时程。

时程分析方法对串补平台进行补充计算，主要是用时程分析方法的结果和反应谱分析方法的结果进行比较，当时程分析方法的结果大于反应谱分析方法的结果时，对反应谱分析方法得到的内力和位移进行放大。

（二）地震作用效应组合

地震作用效应和其他荷载效应的组合按本章第一节的原则进行。

（三）抗震验算结果

1. 平台自振频率

串补平台的前 12 阶自振频率见表 12－14。

表 12－14　　串补平台的前 12 阶自振频率

阶数	频率（Hz）	阶数	频率（Hz）	阶数	频率（Hz）
1	1.484	5	2.369	9	2.815
2	1.692	6	2.428	10	3.187
3	1.753	7	2.595	11	3.276
4	2.081	8	2.794	12	3.321

2. 时程分析结果与反应谱结果比较

（1）平台位移分析。以支柱绝缘子顶部位移进行分析。

反应谱分析方法的支柱绝缘子顶部位移结果见表 12－15 和表 12－16。

表 12－15　反应谱分析方法的支柱绝缘子顶部在 *X* 方向地震作用下的位移　　mm

节点	荷载工况	*X* 方向位移	*Y* 方向位移	*Z* 方向位移	合成位移
2	FYP－X	24.0	25.2	0.2	34.8
4	FYP－X	24.2	24.8	0.3	34.7
8	FYP－X	23.7	28.0	0.2	36.7
10	FYP－X	23.9	24.9	0.2	34.5
14	FYP－X	23.8	29.8	0.2	38.1
16	FYP－X	24.1	28.0	0.2	36.9
20	FYP－X	23.9	29.4	0.2	37.9
22	FYP－X	24.1	24.9	0.2	34.6

表 12－16　反应谱分析方法的支柱绝缘子顶部在 *Y* 方向地震作用下的位移　　mm

节点	荷载工况	*X* 方向位移	*Y* 方向位移	*Z* 方向位移	合成位移
2	FYP－Y	20.4	29.4	0.2	35.8
4	FYP－Y	20.6	29.0	0.3	35.6
8	FYP－Y	20.2	33.0	0.3	38.7
10	FYP－Y	20.4	29.3	0.3	35.7
14	FYP－Y	20.2	35.2	0.2	40.6
16	FYP－Y	20.5	33.0	0.2	38.9

续表

节点	荷载工况	X方向位移	Y方向位移	Z方向位移	合成位移
20	FYP－Y	20.4	34.6	0.2	40.1
22	FYP－Y	20.5	29.2	0.2	35.7

反应谱分析方法的支柱绝缘子顶部最大位移为节点20在Y方向地震作用时，其最大位移为40.1mm，其中X方向位移为20.4mm，Y方向位移为34.6mm。

节点20Y方向地震作用下采用时程分析位移结果如图12－26～图12－28所示。

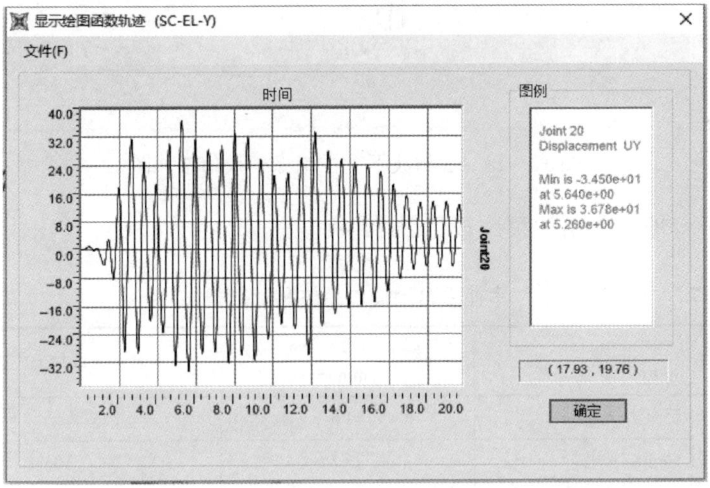

图12－26　EL Centro波下支柱绝缘子顶部位移图

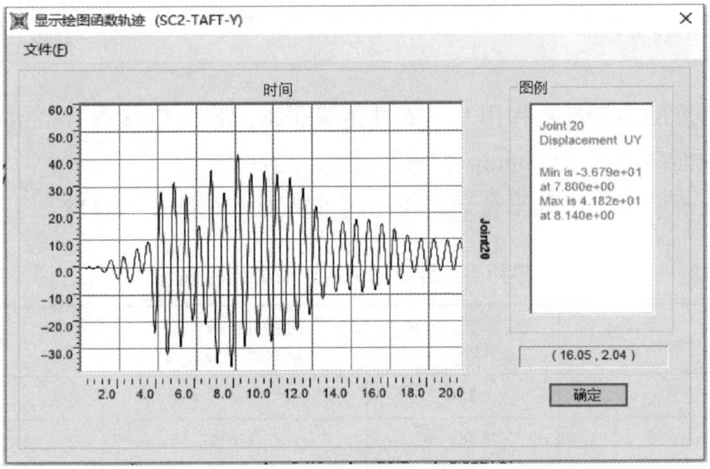

图12－27　TAFT－2波下支柱绝缘子顶部位移图

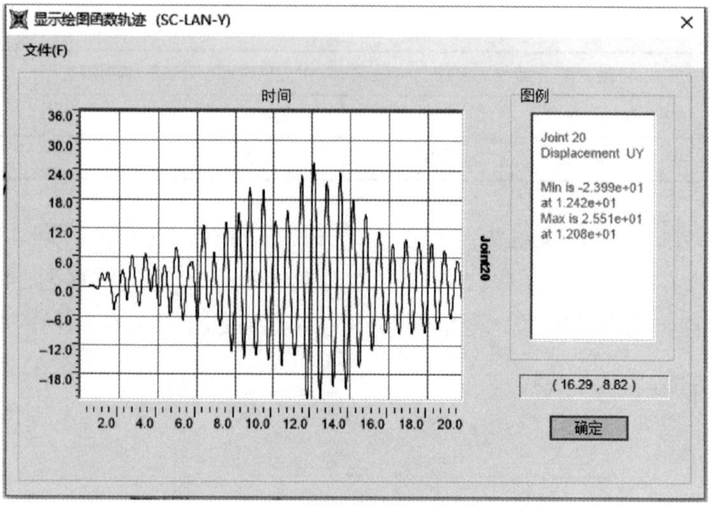

图 12-28 兰州波下支柱绝缘子顶部位移图

串补平台地震作用位移比较见表 12-17。

表 12-17　　串补平台地震作用位移比较表

	位移（mm）	时程分析与反应谱之比
反应谱	34.6	/
EL Centro 波	36.7	106%
TAFT-2 波	41.8	121%
兰州人工波	25.5	73.7%
时程分析平均值	42.1	122%

提高一度的多遇地震作用下，支柱绝缘子顶部最大位移为 41.8mm，支柱绝缘子距离地面高度为 7048mm，位移长度比为 1/169。

（2）底部剪力。串补平台地震作用底部剪力比较见表 12-18。

表 12-18　　串补平台地震作用底部剪力比较表

	底部剪力之和（kN）	时程分析剪力与反应谱剪力之比	限值
反应谱	384	/	/
EL Centro 波	461	120%	65%～135%
TAFT-2 波	411	107%	65%～135%

续表

	底部剪力之和（kN）	时程分析剪力与反应谱剪力之比	限值
兰州人工波	299	78%	65%～135%
时程分析平均值	499	102%	80%～120%

3 条地震波时程分析的剪力平均值为反应谱剪力的 102%，大于反应谱的剪力，将反应谱计算的地震作用乘以 1.02 的放大系数后参与组合。

3. 主要构件内力

支柱绝缘子在最不利荷载组合工况下的受力见表 12－19。

表 12－19　　支柱绝缘子在最不利荷载组合工况下的受力表

单元号	荷载组合	P（kN）
50	$DL+0.5LL-0.2WL_x-E_y$	－184.1
53	$DL+0.5LL+0.2WL_y+E_x$	－180.4
59	$DL+0.5LL+0.2WL_y+E_y$	－237.2
83	$DL+0.5LL-0.2WL_y-E_y$	－199.0
98	$DL+0.5LL+0.2WL_y+E_y$	－224.6
121	$DL+0.5LL-0.2WL_y-E_y$	－118.5
153	$DL+0.5LL+0.2WL_y+E_y$	－139.7
329	$DL+0.5LL-0.2WL_y-E_y$	－258.1
121	$DL+0.5LL-0.2WL_x-E_y$	40.7

斜拉绝缘子在最不利荷载组合工况下的受力见表 12－20。

表 12－20　　斜拉绝缘子在最不利荷载组合工况下的受力表

单元号	荷载组合	P（kN）
56	$DL+0.5LL-0.2WL_y-E_y$	58.8
297	$DL+0.5LL+0.2WL_y+E_y$	58.2
298	$DL+0.5LL-0.2WL_y-E_y$	65.9
312	$DL+0.5LL+0.2WL_y+E_y$	59.0
313	$DL+0.5LL-0.2WL_y-E_y$	70.6
314	$DL+0.5LL+0.2WL_y+E_y$	66.8

续表

单元号	荷载组合	P（kN）
315	$DL+0.5LL-0.2WL_y-E_y$	70.1
316	$DL+0.5LL+0.2WL_x+E_y$	54.7

4. 主要构件验算

（1）支柱绝缘子验算。

支柱绝缘子在地震作用效应组合下最大轴力为−258.1kN（压力），40.7kN（拉力）。

安全系数为 $K=1.84$。

选用的支柱绝缘子抗压破坏荷载最小要求值为 $258.1\times1.84=474.9$kN。

选用的支柱绝缘子抗拉破坏荷载最小值为 $40.7\times1.84=74.9$kN。

（2）斜拉绝缘子验算。

斜拉绝缘子在地震作用效应组合下最大轴力为 70.6kN（拉力）。

安全系数为 $K=1.84$。

选用的斜拉绝缘子抗拉破坏荷载最小值为 $70.6\times1.84=130.1$kN。

（3）串补平台钢梁验算。

SAP2000 对平台钢梁进行设计，地震作用效应组合下平台钢梁设计应力比如图 12−29 所示。

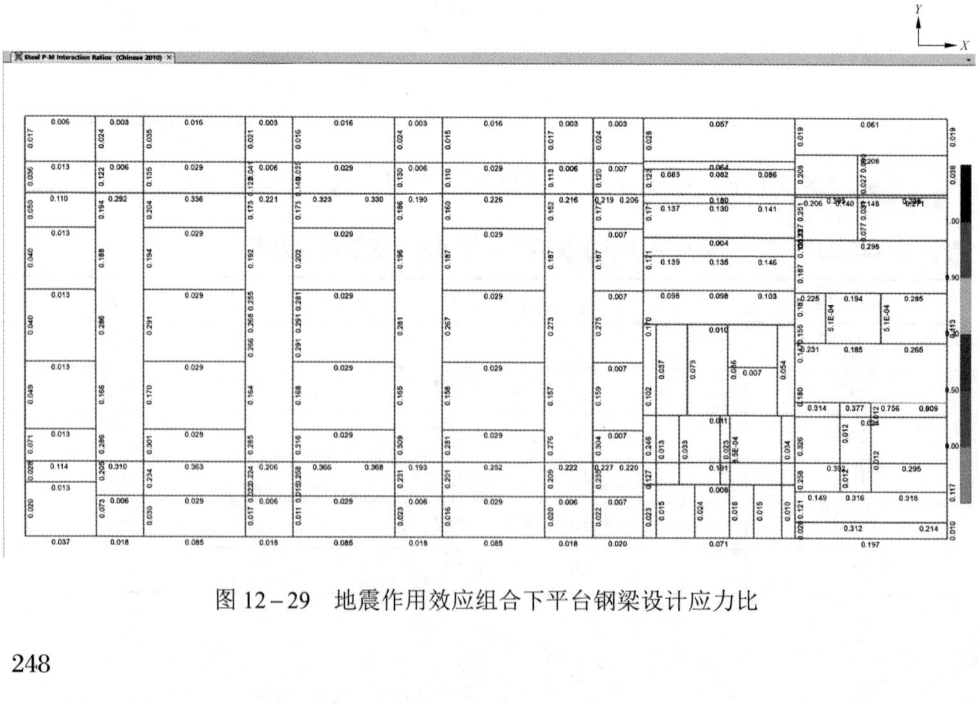

图 12−29　地震作用效应组合下平台钢梁设计应力比

X向主梁最大应力比为0.395，Y向主梁最大应力比为0.286，次梁最大应力比为0.809，均满足要求。

第四节 串补平台基础设计示例

一、工程条件

某工程底层主要由第四系人工堆积层（Q^S）、第四系全新统冲积、洪积层（Q_4^{al+pl}）及第四系上更新统冲积、洪积层（Q_3^{al+pl}）构成，按表12－21层序编号作如下分述。

层1素填土：色杂，主要由砂、卵石混黏性土组成，稍湿一湿，稍密。分布零星，堆积时间短，结构不均匀。

层2粉质黏土：褐色、灰褐色、灰色，浅层含植物根系，含砂粒。很湿一饱和，软塑状态，承载力特征值f_{ak}=75kPa。

层3粉质黏土：覆盖于砂、卵石土层之上。褐黄色、黄褐色、褐红色，土质不均匀，含少量砂粒、砾石，含量为5%～15%，含铁锰质结核。近地表部分多含植物根系。根据状态分为两个亚层：层（3－1），可塑状态，湿，承载力特征值f_{ak}=160kPa；层（3－2），硬塑状态，稍湿，承载力特征值f_{ak}=230kPa。

层4卵石土：灰黄色、褐黄色为主，混大量砾石、各类砂粒，级配较好。卵石石英质、硅质为主，粒径一般为3～10cm，最大的可达50cm以上。卵石磨圆较好，质地坚硬，含量一般为40%，局部富集。中密（局部密实），稍湿一饱和，承载力特征值f_{ak}=350kPa。

表12－21 地层情况表

层号	名称	状态	重度γ（kN/m³）	孔隙比e	压缩模量E_s（MPa）	变形模量E_0（MPa）	快剪		承载力特征值f_{ak}（kPa）
					100～200kPa		凝聚力C（kPa）	摩擦角ϕ（°）	
1	素填土	稍密一中密	18.4	—	—	—	—	—	—
2	粉质黏土	软塑	17.2	—	1.8	—	10	4.0	75
（3－1）	粉质黏土	可塑	18.5	—	7.0	—	28	16.0	160

续表

层号	名称	状态	重度 γ (kN/m³)	孔隙比 e	压缩模量 E_s（MPa）	变形模量 E_0（MPa）	快剪		承载力特征值 f_{ak}（kPa）
					100～200kPa		凝聚力 C（kPa）	摩擦角 ϕ（°）	
（3－2）	粉质黏土	硬塑	19.0	0.750	12.9	—	45	17.5	230
4	卵石土	中密	20.5	—	—	25.5	—	40.0	350

按串补平台基础布置、基础埋深情况，串补平台基础持力层为层（3－1）可塑状粉质黏土。

二、基础布置方案及计算

根据 DL/T 5453《串补站设计技术规程》规定，串补平台基础宜连成整体，避免不均匀沉降对平台结构及设备的影响。串补平台基础可采用整体性较好的整板基础或十字交叉条形基础。

串补平台基础可以在中国建筑科学研究院基础设计软件（JCCAD）等有限元分析软件中建模分析，提取串补平台的支座反力，作为荷载施加到基础上。应考虑地震作用工况和正常使用工况，验算地基承载力、基础配筋和地基变形。

本工程基床系数按 K=15 000kN/m³ 计算，地基承载力为 160kPa。

（一）筏板基础方案

采用 600mm 厚筏板基础，筏板基础每边宽出支柱绝缘子中心线 600mm，采用 JCCAD 有限元软件进行分析，导入上部结构的荷载并进行组合计算。

筏板基础平面图和剖面图如图 12－30 所示。

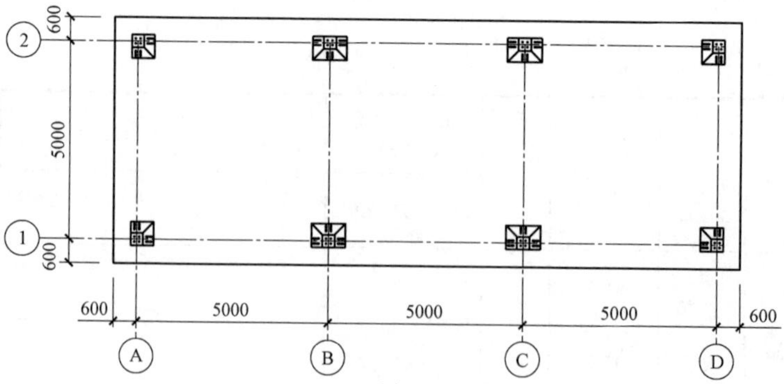

(a)

图 12－30　筏板基础平面图和剖面图（一）

（a）平面图

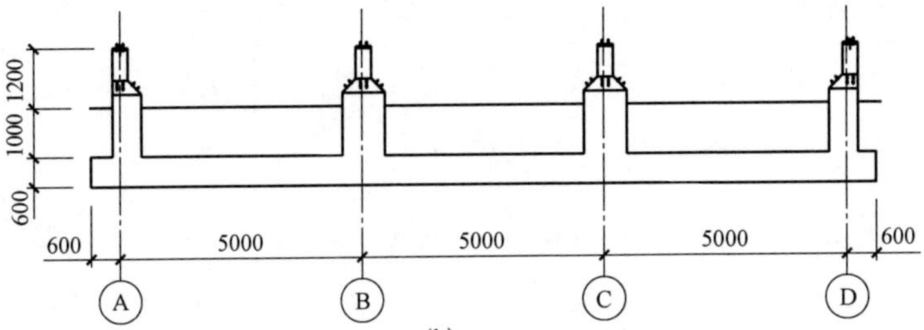

(b)

图 12-30 筏板基础平面图和剖面图（二）

（b）剖面图

（1）地基反力。筏板基础地基反力如图 12-31 所示。

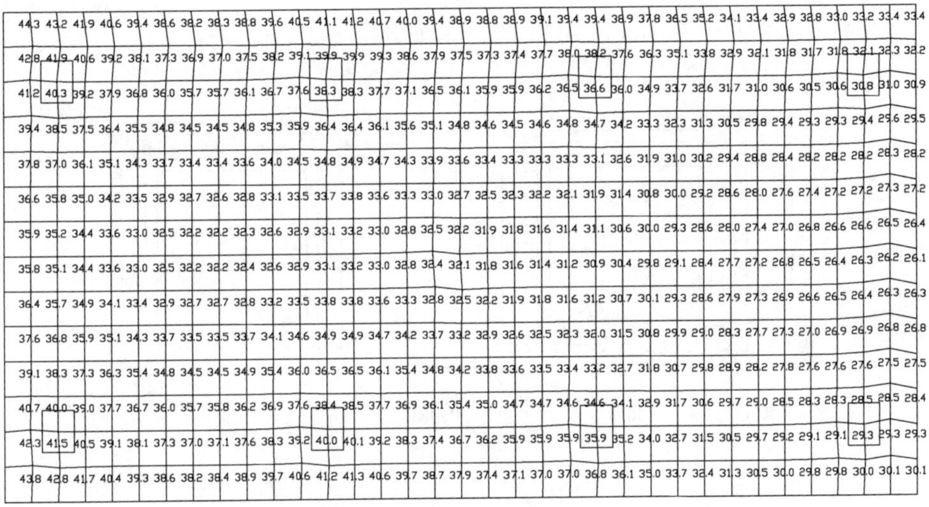

图 12-31 筏板基础地基反力图

地基最大反力为 55.7kPa<160kPa，满足要求。

（2）地基变形。筏板基础沉降如图 12-32 所示。

准永久荷载组合下，地基最大沉降为 3.39mm，最小为 1.90mm。

（3）基础配筋。筏板基础计算配筋小于最小配筋率，按构造配筋。

（二）条形基础方案

条形基础地基梁采用带肋地基梁，底板厚 400mm，宽 1200mm，肋梁尺寸为 600mm（宽）×800mm（高）。

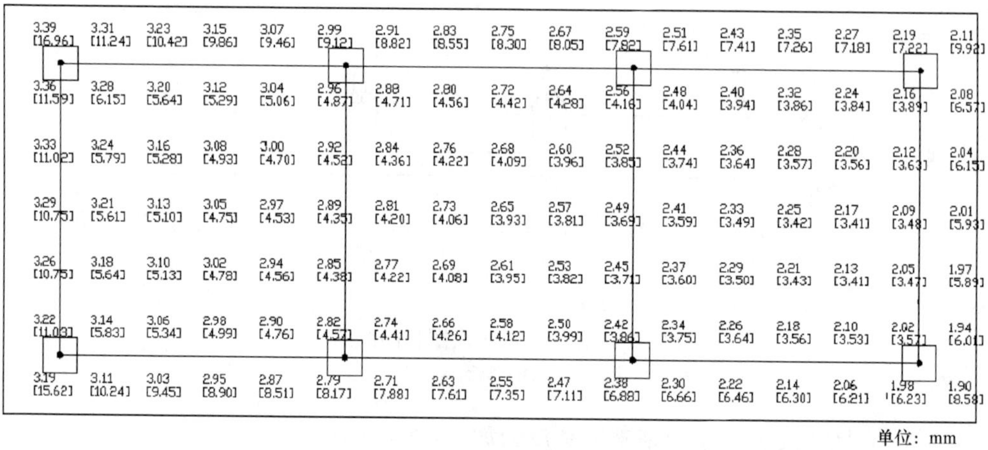

图 12－32　筏板基础沉降图

条形基础平面图和剖面图如图 12－33 所示。

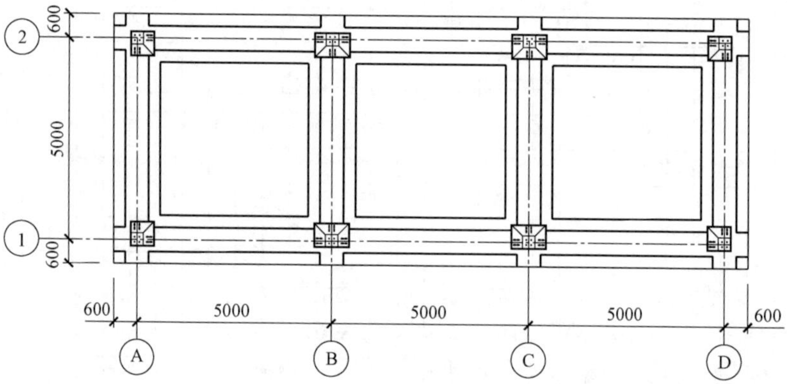

(a)

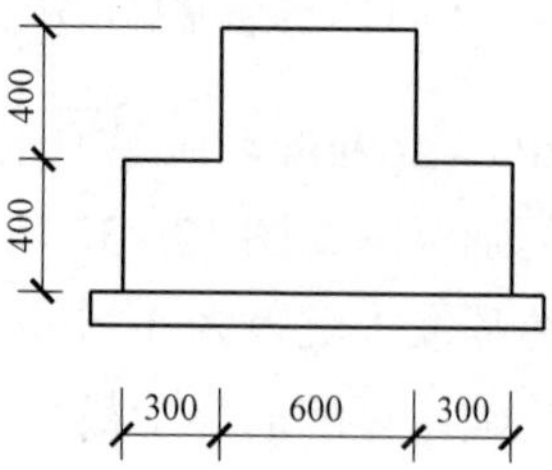

(b)

图 12－33　条形基础平面图和剖面图

（a）平面图；（b）剖面图

（1）地基反力。条形基础地基反力如图 12－34 所示。

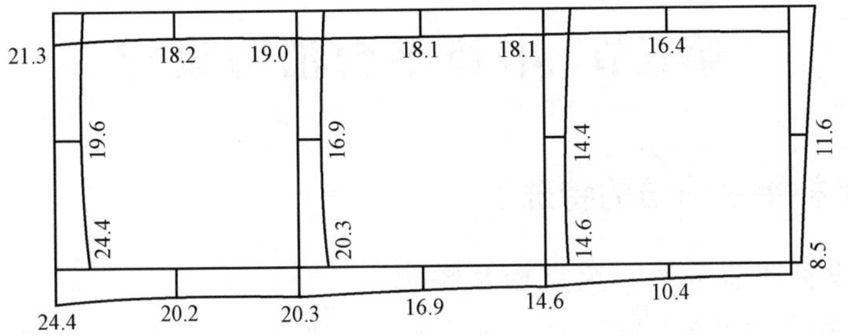

图 12－34　条形基础地基反力图

（2）基础沉降。基础在恒载＋活载作用下基础沉降如图 12－35 所示。

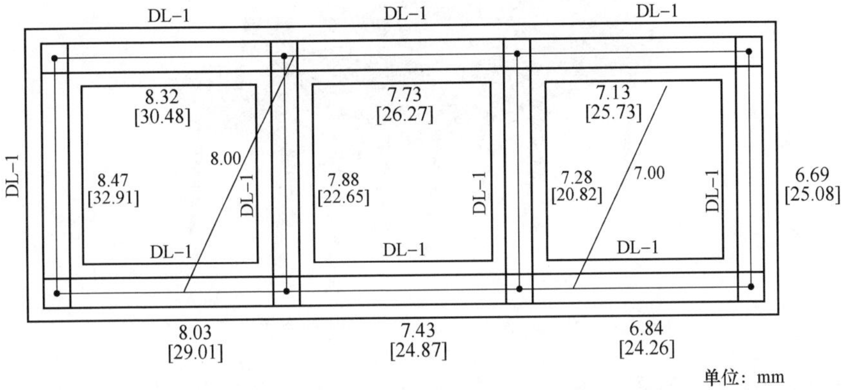

图 12－35　基础在恒载＋活载作用下基础沉降图

条形基础最大沉降为 8.47mm，最小沉降为 6.69mm，沉降差为 1.78mm。

（3）地基梁配筋计算。条形基础地基梁计算配筋面积如图 12－36 所示。

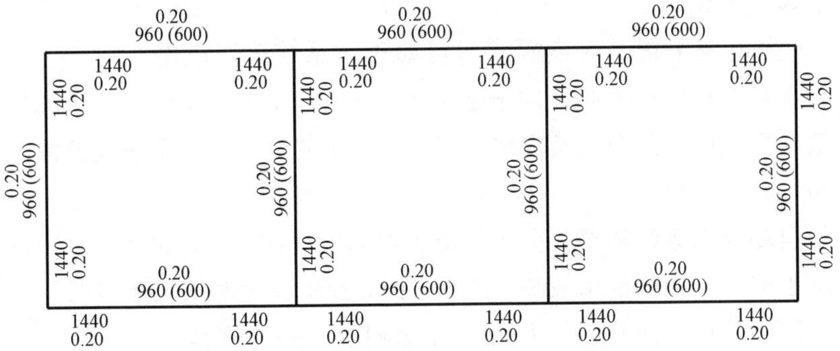

图 12－36　条形基础地基梁计算配筋面积图

由图 12－36 可知，本工程条形基础配筋均为构造配筋。

第五节　串补平台消防设计

一、串补平台消防的特殊性

（一）设备布置紧凑、火灾相互影响

串补装置的主设备，除旁路隔离开关、串联隔离开关及旁路开关外，均安装在串补平台上。串补平台上电气设备布置集中紧凑，如图 12－37 所示。

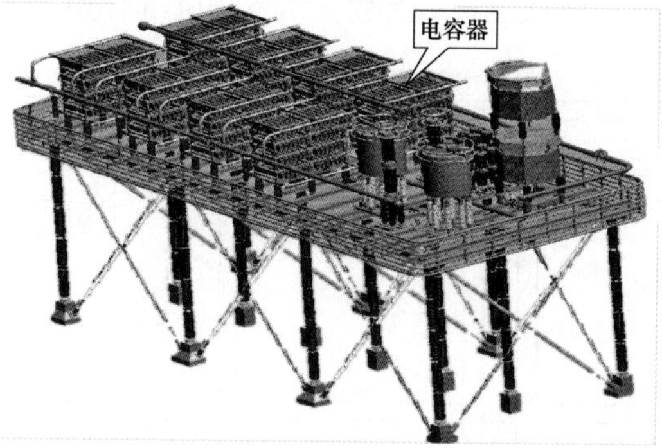

图 12－37　串补平台上设备布置

根据以往串补装置火灾事故及其分析情况，绝大多数火灾是由布置在平台上的电容器事故所致。电容器为充油电气设备，当系统或运行故障导致电容器油的气化膨胀、内压过大，将造成电容器爆裂或爆炸、漏油、起火。一台爆燃的电容器会引发平台上相邻电容器和其他设备的爆炸或燃烧，甚至造成平台下方支柱绝缘子过热爆裂、塌陷。

（二）强电磁干扰，火灾探测与自动灭火系统难以应用

串补平台工作时处于强烈的电磁干扰环境中，平台上难以进行火灾报警探测器、图像监视摄像头的布点及安装，因此，传统的火灾报警系统及图像监视系统无法应用于串补平台。

由于自动灭火系统需要与火灾探测报警系统联锁启动，加之串补平台及电气设备对最小安全净距的要求较高，自动灭火系统的管道和喷头难以在平台上固定与安装，因此，现有的自动灭火系统无法应用于串补平台。

二、串补平台消防措施

串补平台附近宜配置适当数量的移动式灭火器，用于扑救电气设备初起火灾。

灭火器应根据串补平台火灾特点和平台高度，选择灭火效能高、使用方便、有效期长、可长期存放、喷射距离远的品种。灭火器设计应符合现行有关国家和行业标准的规定。

串补平台火灾多由充油电容器事故引发，可用于充油电气设备的灭火器包括干粉灭火器、二氧化碳灭火器和泡沫灭火器。

干粉灭火器，其内部干粉无毒、无腐蚀性、不导电，因此可用于扑救带电设备的火灾，也可用于扑灭充油设备的火灾。

二氧化碳灭火器又称干冰灭火器，干冰温度为-78℃，CO_2是电的不良导体，适用于扑灭低压带电设备的火灾（电压为600V以下），如果是高压设备，火灾应先停电再灭火。CO_2无腐蚀性，可用于珍贵仪器设备的灭火，也可用于油类灭火。

泡沫灭火器，泡沫的比重为0.1～0.2，比汽油0.78和水1.0小得多。对初起的油类火灾有良好的灭火效果。泡沫主要是水溶性灭火，由于水导电，因此未停电的电气设备火灾不能使用泡沫灭火。

目前，我国已运行串补站的串补平台消防措施，主要采取在串补平台围栏外配置一定数量的推车式ABC干粉灭火器、细砂、消防桶和消防铲等灭火设施的方案。

附录A 串补技术常用名词术语

1. 串补装置（series compensator，SC）

串联于输电线路的补偿装置，即由串联电容器组、旁路开关、旁路隔离开关、串联隔离开关、接地开关及其控制、监视、测量、保护设备和绝缘支持结构组成的成套装置。

2. 串补站（series compensator station）

实现电力系统输电线路串联补偿的电力设施。站内安装有串补装置和相关辅助设施及建构筑物。

3. 固定串补（fixed series compensator，FSC）

串联于输电线路中，具有固定补偿度的串补装置。

4. 可控串补（thyristor controlled series compensation，TCSC）

串联于输电线路中、通过晶闸管阀调整补偿度的串补装置。

5. 电容器额定容抗 X_N（rated reactance of capacitor）

在额定频率和20℃电介质温度时，每相串联电容器的容抗。

6. 补偿度 k（degree of compensation）

线路的串联补偿度，用 k 表示：

$$k=100(X_N / X_L)\% \tag{A-1}$$

式中 X_N——电容器额定容抗；

X_L——输电线路在额定频率时的正序感抗的总和。

7. 电容器额定容量 Q_N（rated output of a capacitor）

电容器额定容抗在额定电流时的无功功率，用 Q_N 表示：

$$Q_N=3I_N^2X_N \tag{A-2}$$

式中 Q_N——三相无功功率容量，Mvar；

I_N——串补额定电流，kA。

8. 电容器额定电压 U_N（rated voltage of capacitor）

电容器端电压有效值，为电容器额定容抗与额定电流的乘积，用 U_N 表示：

$$U_N=X_NI_N \tag{A-3}$$

9. 电容器损耗（capacitor losses）

电容器消耗的有功功率。对电容器单元，电容器损耗包括介质、放电装置、内熔丝（如采用）和内部及连接件；对电容器组，电容器损耗包括电容器单元和母线等元件的损耗。

10. 保护水平（protective level）

电力系统故障时，过电压保护装置即将动作和动作过程中出现在串联电容器上的工频电压的最大峰值。保护水平可用电容器组两端的实际电压峰值表示，也可以用电容器额定电压峰值为基准的标幺值表示。

11. 额定容抗提升因子（boost factor of rated capacitance）

可控串补中晶闸管串联电抗电流作用于主电容器回路可使电容器容抗增加，电容器容抗增加后的数值（X_{app}）与电容器额定容抗的比值即为容抗提升因子，可控串补设计额定工作点的容抗提升因子为额定容抗提升因子。

12. 串补平台（series compensator platform）

串补平台是用来支撑串联电容器组及其附件和与之相联的设备和保护设备的架构，它由对地绝缘的支柱绝缘子和斜拉绝缘子作为支撑。

13. 光纤柱（optical fiber column）

用于串补平台与地面的测量、控制、保护设备之间的通信，及送能光信号传输的绝缘柱，其绝缘水平应和串补平台对地绝缘相同。

附录B 串补装置主设备参数示例

以 500kV PG 可控串补工程为例，各串补装置主要参数分别见表 B-1～表 B-21。

表 B-1 FSC 电容器组参数

项目	参数	项目	参数
额定电压（kV）	58.4	保护水平（p.u.）	2.3
额定电流（A）	2000	接线形式	H 形接线
额定电容（μF）	109	串联数	4+4
额定容抗（Ω）	29.2	并联数	11+11
额定容量（Mvar）	350.4		

表 B-2 FSC 电容器组过负荷能力

电流（A）	额定电压（p.u.）	时间
3600	1.80	10s
3000	1.50	2h 内允许持续 10min
2700	1.35	6h 内允许持续 30min
2200	1.10	24h 内允许持续 8h

表 B-3 TCSC 电容器组参数

项目	参数	项目	参数
额定电压（kV）	9.13	额定容量（Mvar）	55
额定电流（A）	2000	保护水平（p.u.）	2.4
额定电容（μF）	767	接线形式	H 形
额定容抗（Ω）	4.15	串联数	1+1
额定阻抗（Ω）	4.57	并联数	10+10

表 B－4　　TCSC 部分电容器组过负荷能力

电流 （A）	额定电压 （p.u.）	时间
3960	1.980	10s
3300	1.650	2h 内允许持续 10min
2970	1.485	6h 内允许持续 30min
2420	1.210	24h 内允许持续 8h

表 B－5　　电 容 器 参 数

项目	FSC		TCSC	
	单台	电容器组	单台	电容器组
额定电压（kV）	7.3	58.4	4.98	9.13
额定电流（A）	—	2000	—	2200
电容量（μF）	40	109	76	767
阻抗（Ω）	—	29.2	—	4.15
容量（MVar）	0.664	350.4	0.598	55
内部放电电阻（MΩ）	2.4	—	1.4	—
保护水平（kV）	—	190	—	31

表 B－6　　每 相 MOV 参 数

项目	FSC 用 MOV	TCSC 用 MOV
标称电压（kV）	58.4	9.3
保护水平（kV）	190	31
MOV 配合电流（kA）	30	10
额定短时能量（MJ）	36.8	6.0
并联台数（包括冗余）	12＋2	12＋2

表 B－7　　MOV 单 元 参 数

项目	FSC 用 MOV	TCSC 用 MOV	晶闸管阀用 MOV
额定电压（kV）	98	17	19
持续运行电压（kV）	69	12	15
标准泄放电流（kA）	20	20	20

续表

项目	FSC 用 MOV	TCSC 用 MOV	晶闸管阀用 MOV
高脉冲电流（kA）	100	100	100
脉冲能量值（kJ）	2460	429	360
压力释放电流（kA）	65	65	65
瓷套内并联柱数	4	4	3
每柱的 MOV 电阻片数	20	6	7

表 B－8　火 花 间 隙 参 数

项目	参数	项目	参数
可调闪络电压范围（kV）	180～230	去游离时间（ms）	400
强迫触发电压峰值（kV）	190	通流能力（kA）	40

表 B－9　阻尼回路电抗器参数

项目	FSC 用电抗器	TCSC 用电抗器
额定感抗（mH）	0.4	0.2
最大摆动电流（A）	3960	3960
额定短时耐受电流（kA）	40	40
额定峰值耐受电流（kA）	102	102
冷却方式	空气自然冷却	空气自然冷却

表 B－10　阻尼回路电阻器参数

项目	FSC 用电阻器	TCSC 用电阻器
额定阻抗（Ω）	3	2
能量吸收能量（MJ）	5	0.5

表 B－11　阻 尼 回 路 间 隙 参 数

项目	FSC 用间隙	TCSC 用间隙
石墨间隙长度（mm）	5＋2/－0	15＋2/－0
闪络电压范围（kV）	30～40	10～15

表 B－12　　LTT 晶闸管元件及其附件参数

项目	参数	项目	参数
每级晶闸管阀的缓冲电容（μF）	4.0	多路星型耦合器型式	2×3×14 型
每级晶闸管阀的缓冲电阻（Ω）	22	晶闸管阀电压监测模块型式	晶闸管控制电抗型
每级晶闸管阀的直流均压电阻（kΩ）	2×75		

表 B－13　　LTT 晶闸管参数

项　　目	参　　数
可重复正向断开状态电压峰值（V）	4950
可重复反向断开状态电压峰值（V）	4950
正向关断电流峰值（在结温为 5～120℃、U_D=4800V，mA）	500
反向关断电流峰值（在结温为 5～120℃、U_R=4800V，mA）	500
正常运行电流（结温为 100℃，A）	5000
接通状态电流的临界上升率（A/μs）	300
断开状态电压的临界上升率（V/μs）	2000
运行中允许的结温范围（℃）	5～120
最小触发功率（mW）	40
触发脉冲宽度（μs）	10
高压套管基本冲击绝缘水平（kV）	75
低压套管基本冲击绝缘水平（kV）	75

表 B－14　　TCSC 最小运行阻抗

线路电流（A）	最小运行阻抗（Ω）	线路电流（A）	最小运行阻抗（Ω）
200	7.04	500	4.64
230	6.44	550	4.54
250	6.14	600	4.47
260	6.00	700	4.36
280	5.77	800	4.30
300	5.57	900	4.26
330	5.33	1000	4.23
360	5.15	1100	4.21
400	4.95	1200	4.20
450	4.77	1362	4.149

表 B－15　阀控电抗器参数

项目	参数	项目	参数
额定感抗（mH）	2.1	额定峰值耐受电流（kA）	102
额定电流（A）	1439	冷却方式	空气自然冷却

表 B－16　电流互感器参数

测量项目	设备编号	变比	精度	1s 短时耐受电流（kA）	阻抗（Ω）
线路电流	NTA101	2000/0.5/0.5	5P40	40	1.0
线路电流	NTA102				
MOV 支路电流	TA21				
MOV 支路电流	TA22				
MOV 总回路电流	TA3				
火花间隙电流	TA8				
平台电流	TA61				
平台电流	TA62				
旁路开关电流	TA91				
旁路开关电流	TA92				
线路电流	TA1	2000 /0.707/0.707	0.5M5	40	2.0
电容器组不平衡电流	TA51	3/0.025/0.025	5P6	1.5	10
电容器组不平衡电流	TA52				
阀控支路电流	TA7	2000/0.5/0.5	5P40	40	10
FSC 电容器组电流	TA4	2000/0.5/0.5	5P6	1.5	0.5

注　表中设备编号与图 3－12 中电流互感器编号一致。

表 B－17　光纤柱参数

项目	FSC 用光纤柱	TCSC 用光纤柱	晶闸管阀用光纤柱
光纤芯数（包括冗余）	28＋8	32	32＋9
额定电压（kV）	500	500	500
最大相电压（kV）	318	318	318
适用温度（℃）	－30～＋50℃	－30～＋50℃	＋5～＋50℃

表 B－18　平台绝缘子参数

项　目	支柱绝缘子	斜拉绝缘子
额定电压（kV）	550	550
爬电距离（mm）	11 000	11 000
抗压强度（kN）	600	—
抗拉强度（kN）	150	300
抗扭强度（kN·m）	15	—

表 B－19　旁路开关参数

项目	参数	项目	参数
额定电压（kV）	550	TCSC 最大关合电流（kA）	50
断口的额定电压（kV）	170	操作循环	C—0.3s—OC—30s—OC
额定电流（A）	4000	合闸时间（ms）	50±3
额定短时耐受电流（kA）	50	分闸时间（ms）	36±3
额定峰值耐受电流（kA）	125	灭弧时间（ms）	≤21
FSC 最大关合电流（kA）	81	合、分时间（ms）	63±12

表 B－20　隔离开关参数

项目	参数	项目	参数
额定电压（kV）	550	额定峰值耐受电流（kA）	125
额定电流（A）	3150	开合转换电流（A）	2000
额定短时耐受电流（kA）	50	开合转换电压（V）	800

表 B－21　冷却系统参数

项目	参数	项目	参数
系统容量（L）	1000	最大额定水电导率（μS/cm）	＜0.5
额定流量（L/min）	502	设计压力（MPa）	0.8
循环处理流量（L/min）	10	冷却能力（kW）	130